JN069817

Amazon Web Services 企業導入ガイドブック 改訂版

実担当者や意思決定者が知っておくべき ▶ AWS導入の戦略策定｜開発・運用プロセス｜組織｜システム設計｜セキュリティ｜人材育成｜移行方法

瀧澤与一／川嶋俊貴／畠中 亮／荒木靖宏／小林正人／大村幸敬［著］

注 意

■本書のサポートサイト
https://book.mynavi.jp/supportsite/detail/9784839970116.html
訂正情報や補足情報などを掲載していきます。

■本書に記載された内容は、情報の提供のみを目的としております。したがって、本書を用いての運用はすべてお客様自身の責任と判断において行ってください。

■本書の制作にあたっては正確な記述につとめましたが、著者や出版社のいずれも、本書の内容に関して何らかの保証をするものではなく、内容に関するいかなる運用結果についても一切の責任を負いません。あらかじめご了承ください。

■本書は 2022 年 4 月段階での情報に基づいて執筆されています。本書に登場するサービス情報、URL、画面、サービス情報などは、すべて原稿執筆時点でのものです。執筆以降に変更されている可能性がありますので、ご了承ください。

■本書の内容は著作物です。著作権者の許可を得ずに無断で複写・複製・転載することは禁じられています。

■本書中の会社名や商品名は、該当する各社の商標または登録商標です。本書中では ™ および ® は省略させていただいております。

はじめに

「Amazon Web Services 企業導入ガイドブック」の初版は、2016年6月15日に、当時のAmazon Web Services（AWS）経験豊富な著者たちによって発刊されました。当時、AWSは、さまざまな企業で利用されようになってきていましたが、クラウドを利用していない企業や、利用検討段階にとどまっている企業も数多くある状況でした。その時から、約6年経過した2022年、新たな著者を迎えて「Amazon Web Services 企業導入ガイドブック［改訂版］」を発刊できることを嬉しく思います。

昨今、多くの企業や組織が、AWSを活用しています。しかし、その一方で、クラウドを利用検討段階の組織もあります。また、AWSを利用している企業や組織においても、単一のシステムだけではなく、企業全体のシステムをどうやってクラウドに移行していけば良いか、また、より高度なクラウドの活用方法をどうすればいいのかについて模索しています。本書では、クラウド、特にAWSをより広範囲に活用していきたいという、組織や企業ユーザーに向けて、サービスの概要やセキュリティといった基本的な内容から、導入戦略の策定やTCOの算出、マイグレーションやモダナイゼーションの方法など、AWSの導入検討時にポイントとなることが多いトピックについて解説していきます。

クラウドの技術は短期間で進化を重ね、世の中にイノベーションを起こしてきました。ビジネスの価値を高め、イノベーションを起こすために、AWSをより上手に使いこなすコツを知りたいと思って、この本を手に取られる方もいらっしゃるかもしれません。AWSは、200以上のサービスから構成されており、仮想サーバーやストレージといったインフラストラクチャサービスだけでなく、機械学習やIoT、大量のデータ分析、モバイルアプリケーションをはじめとする開発のためのサービス、量子コンピュータやAR、人工衛星に関するサービスもあります。これらのサービスを活用することで、ゼロからシステムを開発するよりも短期間で、ビジネス上の価値を生み出すシステムを開発可能になります。また、従来のオンプレミスのシステムをAWSに移行する場合においても、マネージドサービスを積極的に利用していくことで、システム開発の迅速化、突発的負荷による機会損失の削減、保守運用工数の削減といったさまざまなメリットが生まれます。

本書の内容が、読者のナレッジを増やし、読者のチャレンジを支え、企業や組織におけるクラウド活用を着実にステップアップする一助になれば、幸いです。

著者を代表して　瀧澤与一

Contents.

PART 2 ［基本編］ AWSを効果的に活用するポイント

PART 3 [実践編] 戦略立案と組織体制

PART 1

［基本編］

クラウド
コンピューティング
とAWSの概要

#01 企業におけるクラウド活用の最新動向

#01-01 クラウドコンピューティングの広がり

クラウドコンピューティングという言葉も、かなり世の中に定着してきました。ひと昔前であれば、クラウドコンピューティングは一部の先進技術に感度の高いエンジニアや、インターネットサービス企業を始めとするIT基盤に対して強い関心を持つ企業のみが利用するものでした。しかしながら今日では、クラウドコンピューティングは昔とは比べものにならないほど幅広い企業が利用するものになってきたといっても過言ではありません。利用企業の広がりと同時に、クラウドコンピューティングが利用される領域も拡大の一途をたどっています。

今日では、企業活動の根幹を支える基幹システムの基盤としてクラウドを活用することは当たり前のことになりつつあります。また、人々の生活をより便利にする次世代の交通システムや、スマート家電・AI家電のシステム、個々のエンドユーザーに最適化されたサービスを提供するカスタマーサービスのシステムなど、クラウドコンピューティングがあることによって実現が容易になったユースケースが登場しています。この章では、本書全体の導入を兼ねて、日本におけるクラウドコンピューティングの現在を確認し、その中でAmazon Web Services (AWS) がどういった位置に立っているのかを整理していきます。その上で、近年のAWS利用事例の傾向を簡潔にまとめます。

#01-02 日本におけるクラウドコンピューティングの現状

総務省が発行している令和3年版の情報通信白書によれば、39.4%の企業が「全社的に利用している」と回答し、29.3%の企業が「一部の事業所又は部門で利用している」と回答しており、合計で68.7%となります (**図1-2-1**)。
つまり、何らかの形でクラウドサービスを利用している企業はすでに約7割に到達しているということです。また、この割合は年々増加しており、今後もクラウドの利用が拡大していくであろうことは容易に想像ができます。また、クラウドの導入効果については87.1%の企業が「非常に効果があった」または「ある程度効果があった」と回答していることからも、**今後の拡大傾向**を想定するのは自然なことでしょう。

一方で、その内訳にも目を向けてみることも重要です。情報通信白書では利用しているサービスの内容についても統計データを提供してくれていますので、こちらのデータも紐解いてみましょう (**図1-2-2**)。「ファイル保管・データ共有」「電子メール」「社内情報共有・ポータル」といった項目が上位を占めていることがわかります。「生産管理・物流管理・店舗管理」「購買」「課金・決済システム」といった、企業活動の根幹に直結する分野については幅広く利用されているとは言いがたい状況にあります。

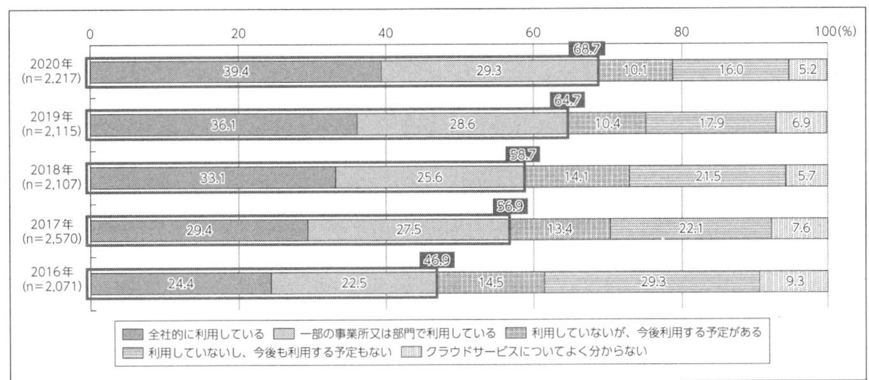

図1-2-1 クラウドサービスの利用状況（出典：総務省「令和3年版情報通信白書」p.314 図4-2-1-17／総務省「令和２年 通信利用動向調査報告書（企業編）」p.7）

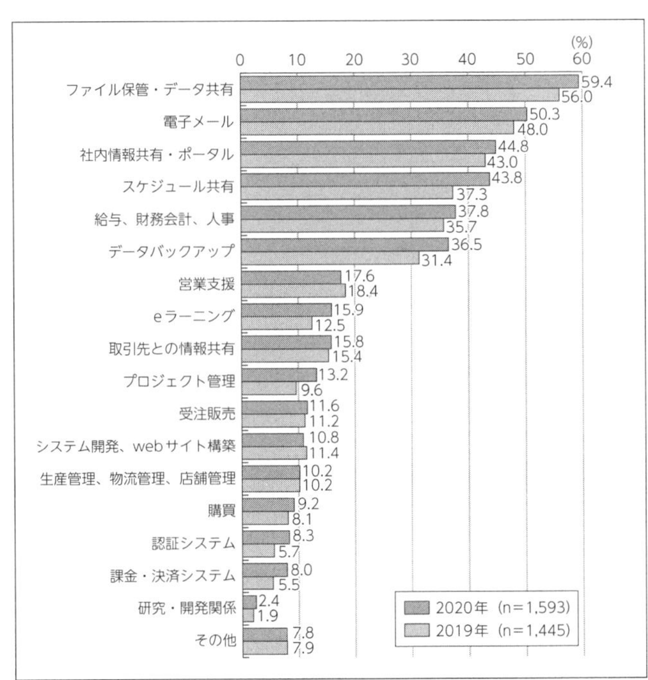

図1-2-2 クラウドサービスの利用内訳（出典：総務省「令和3年版情報通信白書」p.315 図4-2-1-19／総務省「令和２年 通信利用動向調査報告書（企業編）」p.9）

これらのデータから読み取れることを総合すると、**『クラウドサービスの利用は拡大を続け、かなりの普及度になってきた。しかしながら、その用途はある程度限定的で企業活動の根幹に関わる分野ではいまだ適用拡大の途上にある』**と言えるのではないでしょうか。

本書を手に取った皆さんの多くは、企業でクラウドの利用推進を担当しているか、利用検討を行っている方が多いはずです。もしくは、システム開発企業やコンサルティング企業で、顧客向けにクラウド利用の企画支援や具体的な利用方針を策定したり、実際の導入プロジェクトを担当している方かもしれません。皆さんが日頃の活動の中で感じている肌感覚と、この統計データの傾向は一致しているでしょうか？ あるいは自分自身が持っている感覚とは違いがあるでしょうか？
統計データというものは全体を俯瞰してみるものですので、個々人が置かれた状況や、目の前に存在する課題感とは必ずしも一致しないことは不自然ではありません。とはいえ、全体としては先に触れたような傾向にあるということを頭の片隅にとどめておくことは有益です。社内でクラウド活用推進を行う場合も、エンドユーザー企業に対して提案活動や支援活動を行う場合も、さまざまな役職や役割の方の理解や協力を得ながら進めていくことは避けては通れません。そういった状況において、世の中全体の状況を掴んでいることはそれぞれの活動の助けになるはずです。

ところで、情報通信白書を見ていると、もう1つの気付きを得ることができます。それは、**クラウドサービスという言葉に含まれる範囲が非常に多岐に渡る**ということです。情報通信白書では、クラウドサービスを「インターネット上に設けたリソースを提供するサービス」としています。また、その類型として**IaaS** (Infrastructure as a Service)、**CaaS** (Cloud as a Service)、**PaaS** (Platform as a Service)、**SaaS** (Software as a Service)が挙げられています。これらはサービス提供形態による分類ですが、その用途は先に挙げたように「ファイル保管・データ共有」「生産管理・物流管理・店舗管理」などさまざまな分野に広がっています。このことからもわかるように、一言にクラウドといっても多様な概念を含んだ言葉として使われている現実が存在します。

さて、本書はその書名からもわかるように、企業活動においてAWSをどのように取り込んで、活用するべきかについての知見を提供することをその目的としています。そのため、さまざまな概念を示すクラウドという言葉の中でも、主にAWSを取り上げていくことになります。執筆者であるAWSの関係者は、AWSを世界で最も包括的で広く採用されているクラウドプラットフォームと位置付けていますが、世間で使われるクラウドという言葉に含まれる概念と一致はしていないようにも思えます。より詳細で実践的な内容に進む前に、AWSはクラウドというものをどのように捉えているかを見ておきましょう。

#01-03 AWSの考える クラウドコンピューティング

さて、「クラウド」という言葉には多種多様な概念が含まれています。AWSとしてはクラウドには以下に示す6つの特徴を備えていることが必要だと考えています。

1. 初期投資が不要
2. 低額かつ変動価格
3. 実際に利用した分のみの支払い
4. 自分たちだけで調達・構築が容易なインフラストラクチャ
5. スケールアップ・スケールダウンが容易
6. 市場投入と俊敏性の改善

初期投資が不要

AWSの考えるクラウドの1つ目の特徴は、ITリソースの利用にあたって**初期投資が不要**という点です。AWSの料金体系を確認するとすぐに理解できますが、AWSでは利用開始時までにかかるコストがゼロまたは限りなく少額になっています。費用が発生するのは実際にリソースを確保し、サービスの利用を始めてからとなります。また、利用開始までの時間的なコストも最小限に抑えることができます。AWSは数百万のユーザーにサービスを提供するデータセンターやサーバー群などのインフラストラクチャをすでに運用しています。新たにAWSを利用したいと考えるユーザーは、すでに準備されたAWSのインフラストラクチャから必要な分だけを即座に調達し、利用し、それに応じた費用を支払うことができるのです（**図1-3-1**）。

ひと昔前は、何か新しい取り組みを始めるに当たってリソースが必要な場合、オンプレミス（ユーザーが自ら管理する設備内で設置・運用する形態）でインフラを構築する必要がありました。この場合、自社保有のデータセンターかコロケーションスペースで物理的なスペースの確保が必要です。次に、ネットワーク配線および機器の手配、電力や空調の確保、ラックやサーバー、ストレージの確保が必要になります。一部のワークロードでは、システム稼働にあたってこれらのインフラストラクチャが基準を満たしているかを確認するため、外部機関の認定を受けることが求められる場合もあります。もちろんこれらを支えるだけの人員も準備しなくてはいけません。クラウドではこのような事前に支払うべき金銭的・時間的コストを大きく削減してくれます。クラウドベンダーがユーザーの代わりにインフラの調達・配備などを一手に引き受けてくれるため、ユーザーが面倒かつコストのかかる初期投資をする必要がないのです。

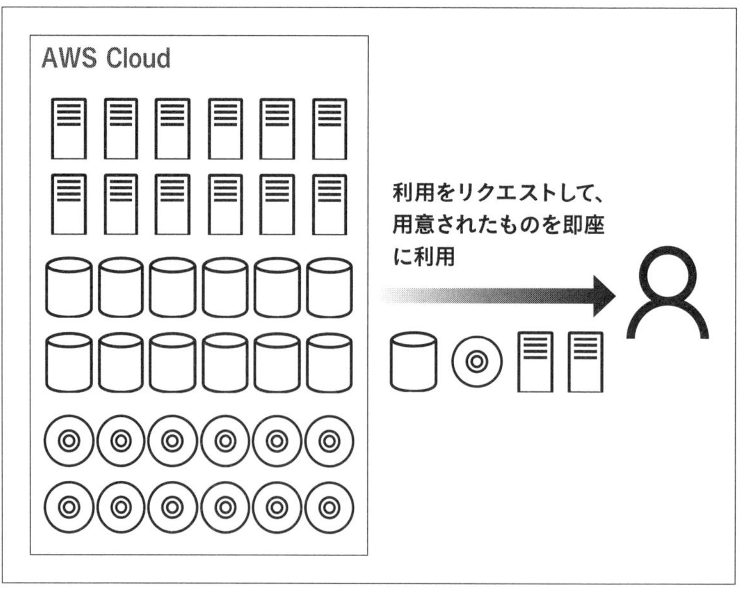

図 1-3-1　必要な分を即座に調達し、利用できる

低額の利用価格

2つ目の特徴は、支払いが低額で安価に利用ができることです。なぜ、低額での提供が可能なのでしょうか。それは、クラウドコンピューティングが、「**規模の経済**」による効果を最大限に活かしているからです。たとえばAWSでは規模の経済を活かすことで、カスタム構成のプロセッサを用意しました。AWS Gravitonプロセッサは64-bitのArm Neoverseコアをベースとしたプロセッサです。Gravitonプロセッサはユーザー自身がさまざまなワークロードで利用できるだけでなく、AWSが提供するサービスの基盤としても採用されており、高いコスト対性能比を発揮します。また、ハードウェアの調達価格だけでなく運用面の効率性に関してもスケールメリットが活きてきます。すべてのコンポーネントを手動で運用している場合は規模が2倍になれば運用コストも2倍にならざるを得ませんが、運用の自動化や標準化を進めることによって、仮に規模が2倍に拡大したとしても運用コストの増加を2倍よりも低い水準に抑えることが可能です。これも一種のスケールメリットといえます。サービスの規模を拡大し続けることによって、より大きなスケールメリットを得られるようになり、トータルとしてのコストを抑えることができるのです。

そして、AWSの特徴として挙げられるのは、これらのスケールメリットによるコスト削減分をユーザーに還元し続けているということです。AWS側の改善によって費用が削減された分、サービスの値下げを行ってきていますし、今後も期待していただいてよいでしょう。場合によっては、従来のものよりもコストパフォーマンスに優れた新しいタイプのリソースを選択できるという形で、ユーザーへの還元が行われることもあります。この考え方で重要な点は、サービスの値下げは新規のユーザーのみならず、すでにAWS

を利用中のユーザーに対しても適用されるということです。通常、ハードウェアやソフトウェアの費用は使っているうちに、よりコストパフォーマンスが高くなるということはありませんが、AWSではそれが起こりえるということなのです(**図1-3-2**)。

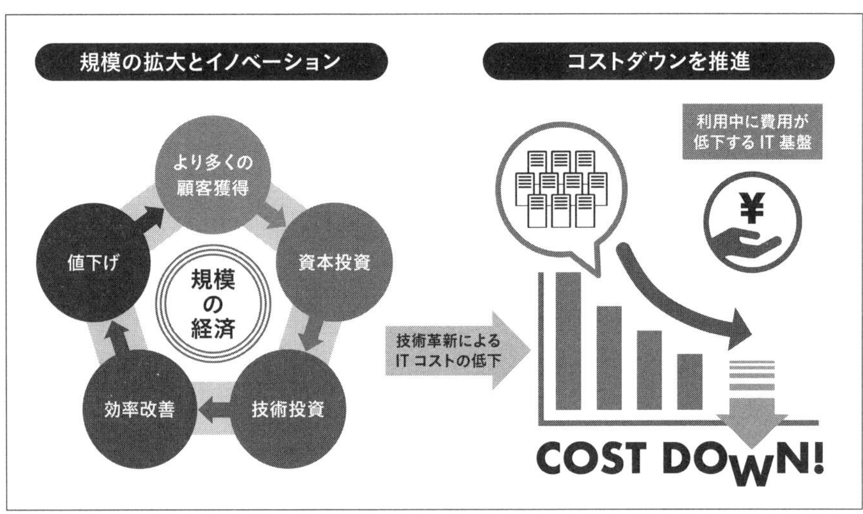

図1-3-2 AWSは、規模の経済を活かすことでコストダウンを推進

実際に利用した分のみの支払い

3番目のクラウドの特徴として挙げられるのが、「**実際に利用した分のみの支払い**」のモデルです。Pay as you goモデルと呼ばれることもあります。クラウドでは、利用したリソース分だけ支払いをすればよく、またユーザーはいつでも自分の意志で利用を止めることができます。ユーザーにとっては、いつでも好きに試せて、かつ気に入らなければ利用を止めることができるという、非常にわかりやすく使いやすいモデルであると言えます。ユーザーは、自分が必要なときにだけ必要なリソースを追加してその分だけの支払いをすればよいのです。これは自分たちでサーバーやストレージといったハードウェアを調達し、利用するというこれまでのモデルとは全く異なります。

一般的にシステムの利用状況は時間帯や日付によって大きく異なります。従来型のモデルでは、最も負荷が高くなるときでもきちんと処理を継続できる充分なリソースを確保しておく必要があります。これは言い換えると、最も負荷の高いごく限られたタイミング以外においては、利用されていない過剰なリソースを確保しているということを意味します。これまではやむを得ないことでしたが、クラウドの利用を前提とすればその限りではありません。負荷が高くなれば**それに見合うだけのリソースを即座に調達する**ことによって、それぞれの時点における負荷を処理するために必要充分なリソースを確保することが可能になります。また、最近は機械学習の技術を応用し、過去の負荷量から算出した予測値に基づいた必要リソース量をあらかじめ確保する、予測スケーリングという機能も利用できるようになっています(**図1-3-3**)。

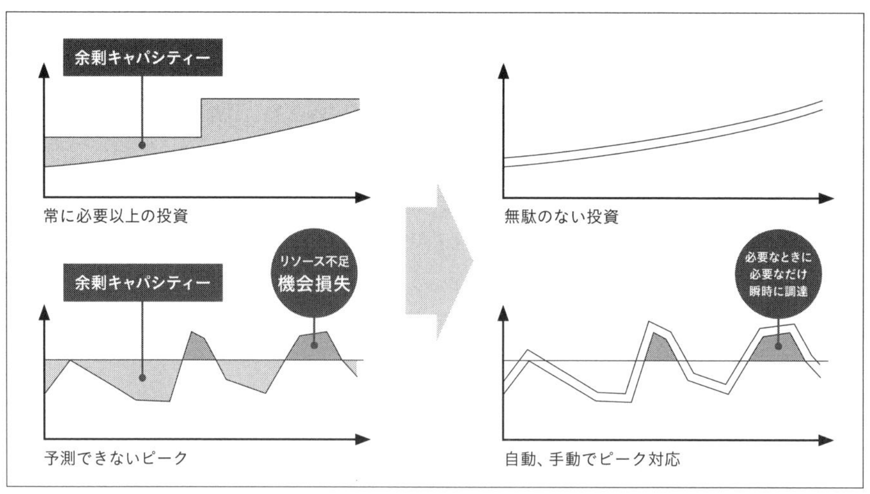

図1-3-3 必要な分だけリソースを調達できる

このモデルによって、誰しもが低コストで必要十分なクラウドリソースを利用して、新たなアイデアを実際に試してみることができるようになります。最小の規模で新たなアイデアを実現し、これが本当にイノベーティブなものかどうかを目で見て確認できるのは非常に大きなメリットです。もしも新たなアイデアが世の中に受け入れられれば、次に考えるべきことは規模を拡大していくことです。この場合もクラウドの特徴を活かし、迅速にリソースを追加することでチャンスを最大限に活用することが可能です。残念ながら新たなアイデアが受け入れられなかったとしたら、すべてのリソースを削除すれば支払いの必要がなくなりますので、調達してしまった使い道のないハードウェアが不良債権化してしまうこともありません。すなわち、極めて小さなリスクで今までになかったアイデアにチャレンジできることを意味します。

ユーザー自身で調達・構築が容易なインフラストラクチャ

次の特徴が、**ユーザー自身で調達・構築が容易**なインフラストラクチャであることです。一言で言えば**セルフサービスモデル**なのです。クラウドでは、ユーザーは自分が利用しているリソースを十分にコントロールできます。たとえば10台のサーバーが急遽必要になったとします。その場合、APIやコマンドラインツール、GUIベースのコンソール画面を使用することで、必要なスペックのサーバーを必要な台数だけ調達することが可能です。営業担当者に連絡したり、申請書を提出したりする必要はありません。自分たちが必要とするものを、必要なだけリクエストすればよいのです。リソースが用意されれば、後は構築作業です。より広い範囲の管理運用をAWSが担うサービスでは、そのサービス特有のお作法に則る必要はありますが、基本的にはシステム構築においては従来のITスキルを活用することが可能です。これまでの知識をベースに、AWS特有のお作法をキャッチアップすることで、ユーザー側で構築作業を開始することが可能です（**図1-3-4**）。

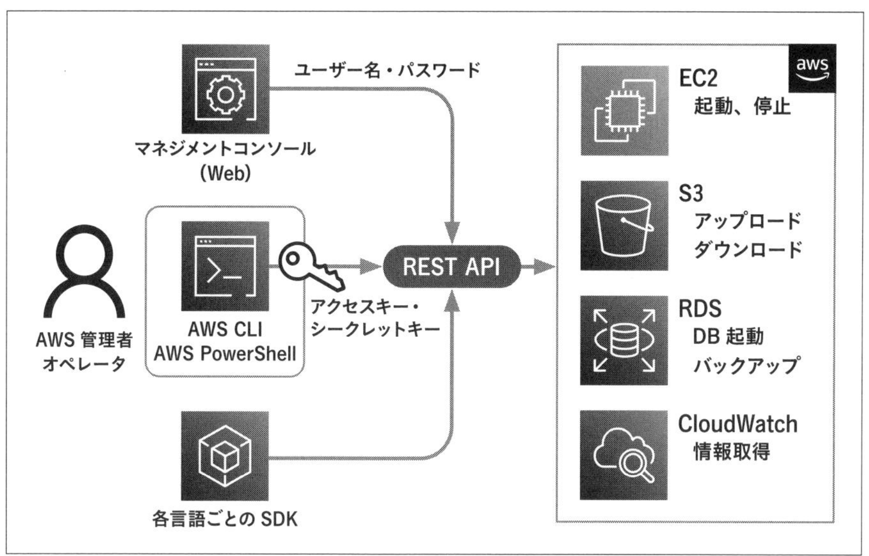

図 1-3-4 ユーザー自身で構築が可能

スケールアップ・スケールダウンが容易

また、クラウドは**スケールアップやスケールダウンが容易**であることが必要だとも考えています。ここでいうスケールアップ・スケールダウンは、正確には、スケールアップ(単一のリソースをよりよいものと交換する)と、スケールアウト(あるリソースと同一のものを追加して横に並べる)、スケールダウン(単一のリソースをより低いスペックのものにダウングレードする)とスケールイン(あるリソースと同一のもので横に並べたものの数を減らす)が含まれます(**図 1-3-5**)。

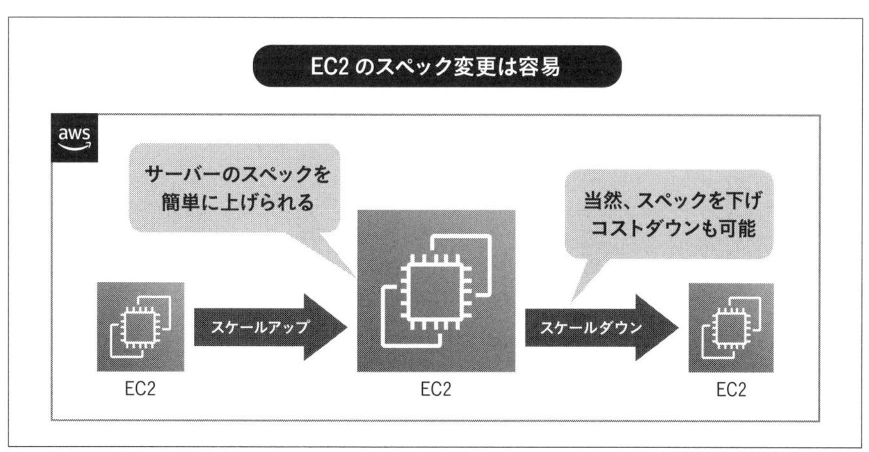

図 1-3-5 柔軟なキャパシティー変更で環境の変化に対応

市場投入と俊敏性の改善

最後が、**市場投入と俊敏性の改善**です。これはビジネス面から見ても、大きなメリットがあります。クラウドにおいて最も重要な要素は、クラウドの利用によって本来注力すべき作業に集中することができるようになることです。インフラストラクチャの選定や調達、保守作業などの本質的ではない作業をAWSにアウトソースすることで新サービスの開発や機能追加、応答速度の改善といった、より重要な作業に多くの時間を投入することが可能です。これにより価値あるサービスやアプリケーションを市場投入できるまでの時間を短くしたり、システムとしての次の一手をすぐに打てる状況を作り出せることがあります。ITインフラのような、構築や変更に時間がかかり、それでいて競争力の源泉となりにくい部分を自分で一から作るよりも、より多数の人に使われており、より柔軟で即座に利用できるクラウドコンピューティングを利用することは非常に効率的です。企業は貴重なリソースを自分たちの付加価値を高めることや、市場で戦うために必要な作業に集中的に投下できるようになるからです（**図1-3-6**）。

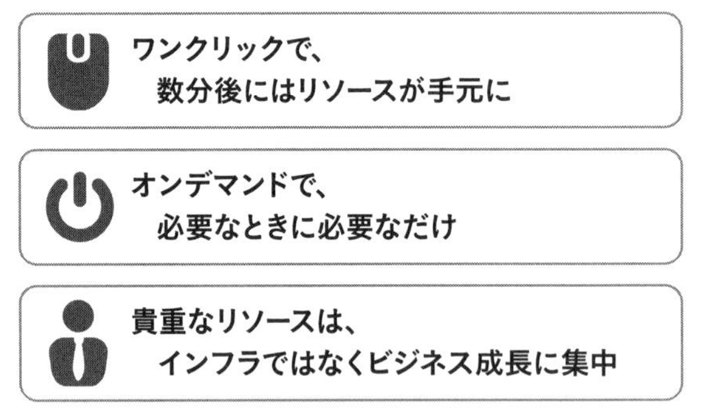

図1-3-6 貴重なリソースは付加価値の向上に集中できる

#01-04 AWS利用のメリットと活用事例の最新動向

AWSは、先に挙げた6つの特性を備えたサービスを提供することを通じて、それぞれのユーザーに対して新しい取り組みや試みを迅速に市場に投入したり、ビジネス課題を解決したり、コストを削減したりといった価値を届けたいと考えています。とはいえ、AWSの思いはともかくとして実際のところはどうなのかという観点も重要です。少し視点を変えて言い換えると、これから新たにAWSの利用を始める方や、今までとは違った用途に利用の幅を広げたいと思っている方にとって、AWSを活用することは望んだとおりのメリットを享受することにつながるのでしょうか？ この疑問に100%の精度で答えるためには、未来予知の能力が必要です。とはいえ、参考にできる情報は多数存在します。それは先行ユーザーの事例です。AWSはユーザーの事例を集め、公開することに力を注ぎ続けています。

たとえば航空会社の事例では、チケットの予約・発券・搭乗に関する情報や、航空機の運航実績、貨物の輸送実績などを蓄積したデータウェアハウスをAWSに移行した事例があります。従来5ヶ月を要した利用開始までのリードタイムを、**最短で1.5ヶ月まで短縮**したという俊敏性での改善に加えて、バッチ処理の性能が最大で100倍に向上したというデータがあります。また、製薬会社の事例として大量のコンピューティングリソースを使ったシミュレーションの事例もあります。従来のオンプレミス環境ではリソースに限りがあり、シミュレーションジョブの実行が逼迫していたのですが、AWS上でシミュレーション環境を構築し、従来比で数倍から**10倍以上の計算時間の短縮**に成功しています。加えて既存環境では困難であった大規模な計算を実行することが、AWSの導入によって可能になっています。

今注目を集めている分野の事例では、自動運転車の開発を行っている企業の事例が興味深いでしょう。自動運転車の実現のためには高精度の地図が必要不可欠ですが、そのためには膨大な労力が必要です。これを解決するために考えられていることが、考え方に賛同する企業が協力して地図データを作成していくやり方です。このプラットフォームを動かすために、AWSが採用されています。AWSのマネージドサービスをフル活用することで、限られた開発メンバーのリソースで、短期間での開発を実現することに成功しています。また、別の企業での取り組み例ですが、運転支援システムのための機械学習モデル開発にAWSを採用し、マネージドサービスによる自動化を図ることで**データ管理工数が55%**、**機械学習エンジニアの作業工数が66%削減**されたという事例もあります。

#01-05 まとめ

この章では、クラウドの現状とその特性を確認し、最近の活用の動向を見てきました。企業におけるクラウド活用の動向については、注目すべき傾向があります。それは、戦略的なプラットフォームとしてAWSが採用されるケースが増加しつつあることです。ペイメント・ファイナンスなどの事業を手がける企業では、2019年から基幹周辺システムをAWSに移行するプロジェクトを開始し、2025年までに8割のシステムを移行する計画を進めています。この企業の狙いは、メインフレーム上に構築された期間周辺システムを更新・モダナイズすること、それによってコストを抑制しデジタルトランスフォーメーションを加速することです。面白い試みとして、コンタクトセンターのクラウド化が挙げられます。Amazon Connectをコールセンターのシステムとして採用し、自動的に電話をかけて自動音声で情報を伝える仕組みを構築しました。それによって100人分のオペレータの工数を節約し、より重要な顧客対応に注力することができるようになりました。

ここでご紹介した事例はあくまでも例に過ぎません。幅広い規模の企業が、さまざまな特性のシステムをAWSに移行、あるいは新規に構築し、クラウドのメリットを活かせるようになってきている現実があります。さて、この本を手に取った方は、どちらかというと「**どうやればクラウド・AWSをうまく使えるのだろう**」という疑問をお持ちの方が多いのではないでしょうか。AWSには2つの側面があります。1つは、既存のシステムをより効率的に動かすためのプラットフォームとしての側面です。もう1つは、新しい取り組み、イノベーションを加速するためのプラットフォームとしての側面。次の章からは、どのように考えて行けばAWSをスムーズに導入し、既存システムの効率化やイノベーションの加速が可能になるのかを解説していきます。

#02

Amazonの イノベーションカルチャーと AWSのサービス

#02-01 AWSとは？ イノベーションを生み出すカルチャー

AWSはグローバルで数百万のアクティブカスタマーが使っており、日本国内においても、数十万の**アクティブカスタマー**が使っています。ここでいうアクティブカスタマーとは、実際にAWSを利用しているユーザーであり、AWSアカウントを作成したけれどもAWSを使っていないユーザーは含まれていません。現在、AWSでは、200以上のサービスがあり、これらのサービスを組み合わせることで、ユーザーは、さまざまなシステムを素早く構築して展開し、ユーザーの声によってシステムを改良していくことができます。
そして、AWSやAmazonは、「地球上でもっともお客様を大切にする企業であること」をOur Visionに掲げています。AWSサービスには、ユーザーの声が取り込まれています。2020年には、2500以上の機能追加や新サービス、改良などを提供していますが、これらの**90〜95%はユーザーの声によって開発**されています。AWSのサービスには、ストレージ、コンピュート、データベース、機械学習、IoTといった、さまざまなカテゴリのサービスがありますが、ユーザーは、多数のユーザーの意見や要望を取り入れて作られたサービスを活用してシステムを素早く作ることができるのです。
すなわち、AWSを活用することで、自らが直接的に得ているユーザーの声を取り込んでシステムを作ることができるだけでなく、世界中のユーザーの意見を取り込んで、最もイノベーティブなシステムをあなた自身が簡単かつ素早く作ることができるということを意味していると言えるでしょう。

昨今のビジネスニーズにおいては、素早い環境変化への対応が求められています。ゼロからスクラッチでシステムを開発したり、従来の技術をベースに改良を加えていくシステム開発では、この変化に対応することはできないと思います。ぜひ、AWSを活用してシステムを開発し、世の中の変化に対応したビジネスニーズを素早く取り込み、そして、多くのエンドユーザーが便利にそのシステムを使い、世の中にとって価値を生み出すシステムを開発してみましょう。

Amazonのイノベーションのカルチャー

Amazonは、競合他社に焦点を当てるのではなく、ユーザーを中心として考え、発明への情熱や、卓越した運用への取り組み、そして長期的な思考という4つの原則に基づいています。Amazonは、地球上で最もユーザー中心の企業、地球上で最高の雇用主、そして地球上で最も安全な職場になるよう努めている企業です。イノベーションを考えるとき、常に、ユーザーから逆算して考えています。

AWSはAmazonの企業グループの一員ですが、そのAmazonは、1994年に創業しました。1995年から、インターネットで書籍を販売する事業を開始しました。今では当たり前となっていることですが、当時は、このような例はなく、書籍を買いたいと思う人は、街の本屋を周り、本を探すことが普通でした。これをインターネットとテクノロジーによって変革をさせました。その後、1998年にはCD/DVDの販売、2006年にはAmazon Web Services（AWS）の提供を開始しました。今では、Amazonは、Kindle、Video、生鮮食料品販売、Alexa/Echo、書店開設、Amazon Goといったリアルな店舗の展開など、ユーザーから逆算して何がユーザーの利点になるのかという視点で、イノベーションを生み出し続けています。

成長の原動力として、**図2-1-1**の通り、**お客様体験をよくすること**を起点にしています。お客様体験がよくなると、体験した方の口コミや共有により、顧客数が増えていきます。また、顧客数が増えると出店者も増えていき、その結果、品揃えが増します。その結果、再び、お客様体験がよくなります。このサイクルの外側では、徹底的な低コスト体質や構造を作っており、そこで得られた利益を還元して、低価格にします。その結果、また、お客様体験がよくなります。

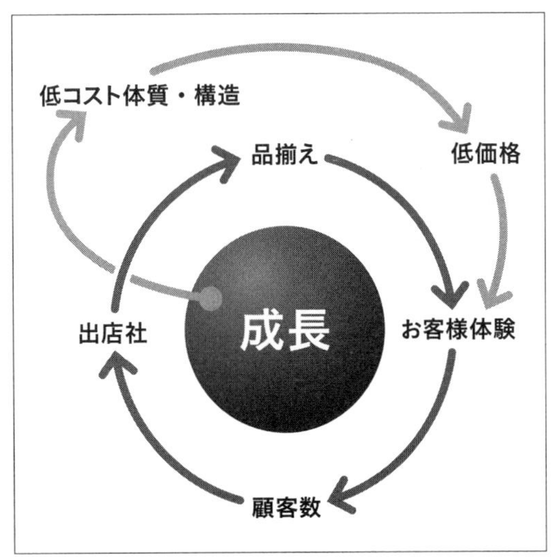

図2-1-1　Amazonの成長

このサイクルは、AWSにおいても全く同じです。AWSを活用して、短期間でシステムを構築できたり、低コストで運用できる仕組みを体験したり、また、今まで実現できなかったことが簡単にできると、**お客様体験**がよくなります。その体験者は、同僚や同じ業界の人などに、その体験を共有します。その結果、顧客数が増え、また、AWSに関わる開発者やシステムインテグレーター、ISVが増加します。AWSはこれらの顧客の声を元に、サービスを拡充し、品揃えとして、ありとあらゆる業務をサポートできるAWSサービスを拡充していきます。これらのサービスを利用することで、お客様体験はよりよくなります。もちろん、セルフサービスのプラットフォームや技術革新により、**低コストでサービスを提供**できるようにしており、その結果、AWSのサービスの提供価格の低減も継続的に行ってきています。このように、お客様体験をよくするために、技術を発展させてきています。

新しいテクノロジーは、多くの開発者をワクワクした気持ちにさせます。しかし、イノベーションを生み出すためにテクノロジーを使うことが正解ではないと思っています。**お客様体験をよくするために**、テクノロジーを使って、イノベーションを起こしていくことが重要だと考えてみるのがよいと思います。

#02-02 Amazon Web Services誕生秘話

AWSが世の中に提供されるようになったのは2006年のことです。ですがAWSが生まれるきっかけはさらに時間を遡ります。Amazonの創業者であるジェフ・ベゾスは、Amazon社内のアプリケーション開発者とインフラエンジニアの間で、ハードウェアなどの調達にあまりに時間がかかりすぎていることを、大きな問題と捉えていました。今日でもよく目にする光景ですが、双方の要求事項や制約事項のすり合わせを行うためのコミュニケーションや打ち合わせに時間がかかっていたのです。

この問題を解決するために、ジェフ・ベゾスはどのプロジェクトでも共通して必要になる主要なインフラ、たとえばサーバーやデータベース、ストレージなどを**APIを介してリクエストすることができる環境**を整備することを考えました。これによって何らかのリソースが必要になった際に、双方ですり合わせを重ねる時間を省き、迅速なリソース調達が可能になりました。これで社内の問題は解決されたわけですが、それにとどまらず、おそらく他の会社にも同じ問題が存在しており、この仕組みを世の中に提供すれば、より開発者の皆さんが本来注力すべき開発業務に集中できるようになるのではないかと考えたのです。

この気付きがAWSが生まれるきっかけとなりました。外部の開発者の皆さんに**使った分だけの費用を支払う従量課金モデル**でインフラコンポーネントをサービスとして提供するAWSは、このようにして生まれたのです。2006年当時、クラウドコンピューティングという言葉がなかったので、Amazon Web Servicesという名称になりました。

Amazonは元々、**ユーザーからのフィードバックに基づいて改善を重ねる**ことを重視する企業です。AWSのサービス開発にもその考え方は活かされています。サービス開始から15年ほどが経過した現在でも、AWSはユーザーからのフィードバックに基づいた新規サービスの開発や既存サービスの改善・機能拡張を続けています。地理的な拡張にも継続して取り組んでいます。2018年に大阪にローカルリージョンを設置し、日本国内で東京・大阪間にリソースを分散させた災害対策構成を取ることが可能になりました。さらに2021年3月には、大阪ローカルリージョンを拡張する形で、他と同様のインフラストラクチャ構成を持った大阪リージョンが利用可能になりました。2022年2月時点で、26のリージョン、84のアベイラビリティーゾーン (AZ) *1が利用可能になっています。これに加えて超低遅延を要求するワークロードに対応するために17箇所にLocal Zones*2を、24箇所にWavelength Zones*3を設置しています。さらに今後の計画として、8つの

＊1 Availability Zoneとも。リージョンを構成する1つ以上のデータセンター群で、複数のAZを利用することで単一リージョン内で複数DCにまたがった冗長化を構成することが可能

＊2 AWS Local Zones。AWSが提供するコンピューティング、ストレージ、データベースなどのサービスを、ユーザーの所在地に物理的に近い場所に配置することで超低遅延なワークロードへの対応可能にするサービス

＊3 AWS Wavelengthを利用できる拠点。AWS Wavelengthは、超低遅延を要求するモバイルアプリケーションやエッジコンピューティングアプリケーション向けに、電気通信サービス事業者が提供する5Gネットワークを構成するデータセンター内にAWSのコンピューティングとストレージのサービスを組み込んでリソースを利用可能にするサービス

リージョンの新設と30箇所のLocal Zonesの設置がすでに発表されています。

#02-03 ユーザーから見た視点でのAWSの特徴

AWSには、従来のオンプレミスでのシステム開発と比較して、大きな違いがあります。そして、2006年からクラウドサービスを提供しているAWSをなぜグローバルで数百万のユーザーが選んでいるのか、理由を見てみましょう。AWSを利用するユーザーが体験できる、10の特徴を挙げてみます。

1. 初期費用ゼロ／低価格

AWSでは、**必要なときに、必要な分だけ、低価格でITリソースを調達可能**です。初期費用がなく、従量課金で利用できるため、ビジネスの環境変化に合わせて、リソースの拡大、縮小が自由なだけでなく、必要なタイミングで利用し、不要になったらいつでも利用を停止することもできます。また、AWSではWebサイトで透明性高く、サービスの利用料金を開示しています。
筆者も、ECサイトでのキャンペーンのときでのリソースの柔軟な変化への対応や、株式市場が空いているときだけリソースが必要な株価の配信システムでのAWS活用をしているユーザーを見てきました。

2. 継続的な値下げ

過去10年間で85回以上の**値下げ**を実施しています。オンプレミスからAWSに移行することにより、多くの場合、ハードウェア、ソフトウェア、運用の人件費などのコストを削減可能です。それだけでなく、AWSは利用している途中で、値下げの恩恵を受けることもあります。
筆者も、数年間に渡ってAWSシステムを運用しているユーザーにおいて、AWS上のシステムの変更がないのに、運用している中で、ストレージの費用が下がっていったり、Amazon EC2で構成されているサーバーの利用料が下がっていった、事例を見てきました。

3. サイジングからの解放

緻密な需要予測が不要で、かつ、ピークに応じた**動的なITリソースの変更を自動化**することができます。オンプレミスのシステム開発をしている人にとって、性能算定に基づく必要なリソースの算定は困難でした。オンプレミスにおいては、リソースの調達に時間がかかり、一度調達すると変更は困難でした。そのため、要件定義や設計のフェーズで入念な予測が必要でした。AWSでは、柔軟なITリソースの増減ができるので、このサイジングから開放されます。
筆者も、AWSにシステムを移行したことで、性能算定の工数が削減され、結果として、システム開発部プロジェクトのかなりの時間が短縮されたユーザーを見てきました。

4. ビジネス機会を逃さない俊敏性

素早いビジネス判断を可能にするITインフラです。オンプレミスでのITリソースの導入は、減価償却期間利用を続けることが前提であることから、高額な初期費用、緻密なキャパシティープランニングなどの計画が必要でした。AWSにおいては、その必要はありません。
筆者も、2020年のコロナ禍における在宅勤務での急激なニーズの高まりのときに、わずか数日でそのために必要な環境を、AWSを活用して準備したユーザーや、あるサービスの利用ユーザーがビジネスの予想を越えて増えていく状況において、AWSを活用することでサーバーが落ちることなく継続してサービスを利用し、ビジネスを拡大していったユーザーを見てきました。

5. 最先端技術をいつでも利用可能

AWSでは200を超えるサービスを提供しており、2020年には2,757回のリリースを実施しました。AWSが提供する90%以上の機能は全世界で数百万、日本の数十万のユーザーからのリクエストをもとに実装されています。これらの最新のサービスを使い、ユーザーは、ありとあらゆるワークロードに対応することが可能です。
機械学習やIoTの専門知識がなくとも簡単にサービスに組み入れてアプリケーションやシステムを簡単に構築できるのは、AWSの魅力だと思います。そして、より複雑な要求に対して、その分野の専門家の要望に応えられるサービスもあります。

6. いつでも即時にグローバル展開

2021年3月現在、世界で25のリージョン、80のAZを展開し、アカウントを開設した時点で、**世界中のデータセンターにシステムが展開可能**です。海外へのシステム展開は現地視察や現地データセンターとの契約など時間のかかる作業でしたが、AWSなら数分で作業が完了します。そして、東京リージョンで構築したシステムをテンプレート化し、別リージョンや異なるAWSアカウントでシステムを再構築することが可能です。Amazon CloudFrontを利用すれば、東京リージョンから世界中のユーザーへ効率的なデータ配信を行うことができます。
ビジネスが世界へ拡大していくとき、その展開が容易で、BCP（事業継続計画）を考慮したDR（ディザスタリカバリ／災害復旧）環境の構築も容易です。

7. 開発速度の向上と属人性の排除

まず、ハードウェアに依存せず、必要なときに必要な性能や機能を満たすリソースを初期費用なしに従量課金で利用できるところが魅力です。オンプレミスでの開発の場合は、入念な性能算定が必要でしたが、AWSでは、スケール可能なアーキテクチャーを実現することが容易です。また、マイクロサービスアーキテクチャーでは、システムはAPIを経由してのみ連携します。つまり、連携先のシステムが異なるOS、異なるデータベース、異なるフレームワークを用いていたとしても、ブラックボックスのままで自分たちのシステムの開発を進められるという利点があります。APIの挙動に影響を与えないバージョンアップは少ない人数の判断・承認のみでデプロイが可能となります。

8. 運用負荷軽減と生産性の向上

マイクロサービスアーキテクチャーを導入し、プログラマーの高い生産性を確保できるだけでなく、ITインフラの管理コストにおいての効果を見出すことができます。プログラマーのチームは垂直統合型にそのサービスすべてに責任を持つことが望ましい形態となってきており、DevOpsという概念が生まれています。これはクラウドを活用したインフラの管理も含みます。リリースまでの期間を短縮化することができ、そして、自動化により、運用負荷が低減され、生産性が向上します。

9. 高いセキュリティを確保

AWSにとって「**セキュリティ**」は最優先事項の1つです。ユーザーが作成するアプリケーションやシステムにおいてもセキュリティは重要な要素の1つだと思います。「**責任共有モデル**」(詳細はChapter 4) において、セキュリティとコンプライアンスはAWSとユーザーの間で共有される責任です。サービスによって異なりますが、**AWSがクラウド環境自体の責任**を、**ユーザーはクラウド内のセキュリティに対する責任と管理**を担います。この共有モデルは、AWSがホストオペレーティングシステムの仮想化レイヤーからサービスが運用されている施設の物理的なセキュリティに至るまでの要素をAWSが運用、管理、および制御することから、ユーザーの運用上の負担の軽減に役立ちます。
そして、AWSは2006年のサービス開始時からクラウドコンピューティングの先駆者として、セキュリティを最優先事項としてユーザーのイノベーションに迅速に対応可能なクラウドインフラストラクチャを創造してきました。AWSでは、セキュリティ機能の実装や厳格なコンプライアンス要件に対応し、さらに第三者機関による検証が行われています。

10. 日本語での24時間サポート

AWSを安心してご利用いただくため、日本人による24時間365日のビジネスサポートを提供します。ビジネスサポートでは24時間、電話やチャット、メールによる問い合わせを回数制限なくご利用いただけます。緊急度レベルにより初回の応答時間は異なりますが、影響度合いが高いものについては、概ね1時間以内に回答し、それ以外のお問い合わせについても24時間以内に回答します。また、サポートの一環としてユーザーのリソースをAWSのベストプラクティスに基づいて評価、コストやセキュリティ対策の最適化をご支援するAWS Trusted Advisorも提供します。
筆者自身も2010年ごろから、AWSをユーザーとして使っていましたが、その当時から、AWSサポートは信頼できる技術的な相談相手で、システムやアプリケーションを開発するときにとても頼りになりました。

#02-04 AWSのグローバルインフラストラクチャから見たAWSの特徴

さて、AWSグローバルクラウドインフラストラクチャからAWSの特徴についても見てみましょう。AWSのグローバルインフラストラクチャは、各国のさまざまな要件や、各業界、ありとあらゆるワークロードで求められる、安全性、広範性、信頼性に対応するべく設計されています。AWSは、コンピュート、ストレージ、データベース、機械学習、IoTなど、200以上のサービスで構成されますが、10ms未満のレイテンシーにも対応できるクラウドインフラストラクチャを提供しています。世界中のデータセンターから200以上の完全な機能を提供しています。世界中に何百万ものアクティブなユーザーと数万のパートナーを有し、AWSは最も動的で最大規模のエコシステムを備えています。スタートアップ企業、エンタープライズ、公共部門の組織など、ほとんどの業界やあらゆる規模のユーザーが、考えつく限りのユースケースをAWSで実行しています。

AWSクラウドは、全世界25の地理的リージョン内の81のAZにまたがっており、オーストラリア、インド、インドネシア、イスラエル、スペイン、スイス、およびアラブ首長国連邦（UAE）に21個のAZと7つのAWSリージョンを追加する計画が発表されています。

グローバルインフラストラクチャには下記のような6つの特徴があります。

セキュリティ

AWSのセキュリティは、その中核となるインフラストラクチャから始まります。AWSのインフラストラクチャはクラウドに合わせて特別に構築され、かつ世界で最も厳しいセキュリティ要件を満たすように設計されています。さらに、24時間年中無休でモニタリングされており、ユーザーのデータの機密性、整合性、可用性を確保しています。データセンターとリージョンを相互接続するAWSグローバルネットワークを流れるすべてのデータは、安全性が保証された施設を離れる前に、物理レイヤーで自動的に暗号化されます。どんなときでも暗号化、移動、保管管理を行う機能を含め、常にデータを制御しているという認識を持って、最も安全なグローバルインフラストラクチャを構築できます。

可用性

AWSは、クラウドプロバイダーの中で最高のネットワーク可用性を提供しています。各リージョンは完全に分離されており、インフラストラクチャの完全に分離されたパーティションである複数のAZで構成されています。効果的に問題を隔離して、高可用性を実現するために、アプリケーションを同じリージョンにある複数のAZで分離できます。さらに、AWSコントロールプレーンとAWSマネジメントコンソールはリージョン全体に分散されており、グローバルAPIエンドポイントを含みます。これは、グローバルコントロールプレーン機能から隔離されている場合、ユーザーが隔離中に外部のネットワークを経由してリージョンまたはそのAPIエンドポイントにアクセスする必要なく、安全に24時間以上動作するように設計されています。

パフォーマンス

AWSリージョンは、低レイテンシー、低パケット損失、ネットワーク全域での高い品質を提供しています。これは、完全に冗長な100GbEファイバーネットワークバックボーンのおかげで実現できており、多くの場合、リージョン間で多くのテラビット規模の容量を提供しています。AWS Local ZonesとAWS Wavelengthは、弊社の通信プロバイダーと連携して、エンドユーザーと5G接続デバイスにより近いAWSインフラストラクチャおよびサービスを提供することにより、1桁台のミリ秒レイテンシーを必要とするアプリケーションのパフォーマンスを実現しています。アプリケーションに必要なものは何でも、必要に応じて迅速にリソースを増やし、数百から数千ものサーバーを数分でデプロイします。

グローバルに提供するサービスの規模

AWSはあらゆるプロバイダーの中でも最大のグローバルインフラストラクチャサービス規模を備えており、絶えず大きく拡大しています。アプリケーションとワークロードをクラウドにデプロイする場合に、ユーザーの主なターゲットに最も近いテクノロジーインフラストラクチャを選択できる柔軟性があります。最高のスループットと最低のレイテンシーを必要とするアプリケーションを含む、最も広範なアプリケーションセットに最適なサポートを提供しているクラウドで、ワークロードを実行できます。データが地球外にあるとしても、AWS Ground StationでAWSインフラストラクチャのリージョンに近い衛星アンテナを利用できます。

スケーラビリティ

AWSグローバルインフラストラクチャにより、企業は極めて柔軟で、事実上無制限のクラウドのスケーラビリティを活用することができます。アクティビティのピークレベルでビジネスオペレーションを処理するのに十分な容量を確保するため、オーバープロビジョニングを使用していたユーザーがいました。現在、このユーザーは、実際に必要なリソースの量をプロビジョニングし、ビジネスのニーズに合わせて即座にスケールアップまたはスケールダウンをしています。企業は必要に応じて迅速にリソースを増やすことができ、数百から数千ものサーバーを数分でデプロイできます。

柔軟性

AWSグローバルインフラストラクチャには、ワークロードを実行する方法と場所を選択できる柔軟性があるため、同じネットワーク、コントロールプレーン、API、AWSのサービスをいつ使用するかを選択できます。アプリケーションをグローバルに実行する場合、AWSリージョンとAZのいずれかから選択できます。モバイルデバイスとエンドユーザーに対し1桁台のミリ秒のレイテンシーでアプリケーションを実行する必要がある場合は、AWS Local ZonesまたはAWS Wavelengthを選択できます。あるいは、オンプレミスでアプリケーションを実行する場合には、AWS Outpostsを選択できます。

#02-05 AWSのサービス

AWSでは、コンピューティング、ストレージ、データベース、分析、ネットワーキング、モバイル、デベロッパー用ツール、管理ツール、IoT、セキュリティ、エンタープライズアプリケーションなど、グローバルなクラウドベースの製品を幅広く利用できます(**図2-5-1**)。
これらのサービスを使用すると、組織はより迅速かつ低いITコストでスケールすることができます。AWSは最大規模の企業と注目を集めている新興企業から信頼されており、ウェブアプリケーション、モバイルアプリケーション、ゲーム開発、データ処理、データウェアハウス、ストレージ、アーカイブなど多様なワークロードを支援しています。

それでは、AWSの代表的なサービスカテゴリごとに特徴を見ていきましょう。詳細は、以下のURLからアクセスしてください。
https://aws.amazon.com/jp/products/

図2-5-1 AWSサービス

AWSのコンピュートサービスの特徴

AWSは、最も広範で層の厚い機能を提供します。
Amazon Elastic Cloud Compute (EC2) は、プロセッサ、ストレージ、ネットワークの選択でインフラストラクチャを管理するきめ細かい制御を提供します。**AWSコンテナサービス**は、コンテナの実行に最適で柔軟なサービスを提供します。**AWS Lambda**を使用すると、150を超えるネイティブに統合されたAWSおよびSaaS (software as a service) ソースからのイベントに対応するコードを実行できます。
この技術の根幹として、**AWS Nitro System**があります。AWS Nitro SystemはAWSによる革新のスピードを上げ、ユーザーのコスト削減をさらに進めながら、セキュリティの向上や新しいインスタンスタイプの提供といった、さらなるメリットを実現します。AWS Nitro Systemは、仮想化インフラストラクチャを再構成しています。従来のハイパーバイザーは物理的なハードウェアとBIOSを保護し、CPU、ストレージ、およびネットワーキングを仮想化し、豊富な管理機能を提供しますが、Nitro Systemが加わったことで、そのような機能を分割し、専用のハードウェアとソフトウェアに負荷を分散できます。また、サーバーのすべてのリソースを顧客に届けることでコストを減らします。

また、AWSのコンピューティングでは、長期契約や複雑なライセンスを必要とせずに、必要なインスタンスまたはリソースに対してのみの料金で利用可能です。料金パフォーマンスの向上に役立つ自動化された推奨事項と、コストをさらに最適化するためのツールや革新的な料金設定モデルも提供しています。EC2スポットインスタンスの場合、インスタンスのオンデマンド料金よりも最大90パーセント節約できます。または、Savings Plansを使用すると、インスタンス、コンテナ、サーバーレス全体で1回の請求で最大72パーセント節約できます。

そして、AWSは、クラウドからデータセンター、エッジまで一貫したサービスのセットを配信できる唯一のクラウドプロバイダーです。AWS Outpostsを使用すれば、AWSのインフラストラクチャ、サービス、API、ツールを、あらゆる施設に拡張できます。Amazon Elastic Container Service (ECS) Anywhere と Amazon Elastic Kubernetes Service (EKS) Anywhereは、クラウドで使用するのと同じAPIとクラスター管理を使用してオンプレミスでコンテナを実行できます。AWS Wavelengthは、世界中の電気通信事業者を通じて5G対応アプリケーションに極めて低いレイテンシーを提供します。

AWSの目的に応じて選択可能なフルマネージドデータベース

AWSでは、特定のニーズに合わせて、ユースケース駆動型で、非常にスケーラブルな分散型アプリケーションを構築できます。AWSは、リレーショナル、キー値、ドキュメント、インメモリ、グラフ、時系列、ワイドカラム、台帳データベースを含む、多様なデータモデルをサポートする15種類以上の専用エンジンを提供します。これによりユーザーのチームは、サーバーのプロビジョニング、パッチ適用、バックアップなど、時間のかかるデータベース作業から解放されます。AWSのフルマネージドデータベースサービスは、継続的なモニタリング、自動修復を備えたストレージ、オートスケーリングを提供し、ユーザーがアプリケーション開発に集中できるようにします。また、大規模環境でのパフォーマンス、高可用性とセキュリティの実現が可能です。

AWSのアナリティクスサービス

AWSは、あらゆるデータ分析のニーズに適合する最も幅広い分析サービスを提供し、あらゆる規模や業種の組織がデータを活用してビジネスを改革することを可能にします。データの移動、データストレージ、データレイク、ビッグデータ分析、機械学習 (ML)、そしてその中間にあるものまで、最高の料金パフォーマンス、スケーラビリティ、最低コストを提供する目的別のサービスを提供します。

AWSの安全性の高いネットワークサービス

AWSのネットワーク機能により、世界でも最も厳しいレベルのセキュリティ要件を満たすことができます。24時間365日のインフラストラクチャモニタリングにより、ユーザーのデータにおける機密性、整合性、可用性を保証しています。そして、AWSのリージョン/アベイラビリティーゾーン (AZ) モデルを利用して、ミッションクリティカルなワークロードに対して最高レベルの可用性を維持します。業界のアナリストは、AZモデルを、高可用性を必要とするエンタープライズアプリケーションの実行に推奨されるアプローチであると認めています。最高のスループットと最小のレイテンシーを持つクラウドネットワークを使用してワークロードを実行します。AWSのネットワークを利用して、より高速で応答性の高いアプリケーションを顧客に提供することができます。

AWSでのモバイルアプリ開発

AWSは、ネイティブiOS/Android、React Native、およびJavaScriptデベロッパー向けの開発ワークフローをサポートするために、幅広い一連のツールとサービスを提供しています。AWSを初めて使用したとしても、アプリケーションの開発、デプロイ、運用がいかに簡単かを実感できます。また、AWSインフラストラクチャのスピードと信頼性により、アプリケーションは、プロトタイプから何百万人ものユーザーまで拡張して、ビジネスを前進させることができます。

AWSのデベロッパー向けのツール

AWSを利用する、利用しないに限らず、開発者は、システム構成を検討して実現し、そして、アプリケーションコードを効率的にチームで開発していくことが必要になります。それは、コードのホスティング、アプリケーションの構築、テスト、およびデプロイを迅速かつ効果的に行うことが重要になります。ソフトウェア開発キット (SDK)、コードエディタ、継続的統合、配信 (CI/CD) サービスなどのコアツールを活用して、DevOpsソフトウェア開発を実現できます。機械学習 (ML) に導かれたベストプラクティスと抽象化を利用して、俊敏性、セキュリティ、速度、コード品質を向上させることができます。

AWSの管理ツール

システムは構築・開発する時間よりも、実際にそのシステムを利用して、運用していく時間の方が長く、この部分が重要になります。しかし、迅速なイノベーションをしようとしたとき、コスト、コンプライアンス、およびセキュリティのような、コントロールの維持をどう実現するかも考えていく必要がありました。AWSのManagement and Governanceサービスでは、イノベーションとコントロールのどちらかを選ぶ必要がないため、ユーザーはそれらを両立させることができます。AWSでは、ユーザーはビジネス俊敏性とガバナンスコントロールの両方のためにその環境を有効化、プロビジョニング、および運営することができます。

AWSのIoTサービス

昨今、IoTが着目されていますが、AWS IoTを活用すると、スケール、迅速な対応、コスト削減を実現できます。セキュアなデバイス接続から管理、ストレージ、分析まで、AWS IoTには完全なソリューションを構築するために必要な広範かつ深いサービスがあります。AWSは、何十億ものデバイスを接続、管理するIoT (モノのインターネット) サービスとソリューションを提供します。産業、コンシューマー、商業、オートモーティブ用のワークロード向けにIoTデータを収集、保存、分析できます。

#02-06 AWSのサービスを活用する意義

これらのサービスを組み合わせることにより、**安全でスケーラブルなシステムを最小限の開発工数で実現できる**ということです。もし、クラウドを活用していなければ、サーバーを用意して、その上に、必要なミドルウェアやデータベースなどの環境を構築して、接続性や可用性などを考慮しながらシステムを設計する必要があります。AWSを活用すると、Amazon EC2のようなマネージドのコンピューティングサービスや、Amazon ECS、Amazon EKSのようなコンテナサービス、または、AWS Lambdaのようなマネージドのアプリケーション実行環境を必要なときに必要なリソース量だけ簡単に利用することができます。データベースもAmazon AuroraやAmazon RDSでなどのマネージドのリレーショナルデータベースを活用したり、Amazon DynamoDBのようなNoSQLのデータベースを簡単に使うことも可能です。AWSは、少ないユーザーが使う小規模なシステムから、グローバルに展開する数百万から数千万のユーザーが使うような大規模なシステムまで、幅広くカバーすることができます。
オンプレミスのシステム開発の体験とは大きく異なる、スマートなシステム開発を実現可能にするのが、AWSとも言えます。

#02-07 まとめ

この章では、AWSのイノベーションカルチャーとAWSのサービスの特徴を見てきました。次の章では、それを知識として理解するだけでなく、実践してその効果を見てみることにしましょう。AWSを本当の意味で活用するためには、試してみることが重要です。そして、それは、簡単です。

#03

AWSの特徴を簡単に体験するには?

#03-01 AWSのメリットを実感してみよう

これまでの章で、クラウドの効果やAWSを活用すると、ビジネスを加速できるシステムの構築が素早くでき、そして、運用が安全で効率的になることがお分かりいただけたかと思います。この章では、それを知識として理解するだけでなく、実感してもらいたいと思います。AWSを利用することはとても簡単です。大規模なシステムを構築するためには、AWSに限らず、多様な知識や専門的な知識が必要になりますが、小規模なシステムを構築するのはとても簡単です。

AWSは簡単に利用することができ、そして、低コスト、あるいは、無料で、使い始めることができます。もし、AWSを実際に使ってシステムを構築したことがなければ、まずは、この章の手順に従って、簡単に試して、その効果を実感して欲しいと思います。実際に、AWSに触れることで、オンプレミスとは異なるクラウドの効果を実感したり、さまざまな事例を見聞きするだけの知識では得られない、実体験を通じた適切な判断ができるようになります。

#03-02 AWSを利用するためには?

さて、AWSを利用するために何が必要かを見てみましょう。

- ノートPCなどのパソコン（Windowsでも、MacOSでも、Linuxでも大丈夫です）
- インターネットに接続できる環境（オフィスのネットワークからAWSに接続する場合は、AWSへのアクセスが許可されていない場合がありますので、オフィスネットワークの管理者に確認しましょう。もしくは、自宅の個人のPCを利用する方法もあります）
- オフィス環境からAWSを利用する場合は、社内の規定やルールなどの確認
- クレジットカード（AWSは従量課金で利用でき、初期費用が不要です。このクレジットカードが請求先になります。なお、無料仕様枠の範囲内の場合は無料で使えますし、また、上限料金を超えそうになったときにアラートを上げる設定をすることもできます）
- メールアドレス（AWSアカウント名になります）
- 個人の住所、認証時に必要となるSMSが受信可能な携帯電話

これらの情報や環境が用意できたら、次のアカウント作成方法に進みましょう。

#03-03 AWSアカウントの作成方法

AWSアカウントを作成すると、Amazon EC2やAmazon S3など、200以上のAWSのサービスを利用可能です。また、無料仕様枠が設定されているAWSサービスも100以上あり、これらは一定の使用量まで無料でお試しいただけます。また、AWSの世界中のリージョンで提供されるすべてのサービスを始めることができます(注:AWSのアカウント作成のWebページで表示されるデザインや、入力項目が更新されている場合があるので、Webページに表示され る内容を確認しながら進めてください)。

ステップ 1:AWSアカウント作成

AWSのアカウントを作成するため、下記のURLにアクセスしてください。
https://portal.aws.amazon.com/billing/signup#/start

はじめにAWSアカウントとなる情報を設定します。

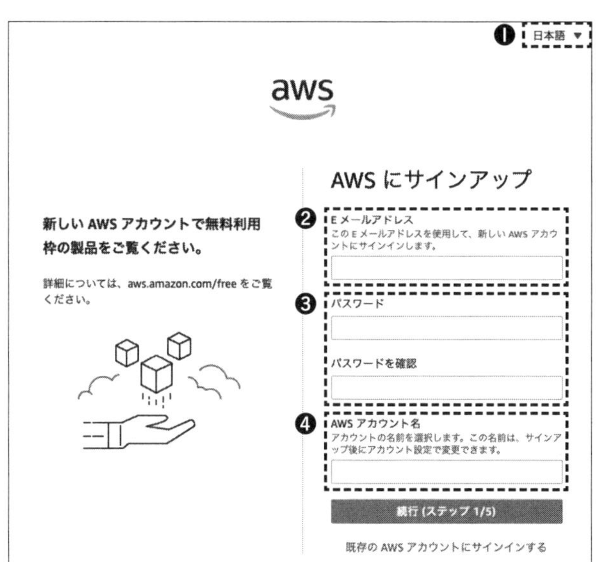

図3-2-1 メールアドレスとパスワード、アカウント名を設定

❶ 表示されたページが「日本語」でない場合、ページ右上の言語選択ボックスより「日本

語」を選択後、サインアップ画面へ進んでください。

❷「Eメールアドレス」には、AWSへのログイン時に使用するメールアドレスを設定します。

❸「パスワード」および「パスワードの確認」でAWSへのログイン時に使用するパスワードを設定し、確認用にもう一度同じパスワードを入力します。

❹「AWSアカウント名」に、ユーザーの名前を半角アルファベットで入力します。

入力が完了したら、「続行」ボタンをクリックします。

ステップ 2：連絡先情報の登録

次にユーザーの連絡先情報を登録します。

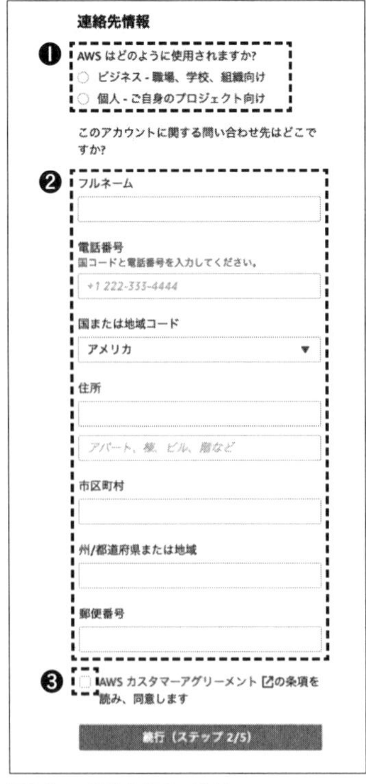

図3-2-2　連絡先情報の登録

❶ 法人での利用であれば、「ビジネス - 職場、学校、組織向け」、個人の利用であれば「個人 - ご自身のプロジェクト向け」を選択します。

❷ 連絡先情報は、すべて「半角アルファベットおよび半角数字」で入力します。
- フルネーム：ユーザーのフルネームを入力します
- 会社名：ユーザーの会社名を入力します
- 電話番号：ユーザーの電話番号をハイフン・記号なしで入力します（例：0312345678）
- 国または地域コード：国を選択します
- 住所：ユーザーの住所の番地、建物名などを入力します
（例：1-1-1, Kamiosaki　ABC Building）
- 市区町村：ユーザーの住所の市区町村名を入力します（例：Shinagawa-ku）
- 州 / 都道府県または地域：ユーザーの住所の都道府県名を入力します（例：Tokyo）
- 郵便番号：ユーザーの住所の郵便番号をハイフン付きで入力します（例：141-0021）

❸ AWSカスタマーアグリーメント（利用規約）に同意の上、このチェックボックスをクリックし、「続行」ボタンをクリックします。

ステップ 3：請求情報の入力

次に請求情報（お支払い情報）の登録を行います。
AWS無料利用枠の制限を超えた場合にAWSのサービスの有料使用にシームレスに移行できるようにするため、クレジットカードまたはデビットカードが必要になります。また、

ユーザーの支払い情報を使用してアカウントの信頼性を確認し、不正な行為を防止します。

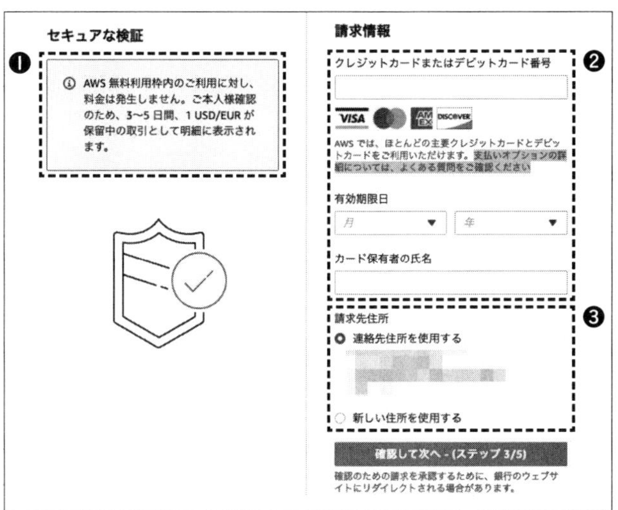

図3-2-3 請求情報の登録

❶ AWS無料利用枠内の利用に対し、料金は発生しません。本人確認のため、3〜5日間、1USD/EURが保留中の取引として明細に表示されます。

❷ 有効なクレジットカードまたはデビットカード情報を入力します。AWSでは、ほとんどの主要クレジットカードとデビットカードを利用できます。カード番号、有効期限などの情報に間違いのないよう気をつけてください。

❸ 請求先住所を選択します。前のステップで入力した住所と同様の場合は、「連絡先住所を使用する」を選択します。アカウント作成時に入力した住所と異なる請求先となる場合は、「新しい住所を使用する」を選択して、請求先住所を入力してください。

入力が完了したら、「確認して次へ」ボタンをクリックします。

ステップ 4：SMS または音声電話による本人確認

作成していただいたAWSアカウントの本人確認を行います。
テキストメッセージ(SMS)または、電話(自動音声)をお選びいただけます。入力した電話番号に、日本語の自動音声による検証コードの入力を求める確認電話、またはSMSがただちに届きます。

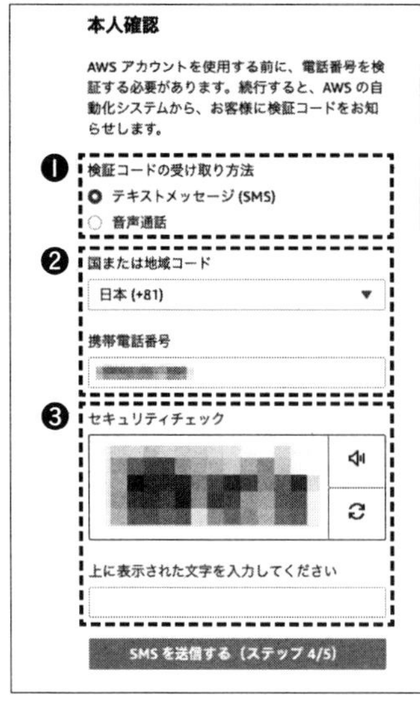

図3-2-4 本人確認

❶ 希望の検証コードの受け取り方法を選択します。
❷ 国コードを選択し、電話番号をハイフン・記号なしで入力します。
(例：09012345678)
❸ セキュリティチェック文字列として表示された英数字を入力します。

入力が完了したら、SMSの場合は「SMSを送信する」、音声通話の場合は「今すぐ呼び出し」ボタンをクリックします。

以下の点にご注意ください。
携帯電話などで非通知の着信拒否設定を行っている場合は、着信拒否設定の解除が必要です。オレンジのボタンをクリックする前に、必ず電話がかかる状態にしておいてください。
「SMSを送信する」のボタンをクリックすると、即座に音声電話またはSMSが届きます。
❷の電話番号入力欄にはすぐに着信を受け取れる電話番号を入力してください。
国番号選択を誤ると電話がかかってきませんので、必ず正しい国コードをご選択の上、ハイフンなしで電話番号を入力してください。
SMSまたは電話（日本語自動音声）で4桁の検証コードが届きます。
検証コードが届いたら入力欄に検証コードを入力し、「続行」ボタンをクリックします。

ステップ 5：AWSサポートプランの選択

最後にAWSのサポートプランの選択を行います。
有償のサポートを現時点で必要としていない場合は、「ベーシックサポート」を選択します。選択が完了したら、「サインアップを完了」ボタンをクリックします（**図3-2-5**）。

なお、開発者、デベロッパー、ビジネスいずれかの有償プランを選択した場合、月額最低サポート料金が加入時に請求されます。有償プランはAWSアカウント作成後にお申込みいただくこともできます。

図3-2-5　サポートプランの選択

ステップ 6：サインアップ完了

数分ほどで、登録メールアドレス宛に確認のためのEメールが届きます。「AWSマネジメントコンソールにお進みください」ボタンをクリックすると、すぐにAWSの利用を開始していただくことができます。

#03-04　Webサーバーを数分で簡単に公開する——Amazon Lightsail

AWSアカウントが作成できたら、**Webサーバーを作成し、公開**してみましょう。Amazon LightSailを使うと、わずか数分で、WordPressを使ったブログサイトをインターネットに公開することができます。そして、とても簡単です。

Amazon LightSailは、簡単、速い、低コストの特徴があります。直観的なコンソールと、事前設定済みのLinuxおよびWindowsアプリケーションスタックを使用して、たった数クリックでサーバー（VPS）とウェブアプリケーションを簡単に起動できます。さらに、サーバーとアプリケーションが立ち上がるのは数分以内です。 Amazon Lightsailは、最も簡単に開始できるクラウドサービスです。起動したサーバーはいつでも停止・削除できます。また、Amazon Lightsailは、月額420円（3.5ドル）からの月額・定額制です（2022

年4月時点)。必要なすべてのリソースを単一のシンプルな価格で提供しています(以下を試すだけなら無料枠で収まりますが、最新の料金については、AWSのホームページを確認ください)。

Amazon LightSailのチュートリアルは、下記のURLからアクセスできます。
https://lightsail.aws.amazon.com/ls/docs/ja_jp/articles/amazon-lightsail-tutorial-launching-and-configuring-wordpress

基本的なステップは下記の通り、とても簡単です。

1. インスタンスの作成

下記のURLから、Amazon Lightsailのコンソールにアクセスします。[Instances] タブで、[Create instance] を選択します。
https://lightsail.aws.amazon.com/

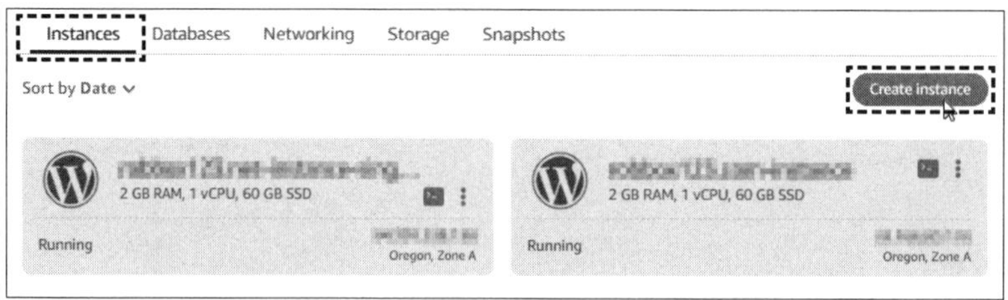

図3-4-1 [Create instance] を選択

2. リージョンとアベイラビリティーゾーンの選択

インスタンスのAWSリージョン、およびアベイラビリティーゾーンを選択します。「Tokyo」、すなわち日本を選ぶことも可能です。Availability Zoneは、今回の場合、どれを選択しても問題ありません。

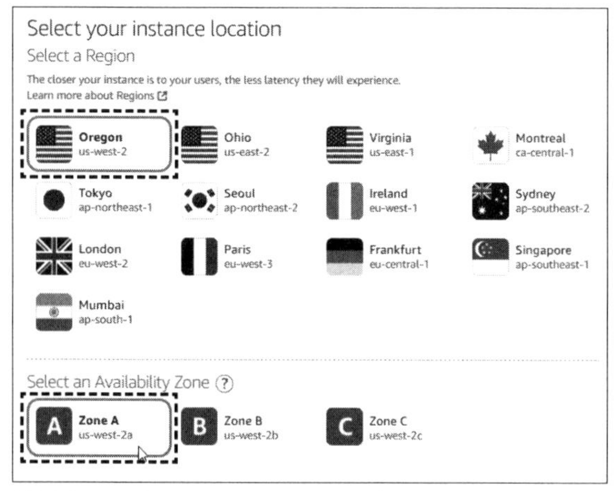

図3-4-2 リージョンとアベイラビリティーゾーンを選択

3. プラットフォームの選択

プラットフォームとして、[Linux/Unix] を選択します。次に、Blueprintとして、[WordPress] を選択します。

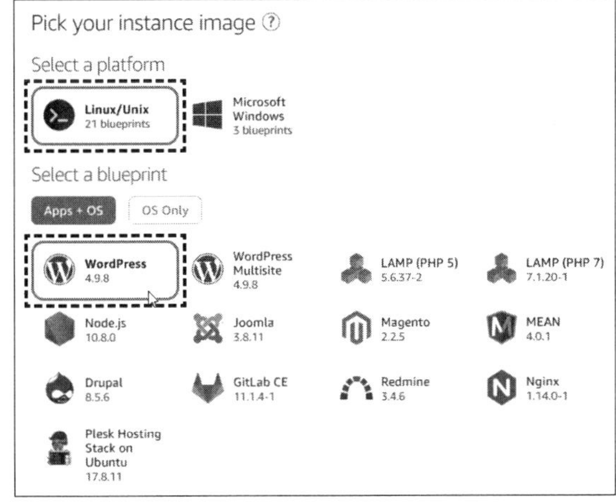

図3-4-3 プラットフォームとBlueprintを選択

その後、インスタンスプランを選択しますが、3.50USDのLightsailプランを1ヶ月間（最大750時間）無料でお試しいただけます（2022年4月時点）。そして、インスタンスの名前（サーバーの名前）を入力すれば、あなただけのブログサイトがインターネットに公開されます。

とても簡単にサーバーを起動することができました。オンプレミス環境では、サーバーの調達などが必要になるため、専門家への依頼が必要だったでしょう。AWSを活用すると簡単にシステムを構築できます。

#03-05 複雑なモバイル向けアプリやWebサイトを構築する――AWS Amplify

ブログサイトが簡単に構築できることがわかりました。続いて、**AWS Amplify**を紹介します。AWS Amplifyを使うと、スケーラブルなモバイルアプリケーションとウェブアプリケーションを無限の柔軟性で素早く構築することができます。

スケーラブルなモバイルアプリケーションを作ろうと思うと、認証の仕組みやストレージをどうするか、また、そのためのアプリケーションの開発をどのようにすればよいか、不安になるかもしれません。しかし、AWS Amplifyを活用すると、直感的なワークフローを使用して、認証、ストレージ、データなどを備えたサーバーレスバックエンドを設定していくことができます。そして、わずか数行のコードでウェブ/モバイルアプリケーションをさまざまなAWSリソースに接続することが可能です。簡単にモバイルアプリケーションやWebサイトを構築できるような機能が提供されています。数回クリックするだけで、静的なウェブサイト、単一ページのウェブアプリケーション、そして、サーバー側でレンダリングされたアプリケーションをデプロイしてホストすることができます。管理面の機能も充実しており、アプリケーションユーザーやコンテンツを簡単に管理できるAmplify Admin UIが提供されているので、簡単に操作できます。

AMPLIFY SNS WORKSHOP

AWS Amplifyの始め方を紹介したいと思います。本書ではその詳細については触れませんが、AWSでは、AWS Amplifyを簡単に試していただくための、オンラインで実習可能なワークショップが用意されています。そのワークショップでは、Twitterライクなソーシャルメディアアプリケーションの開発を通じて、実践的にAWS Amplifyについて学ぶことができます。

下記のURLにアクセスして、ぜひ、試してみてください。
https://amplify-sns.workshop.aws/ja/

#03-06 まとめ

このように、AWSは簡単に試すことができます。そして、実際に試すことで、AWS、クラウドの本質的な効果を実感できます。この書籍を手元に置いて、ぜひ、自分自身で、AWSの環境にアクセスし、その効果を実感してもらいたいと思います。

さて、次の章では、セキュリティについて理解を深めます。システムを構築したりサーバーを構築するためには、セキュリティを正しく理解して、適切なセキュリティ対策が必要になります。

#04 AWSにおけるセキュリティ概要

#04-01 AWS利用で検討すべきセキュリティ対応箇所

AWSでは**クラウドのセキュリティを最優先事項として対応**しています。AWSではセキュリティの専門部隊が活動し、セキュリティに対する大規模かつ継続的な投資が行われています。実際、re:InventのようなAWSのイベントでも、セキュリティ関係のセッションが高い割合で開催されています。
このような背景には、セキュリティの不適切な検討や実装、それに伴って引き起こされるインシデントはクラウド利用を阻害してしまうだけではなく、社会的な影響を与える可能性への危惧が考えられます。

従来のオンプレミス環境におけるシステム開発・運用と比べて、クラウドの利用はITリソースの利用の仕方が変わるだけではなく、要件の実装方法や管理責任範囲の変化を伴います。クラウド上でサービスを安全に提供するために、これらの変化に追随することはクラウド利用企業の責務と言えるでしょう。同様にクラウドサービスを安全に提供することもクラウド事業者の責務です。

AWSのクラウド環境全体におけるセキュリティ対応はオンプレミスのデータセンターを利用する際に必要な対応と本質的に同様です。ただし、**データセンターの施設やハードウェアの保護に関してはAWSに任せることができ**、責任を持って対応する主体が異なります。また、AWSが提供するクラウドサービスの選択によってもAWSおよびユーザーのセキュリティ対応範囲が異なってきます。

企業においてAWS利用時のセキュリティ対応を初めて検討する際には、**オンプレミス環境のセキュリティ対応と比較するアプローチ**が進めやすいと考えられます。比較することで、従来と同じ対応が求められる点や異なる点が明確になり、力をかけて新しく検討すべき箇所を明確にできます。

本項ではAWS利用時のセキュリティを考える上でオンプレミス環境と共通する対応、異なる対応、AWSクラウドのセキュリティのアドバンテージについてご説明します。

オンプレミス環境と共通するセキュリティ対応

オンプレミス環境と共通するセキュリティ対応内容を確認する上で、まず必要なことはAWSクラウドの特徴を把握することです。AWSのクラウドでは、AWSが保護するデータセンターの施設やハードウェアにおいて、仮想化されたサーバーやストレージ、ネットワークなどのリソースが提供されています。そして、ユーザーは、AWS上のリソースや処理されるデータを監視・保護するために、AWSやサードパーティーが提供するソフトウェアベースのセキュリティソリューションなどを利用することができます。この特徴により、次に挙げるようなオンプレミス環境の一般的なセキュリティ対応が可能です。

用途に応じた環境の分離

AWSクラウドの利用開始時はメールアドレスなどの必要情報を入力し、AWSアカウントを開設することになります。この**メールアドレスに紐付いて作成されるルートユーザーが管理可能な環境を、AWSアカウントと呼びます。**このAWSアカウントは、**図4-1-1**に示すような観点で位置付けられます。オンプレミス環境で商用環境を開発・テスト環境のネットワークと分離したように、AWSクラウドにおいても、AWSアカウントの分割やAmazon VPC（仮想プライベートクラウド）の分割による環境の隔離が可能です。また、AWSアカウントの分割により、AWSのリソースの分離だけではなく請求を商用環境と開発・テスト環境などで分けることができます。

AWSリソースの管理単位	セキュリティにおける境界	AWSの課金における単位

AWSアカウントのルートユーザーは自アカウント内のすべてのサービスやリソースの管理権限を保有する。 たとえば、特定のAWSアカウントを本番環境として位置付け、本番環境専用の運用が可能である。	AWSアカウントは、他のAWSユーザーとのセキュリティの境界の役割を果たす。デフォルトでは、他のAWSアカウントからはアクセスされず、リソース等も参照されない。リソースを相互参照する設定も可能である。	AWSのサービス利用料金は、通常AWSアカウントごとに集計される。 AWSのアカウントごとに請求先を設定することも可能である。なお、組織として請求先を一括にする設定も可能である。

図4-1-1　AWSアカウントの位置付け

ネットワークのゾーニング

AWSクラウド上においても、伝統的なDeMilitarized Zone（DMZ／非武装地帯）を持ち、構成するリソースやデータの重要度に応じて**サブネットを用いたネットワークのゾーニング**が可能です。
前述のVPCは個々のAWSアカウントに作成可能な論理的な仮想ネットワークです。このVPC内にインターネットとの通信が行えるように設定するパブリックサブネットや、そのような設定をしないプライベートサブネットを構成可能です。その上でインスタンスごとのファイアウォール機能に該当する、AWSのセキュリティグループやサブネット単位で通信を制御するネットワークACL機能などを用いてセキュリティを強化します。

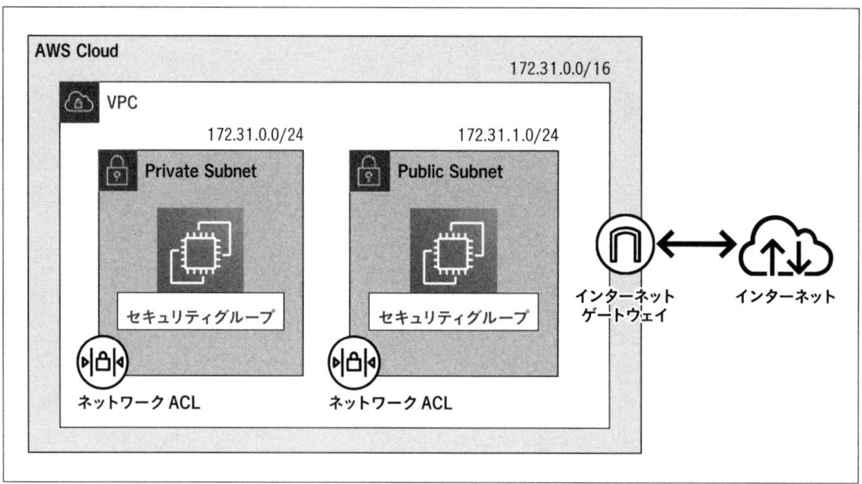

図4-1-2 AWSクラウドにおけるネットワークのゾーニング

専用線接続やVPNによる通信の保護

オンプレミス環境のデータセンター運用で利用されてきた、オフィスやデータセンター間の**専用線やVPN接続**を、AWSクラウドにおいても利用することが可能です。これによりインターネットを経由することなく、企業内のネットワークの延伸としてAWSクラウド上のリソースにアクセスできます。

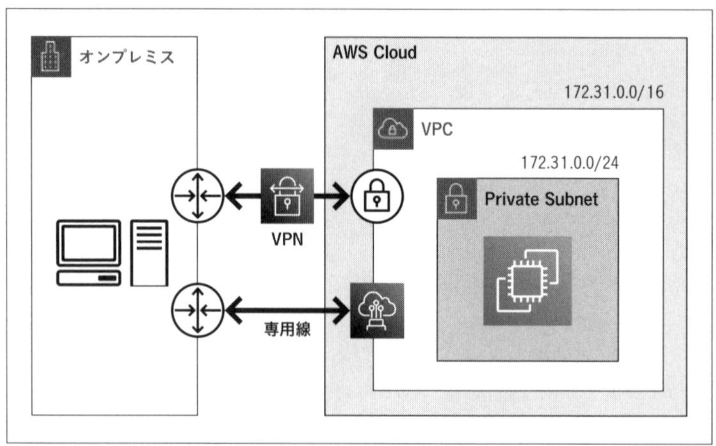

図4-1-3 オンプレミス環境との接続イメージ

サーバーやアプリケーションの保護

AWSクラウド上にユーザーが導入したサーバーやアプリケーションは従来同様、ユーザー自身でセキュリティパッチの適用やアンチウイルス対策、侵入検知、データのバックアップなどが可能です。

データ保護

従来同様、ユーザーがAWSクラウド上に構成したOSやアプリケーション上のデータに対してアクセス制御や暗号化が可能です。また、AWSクラウドの各種サービスを利用して保管するデータに対しても、APIのアクション単位でアクセス制御や暗号化が可能です。

ログの取得やセキュリティ監視

ソフトウェアベースのソリューションを導入し、AWSクラウド上に構成した自身のリソースのログ取得やセキュリティイベントの監視を行うことが可能です。AWSの各種サービスの利用ログ取得や各種セキュリティ設定の監視も可能です。

オンプレミス環境と異なるセキュリティ対応

続いて、オンプレミス環境と異なる主な対応についてまとめます。

クラウド特有のアカウントに対する保護

AWSクラウドのユーザーは自身のリソースをローカルではなく、リモートから管理します。その際に用いるインターフェースの1つがAWSマネジメントコンソールです。AWSマネジメントコンソールはいわゆる、オンプレミス環境のデータセンターの入口に相当します。このマネジメントコンソールの主なユーザーは、**ルートユーザー**と**AWS Identity and Access Management (IAM) ユーザー**です。ルートユーザーは自身のAWSアカウント上のすべてのリソースに対するアクセスをコントロールできる、単一の強力なユーザーアカウントで削除することはできません。また、IAMユーザーは、AWSクラウドで提供される各種サービスの利用や管理に必要なアクセス権を設定可能なユーザーアカウントです。AWSのユーザーは不正アクセスを避けるため、これらのアカウントの認証情報を多要素認証などを用いて保護することが可能です。

アクセスキーの保護

AWSクラウドの特徴の1つに、AWSのリソースに対するほとんどの操作が**APIとして提供されている**点が挙げられます。API操作のために、プログラムなどでAWS SDKやAWS Command Line Interface (AWS CLI) などを利用する際にはIAMユーザーの**アクセスキー**が必要になります。AWSのユーザーはこのアクセスキーを用いて、APIリクエストへ署名し自身の正当性を証明します。
このアクセスキーを構成するシークレットアクセスキーを保護します。このようなアクセスキーの保護は、従来のオンプレミス環境では見られなかった、クラウドならではのセキュリティ対応の要件です。

仮想化の制約を考慮したソリューション導入

AWSのクラウドではファイアウォール機器やIDS/IPS機器など、ユーザーのハードウェアの持ち込みができません。そのため、AWSのセキュリティサービスやソフトウェアベースのセキュリティ対策ソリューションを検討し導入することで対応します。

侵入テストに関するポリシーへの準拠

AWSが定めるポリシーのもと、ユーザー自身で構成したAWS上のシステムに対して侵入テストを実施することができます。なお、AWSで許可されたサービスについては事前の申請は不要です。
ユーザーは、自身のゲストオペレーティングシステム、ソフトウェア、アプリケーションの統制義務を有しており、脆弱性スキャンなどを実行し、ユーザーのシステムにパッチを適用するのは、ユーザーの責任です。脆弱性テストや侵入テストのポリシーに関する詳細についてはhttps://aws.amazon.com/jp/security/penetration-testing/で確認することができます。

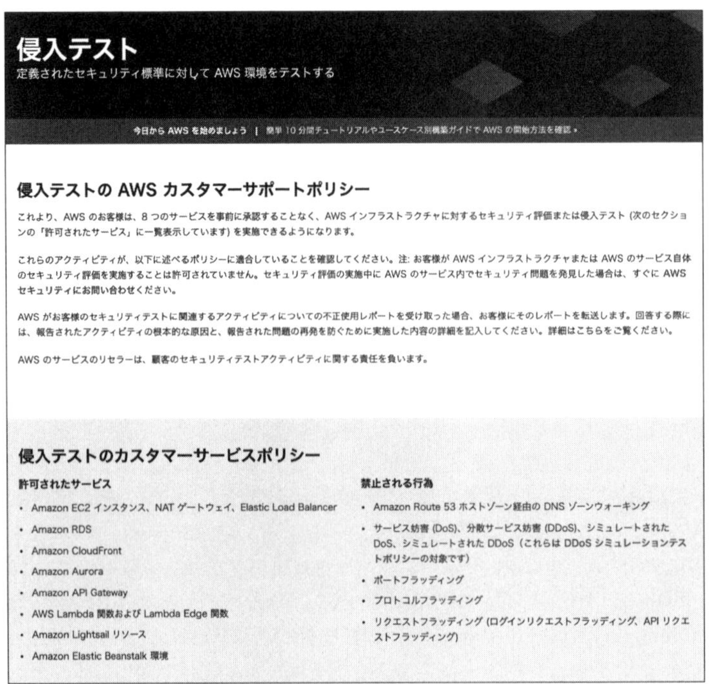

侵入テスト
定義されたセキュリティ標準に対して AWS 環境をテストする

今日から AWS を始めましょう | 簡単 10 分間チュートリアルやユースケース別構築ガイドで AWS の開始方法を確認 »

侵入テストの AWS カスタマーサポートポリシー

これより、AWS のお客様は、8 つのサービスを事前に承認することなく、AWS インフラストラクチャに対するセキュリティ評価または侵入テスト (次のセクションの「許可されたサービス」に一覧表示しています) を実施できるようになります。

これらのアクティビティが、以下に述べるポリシーに適合していることを確認してください。注: お客様が AWS インフラストラクチャまたは AWS のサービス自体のセキュリティ評価を実施することは許可されていません。セキュリティ評価の実施中に AWS のサービス内でセキュリティ問題を発見した場合は、すぐに AWS セキュリティにお問い合わせください。

AWS がお客様のセキュリティテストに関連するアクティビティについての不正使用レポートを受け取った場合、お客様にそのレポートを転送します。回答する際には、報告されたアクティビティの根本的な原因と、報告された問題の再発を防ぐために実施した内容の詳細を記入してください。詳細はこちらをご覧ください。

AWS のサービスのリセラーは、顧客のセキュリティテストアクティビティに関する責任を負います。

侵入テストのカスタマーサービスポリシー

許可されたサービス

- Amazon EC2 インスタンス、NAT ゲートウェイ、Elastic Load Balancer
- Amazon RDS
- Amazon CloudFront
- Amazon Aurora
- Amazon API Gateway
- AWS Lambda 関数および Lambda Edge 関数
- Amazon Lightsail リソース
- Amazon Elastic Beanstalk 環境

禁止される行為

- Amazon Route 53 ホストゾーン経由の DNS ゾーンウォーキング
- サービス妨害 (DoS)、分散サービス妨害 (DDoS)、シミュレートされた DoS、シミュレートされた DDoS（これらは DDoS シミュレーションテストポリシーの対象です）
- ポートフラッディング
- プロトコルフラッディング
- リクエストフラッディング (ログインリクエストフラッディング、API リクエストフラッディング)

図4-1-4　侵入テストのカスタマーサービスポリシー

AWSクラウドのセキュリティのアドバンテージ

前述のような特徴を持つAWSにおけるセキュリティ対応ですが、そのアドバンテージとなるのはどのようなところでしょう。AWSのセキュリティを考える上では以下に挙げるアドバンテージがあるといえます。

一部のセキュリティ対応責任をAWSに委任

AWSのクラウドを利用する場合、クラウドサービスを提供するインフラストラクチャはAWSが管理します。**データセンターの施設やハードウェアの保護、ハイパーバイザーへのパッチの適用など**はAWSに任せることができます。同様にマネージドサービスの選択によってAWSにセキュリティを委任する範囲を拡大することができます。たとえば誰でも簡単にAPIの作成や公開が行えるAmazon API Gatewayというフルマネージド型サービスでは、ユーザーはこのサービスが提供されているインフラ部分のセキュリティについて対応をAWSに委任できます。フルマネージド型サービスの利用により迅速かつ効率的にセキュリティ対応を進めることができます。

インベントリの可視性

セキュリティ対応を進める最初のステップとして、**保護すべき情報資産を把握**することが挙げられます。オンプレミス環境における情報資産はさまざまな環境に物理的に分散配置され、その時点の資産情報を正確に把握することが難しいという課題があります。
一方、AWSのクラウドで構築、運用されているシステムはすべて開設されたAWSアカウント環境内に存在することになります。AWSアカウント内のAWSが提供するリソースはAPIで操作が可能です。これは、マネジメントコンソールやCLIなどの操作でどのようなAWSリソースを所有しているかを漏れなくほぼリアルタイムに可視化できることを意味します。たとえばユーザーが保持しているAWSリソースを一元的に確認することができるサービスとしてAWS Configが提供され、トラッキングの目的のために各リソースにタグ付けを行うことも容易にできます。

実装までの時間を短縮する多様なセキュリティサービス

オンプレミス環境ではセキュリティ機能を実装するために製品の選定から設計、機器の搬入や構築などセキュリティ対策の実装まで長い時間と高いコストが必要です。また、導入したセキュリティ製品のインフラ運用も新規に必要となります。
一方AWSでは、EC2インスタンスなどに対する個別のファイアウォール機能（セキュリティグループ）やAWS CloudTrailによるロギング、Amazon VPC上に構築するプライベートサブネット、AWS IAMによるユーザーのアクセスコントロール、外部と共有しているリソースの可視化を行うIAM Access Analyzer、Amazon Glacier（ストレージサービス）上の自動的な暗号化機能、AWSアカウント内の設定が既定のルールから逸脱していないか自動的に確認するAWS Config、外部脅威を可視化するAWS GuardDuty、Webアプリケーションファイアウォールである AWS WAFなど、さまざまなセキュリティサービスや機能をすぐに利用できます。

データプライバシーに関するコンプライアンスのための独立した各リージョン

ユーザーはコンテンツを保存するAWSリージョンを選択できます。コンテンツを複数のAWSリージョンに複製し、バックアップできます。AWSは法令または政府機関の法的拘束力ある命令を遵守するために必要な場合を除き、ユーザーの同意なしに、選択されたAWSリージョンの外にユーザーのコンテンツを移動したり、複製したりすることはない、と表明しています。

分散サービス拒否（DDoS）攻撃対策

AWSの規模とスケールはユーザーの**DDoS（分散サービス拒否攻撃）対策の助け**となります。AWSのインフラストラクチャは膨大な量のトラフィックを制御する設備を持っています。

AWS Shieldは追加料金なしでAWSのサービス利用時に組み込まれ、ユーザーのウェブサイトやアプリケーションを標的として一般的かつ頻繁に発生するネットワーク層およびトランスポート層へのDDoS攻撃を防御します。また、高速なコンテンツ配信ネットワーク（CDN）を可能にするAmazon CloudFrontやDNS機能を提供するAmazon Route 53といったAWSのサービスを使うことで、ユーザーはさらに高い可用性を持つシステムを構築することができます。

セキュリティにおける規模の経済性

クラウドを利用すれば、どのような規模の利用であっても、規模の大きいユーザーと等しいセキュリティの利益を得ることができます。AWSはセキュリティ専門チームを有し、クラウドインフラストラクチャを監視し、保護するためのさまざまなシステムやツールを用いています。

継続的なハードウェアの改善と新しいテクノロジーの採用

AWSはサポート終了になったハードウェアを最新のプロセッサのものと交換し、パフォーマンスやスピードを向上させ、常にインフラストラクチャを改善させています。最新のプラットフォームである、AWS Nitro Systemでは、ユーザーはAWS Nitro Enclaves機能を利用してEC2インスタンス内に分離されたアプリケーション環境を作成できます。これによりアプリケーションはアクセス経路が制限された環境で個人情報などの機密データを安全に処理できます。

コンプライアンス対応における利点

AWSはそのインフラストラクチャに対して多くの認証を得ているので、ユーザーのコンプライアンス準拠のための業務の一部は済んでいると言えます。ユーザーはAWS上に構築したアプリケーションとアーキテクチャーの認証を受けるだけでよいのです。

#04-02 責任共有モデル

本項では、AWSクラウドにおけるセキュリティを検討する上で前提として理解しておくべき「**責任共有モデル**」について説明します。このモデルに基づいて、**AWSがセキュリティに責任を持つ範囲**と、**ユーザーがセキュリティに責任を持つ範囲**が分かれます。

ここではAWSが責任を持つ範囲においてはどのようなセキュリティ対策が取られているのか、またユーザー自身が責任を持つ範囲ではどのようなことができるのかについて、大枠を説明していきます。

責任共有モデルとは

AWSのクラウド利用において、セキュリティとコンプライアンスの責任は、**AWSとユーザーの間で共有**されます。それぞれが責任を果たすために必要な対策を実施することでAWSのクラウド利用の全体におけるセキュリティを保ちます。この共有モデルでは、ホストや仮想化レイヤーから、サービスが運用されている施設の物理的なセキュリティまで、さまざまなコンポーネントをAWSが運用、管理、統制することにより、ユーザーの運用上の負担が軽減されます。

一方、ユーザーは、**ゲストOSと関連する他のアプリケーションソフトウェアの管理、ならびにAWSから提供されるセキュリティ機能の構成**に責任を負います。ユーザーの責任範囲は、使用するサービスやIT環境へのサービス統合、適用される法規によって異なるため、ユーザーは選択するサービスを慎重に検討する必要があります。

この責任共有モデルの性質によって、ユーザーはシステムのデプロイを柔軟に管理できます。また、ユーザーの管理すべき責任範囲においてセキュリティを効果的に実装・運用するための選択肢として、AWSはさまざまなサービスや機能を提供しています。

次の**図4-2-1**に示すように、**このセキュリティの責任範囲の相違は、通常、クラウド「の」セキュリティ**、および**クラウド「内」におけるセキュリティ**と表現されています。

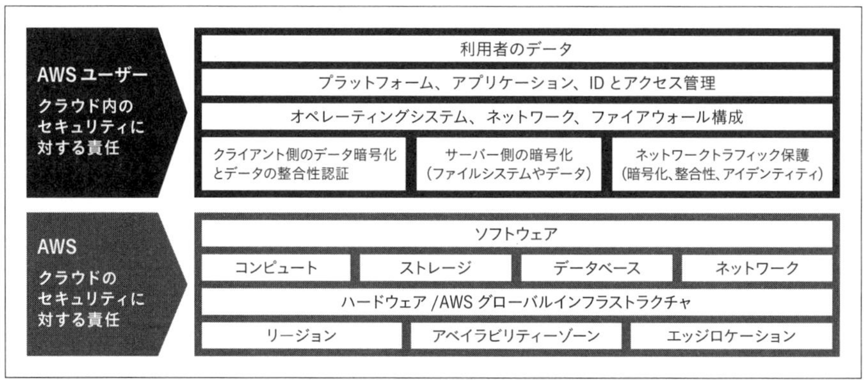

図4-2-1 責任共有モデル

#04-03 「クラウドのセキュリティ」(AWSが責任を持つ領域のセキュリティ)

ここでは責任共有モデルに基づいて、「**クラウドのセキュリティ(AWSが責任を持つクラウドのセキュリティ)**」の特徴について説明をします。ユーザーはAWSから提供されるホワイトペーパーや第三者認証、レポートを通じてAWSのセキュリティを評価することができます。AWSを利用する上で自社のセキュリティ・コンプライアンス要件と照らし合わせ、プラットフォームとしてのAWSに問題がないか評価することは重要です。セキュリティ上問題がないことを事前に確認しておくことで、以降のセキュリティ評価においてクラウドのセキュリティ部分の評価を迅速に行うことができます。
あらためて、AWSが責任を持つクラウドのセキュリティの領域について図を掲載しておきます。

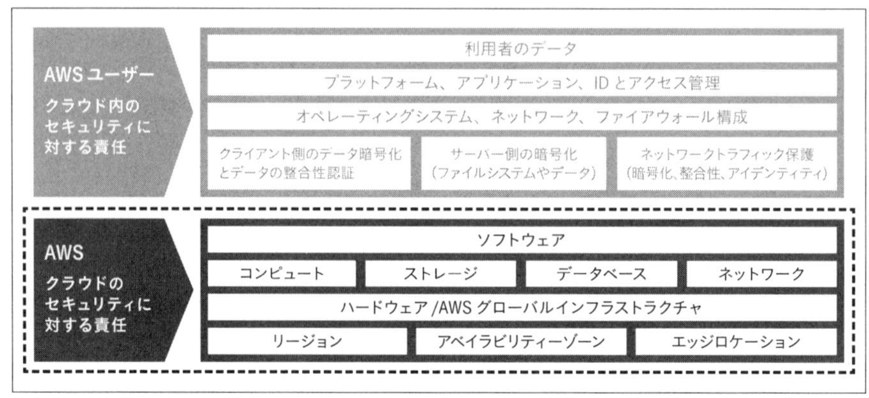

図4-3-1 AWSが責任を持つ領域のセキュリティ

AWSの統制に関する第三者認証

クラウドサービスを提供する事業者の責任範囲に対し、ユーザーとして説明責任を求めることは、サービスを選定する根拠や実際の統制上の観点からも有効です。しかし、実環境への監査などが困難であるため、クラウドサービス提供事業者は説明責任を担保し、ユーザーに統制の実在性を保証するための手段を確保していることが求められます。

AWSでは、ホワイトペーパー、レポート、認定、その他、下の表に示すようなさまざまな第三者による証明を通じて、IT統制に関する幅広い情報をユーザーに提供しています。このような情報によって、ユーザーが使用するAWSサービスに関連した統制、およびそれらの統制がどのように検証されているかを確認できます。

表4-2-1 AWSの統制を評価するための第三者認証・レポート（抜粋）

名称	概要
SOC1	AWS の統制環境に関する説明、および AWS が定義した統制と目標の外部監査に関する説明
SOC2	AWS の統制環境に関する説明、および AICPA の信頼サービスのセキュリティ原則と基準を満たす AWS 統制の外部監査に関する説明
SOC3	AWS が AICPA の信頼サービスのセキュリティ原則と基準を満たしていることを実証する公開レポート
PCI DSS Level1	クレジットカードの支払いを処理する組織（加盟店やサービスプロバイダー）に必要とされる PCI Security Standards Council が定義した情報セキュリティ標準
ISO 27001	世界中で広範囲に採用されているセキュリティに関する標準規格であり情報セキュリティ管理システムの要件の枠組
ISO 27017	クラウドサービスに関係する情報セキュリティコントロールについての実装ガイダンス
ISO 27018	クラウド内の個人データ保護に焦点を合わせた最初の世界的な実務規範
ISO 9001	製品とサービスの品質管理におけるグローバルスタンダード
HIPAA	保護されるべきヘルス情報の処理、管理、保管に関する規定
FIPS140-2	米国政府の機密情報を保護する暗号化モジュールのセキュリティ要件
FedRAMP	標準化されたセキュリティアセスメント、承認、継続的なクラウド製品とサービスの確認を行うための標準化された手段
ITAR	武器規制国際交渉規則コンプライアンス
DoD SRG	クラウドサービスプロバイダー（CSP）が DoD Provisional Authorization を得るための、形式化された評価および認証プロセス
CJIS	Criminal Justice Information Services（CJIS）のセキュリティポリシーに対するワークブック
VPAT/ 第 508 条	情報技術の障壁をなくし、障害者が新しい機会を利用できるようにする目標を達成するための技術開発を促進するために規定された法律
DIACAP and FISMA	米国政府機関のシステム強化プログラムと、連邦情報セキュリティマネジメント法
CSA	CSA STAR への登録と CSA のコンセンサス評価の質問事項（CAIQ）への回答

こうした情報は下記のAWSのWebサイトやAWSマネジメントコンソールからアクセス可能なAWS Artifactというサービスより取得することができます。

- **AWS ホワイトペーパー**：https://aws.amazon.com/jp/whitepapers/
- **AWS コンプライアンス**：https://aws.amazon.com/jp/compliance/
- **AWS クラウドセキュリティ**：https://aws.amazon.com/jp/security/

図4-3-2 AWS Artifactコンソール画面

AWSのグローバルインフラストラクチャ

AWSのサービスは、世界各地のデータセンターから提供されています。データセンターが集積されている世界中の物理的ロケーションのことを**リージョン**と呼び、リージョンは**アベイラビリティーゾーン（AZ）**から構成されています。AZは、1つのリージョン内でそれぞれ切り離され、冗長的な電力源、ネットワーク、そして接続機能を備えている1つ以上のデータセンターのことです。AZによって、単一のデータセンターでは実現でき

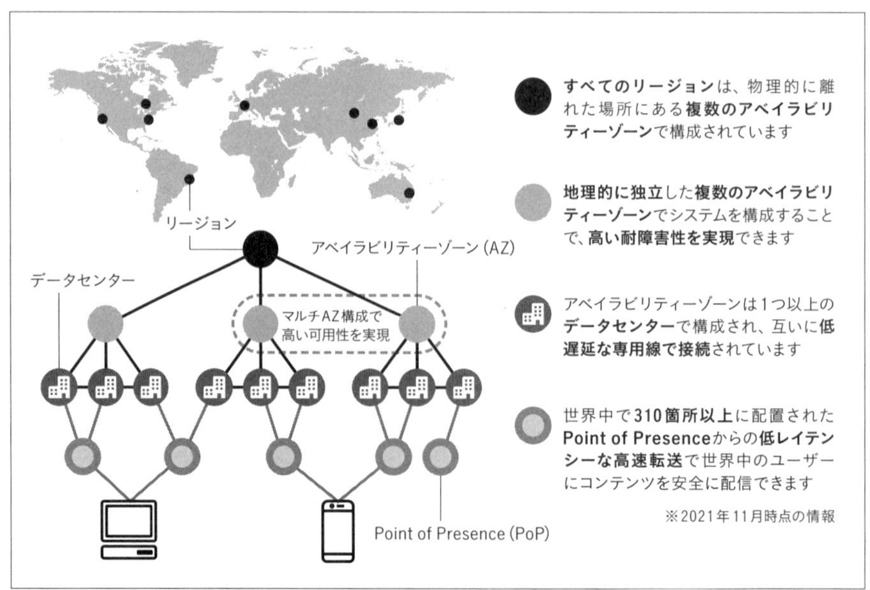

図4-3-3 耐障害性と高可用性を実現するAWSのグローバルインフラストラクチャ

ない高い可用性、耐障害性、および拡張性を備えた本番用のアプリケーションとデータベースの運用が実現されています。リージョン内のすべてのAZは、高帯域幅、低レイテンシーのネットワーキングで相互接続されています。

ユーザーは、AWSの使用量を計画しながら、複数のリージョンやアベイラビリティーゾーンを使うことが可能です。複数のアベイラビリティーゾーンにアプリケーションを配信することによって、自然災害やシステム障害などの障害に対して、可用性を保つことができます。

データセンターの物理セキュリティ

物理セキュリティは、以下の4つのレイヤーに分かれています。

境界防御レイヤー

AWSのデータセンターの物理的なセキュリティは、境界防御レイヤーから開始されています。このレイヤーはさまざまなセキュリティ要素を含んでおり、物理的な位置によって、保安要員、防御壁、侵入検知テクノロジー、監視カメラ、その他セキュリティ上の装置などが存在します。たとえばデータセンターへの入場を必要とする従業員とベンダーに関するアクセス申請に関わるプロセスや、入口ゲートの警備員や監視カメラといったデータセンターへの立ち入りに関する管理、データセンターに日常的に出入りするAWS従業員の管理といったものなどからなります。エリアへの未承認の立ち入りは、ビデオ監視、侵入検出、およびアクセスログ監視システムを使用して継続的に監視されていて、ドアがこじ開けられた場合や開け放したままの場合にはデバイスでアラームを鳴らすことで保護されます。AWSセキュリティオペレーションセンターは世界中に配置され、データセンターのセキュリティプログラムのモニタリング、対処順位の決定、実行を行っています。

インフラストラクチャレイヤー

インフラストラクチャレイヤーには、データセンターの建屋、各種機械、およびそれらの運用に係るシステムが存在します。電力ジェネレーターや冷却暖房換気空調設備、消火設備などといった機械や設備は、すべてインフラストラクチャレイヤーに含まれます。
他のレイヤーと同じように、インフラストラクチャレイヤーへのアクセスは業務ニーズに基づくように制限されており、必要な場合のみアクセスが許可されます。
またAWSチームは、マシン、ネットワーク、およびバックアップ装置に対する診断を実行し、常時および緊急時にも正常に稼働していることを確認しています。そして、水道、電気、通信、インターネット接続は、冗長性を持つよう設計されており、緊急時に中断しないように構築されています。電気系統は完全な冗長設計になっているため、停電の際は無停電電源装置から特定の機能に電力が供給され、発電機から施設全体に非常用電力が供給されます。またシステムは温度と湿度を監視して制御することで過熱を防止しサービス停止が起こらないようにしています。

データレイヤー

データレイヤーは、カスタマーデータを保持するエリアとなるため、防御の観点では最もクリティカルなポイントとなります。データレイヤーに立ち入るためには所定の手続きと承認が必要となります。また、脅威検知システムと電子的な侵入検知システムで監視し、脅威や不審な行動が確認された場合は、自動的にアラートをトリガーします。たとえば、ドアを無理やり開けたり解放したままにするとアラームが起動されることになります。監視カメラの配備と録画映像の保存については、法律および契約上の要件に従っています。サーバールームへのアクセスポイントは、多要素認証を義務付ける電子制御デバイスで厳重に保護されています。
また、技術的な侵入を阻止するためにも備えがあります。AWSサーバーはデータの削除を試みる従業員に警告することができ、万一、違反が発生した場合にはサーバーが自動的に無効化されます。また、ユーザーデータの保存に使用されるメディアストレージデバイスは「クリティカル」と分類されて、そのライフサイクルを通じて非常に重要な要素として適切に取り扱われます。デバイスの設置、修理、および破棄(最終的に不要になった場合)の方法について厳格な基準が設けられ、ストレージデバイスが製品寿命に達した場合、NIST800-88に詳細が説明されている技法を使用してメディアを停止します。

環境レイヤー

環境レイヤーは、立地の選択、建設、運用・維持に至るまで、環境に固有の要因について考慮されています。AWSは、洪水、異常気象、地震といった環境的なリスクを軽減するために慎重にデータセンターの設置場所を選択しています。AWSのデータセンターを保護する2つの方法として、自動センサーと応答装置の設置が挙げられます。たとえば漏水検知デバイスや自動火災検知および消火装置が該当します。
前述の通りAWSリージョンには複数のアベイラビリティーゾーンが存在しています。各アベイラビリティーゾーンは1つ以上の相互に独立したデータセンターで構成されます。各データセンター間は物理的に離れており、冗長性のある電源とネットワーキングを備えています。アプリケーションの高い可用性やパフォーマンスが重要なユーザーは、同じリージョンの複数のアベイラビリティーゾーン間でアプリケーションをデプロイして、耐障害性や低レイテンシーを実現できます。

日本はさまざまな自然災害に関してリスクの高い地域と考えられているため、AWSでは下記のサイトに日本における災害対策の考慮事項についてまとめています。

- **日本の災害対策関連情報**
  https://aws.amazon.com/jp/compliance/jp-dr-considerations/

AWSのデータセンターとその運用に関わる物理セキュリティの詳細については下記のWebサイトを参照ください。

- **AWS のデータセンター**
  https://aws.amazon.com/jp/compliance/data-center/data-centers/

論理セキュリティ

AWSクラウドの管理作業を担当する管理者は、**多要素認証**を使用して専用の管理ホストにアクセスする必要があるように統制されています。これらの管理ホストは、特別に設計、構築、設定されており、これらのアクセスはすべて記録・監査されます。作業が完了すると、これらのホストと関連するシステムへの特権とアクセス権は取り消されるようになっています。

従業員・アカウントの管理

AWSは従業員に対し、その従業員の役職やAWS施設へのアクセスレベルに応じて、適用法令が認める範囲で、雇用前審査の一環として犯罪歴の確認を行っています。またAmazon Legal CounselがAmazon機密保持契約書（NDA）を管理しており、AWSシステムとデバイスをサポートするすべての従業員はアクセス権を付与される前に機密保持契約書に署名します。
AWSには正式なアクセスコントロールポリシーがあり、目的、範囲、役割、責任、および管理コミットメントについて取り上げています。AWSは最小権限という概念を導入しており、ユーザーアカウントの作成では、最小アクセス権を持つユーザーアカウントが作成されます。ユーザー、グループ、およびシステムアカウントにはすべて一意のIDがあり、再利用されません。ゲスト/匿名および一時アカウントが使用されることもありません。
このようにAWSでは従業員に一意のユーザーアカウントを作成しますが、ユーザーアカウントは少なくとも四半期ごとに確認され、必要としなくなったユーザーは削除されます。ユーザーアカウントは、90日間アクティビティがないとシステムによって自動的に無効になり、また、従業員の記録がAmazonの人事システムから削除されると、アクセス権は自動的に取り消されます。

データプライバシー

AWSでは、ユーザーからの信頼を最優先にしています。AWSは190を超える国のエンタープライズ、教育機関、および政府機関を含む、数百万のアクティブカスタマーにサービスを提供しています。金融サービス事業者やヘルスケア事業者および政府機関のユーザーがAWSを信頼し、機密性の非常に高い情報を預けています。

ユーザーのプライバシーとデータセキュリティについて懸念への対応として、AWSではコンテンツの所有権と管理権がユーザーに渡されています。ユーザーは自分のコンテンツをどこに保存するかを決定し、転送中のコンテンツと保管中のコンテンツを保護し、AWSのサービスとリソースに対するアクセスを管理できます。また、ユーザーのコンテンツに対する不正なアクセスや開示を防止するよう設計された、以下に示すような信頼性の高い技術的および物理的な管理を実践しています。

AWSがユーザーのプライバシーとデータセキュリティのために適用しているポリシー、実施策、テクノロジーについては以下のようなものがあります。
詳しい情報は、https://aws.amazon.com/jp/compliance/data-privacy-faq/で確認することができます。

アクセス

ユーザーは、AWSのアカウントでAWSのサービスにアップロードするコンテンツを完全にコントロールし、**AWSのサービスやリソースへのアクセスを設定する責任**を負います。こうした責任を効果的に実行できるように、アクセス、暗号化、ログ記録のサービスや機能が提供されています。いかなる目的であっても、AWSがユーザーの同意を得ることなく、ユーザーのコンテンツにアクセスしたり、それを使用したりすることはありません。マーケティングや広告のために、ユーザーのコンテンツを使用したり情報を抜き出したりすることはありません。

保存

ユーザーは、コンテンツを保存するAWSリージョンを選択できます。コンテンツを複数のAWSリージョンにレプリケートし、バックアップできます。

セキュリティ

ユーザーは、コンテンツを保護する方法を選択できます。AWSは、転送中または保管中のコンテンツに使用できる強力な暗号化機能とユーザー自身の暗号化キーを管理するオプションを提供しています。

カスタマーコンテンツの開示

法令、または政府機関もしくは規制当局による有効かつ拘束力のある命令に従うために必要な場合を除き、AWSがユーザーのコンテンツを開示することはありません。政府機関がAWSに対し、ユーザーのコンテンツを請求した場合、AWSは、当該政府機関に対してユーザーに直接そのデータを請求するように要請します。やむを得ない事情によりユーザーのコンテンツを政府機関に開示する場合、AWSは、AWSが法律によってそうした行為を禁じられていない限り、当該請求に関する合理的な通知をユーザーに送付し、ユーザーが秘密保持命令またはその他適切な救済措置を求められるようにしています。

セキュリティ保証

AWSにおけるユーザーの安全な運用を支援し、AWSのセキュリティ統制環境を最大限活用するために、AWSはグローバルなプライバシーとデータ保護のベストプラクティスをもとにセキュリティ保証プログラムを開発しています。これらセキュリティの保護プロセスおよび管理プロセスは、複数のサードパーティーによる独立した評価によって、それぞれ個別に検証されています。

脆弱性診断・侵入テスト

AWS上のシステムにおける脆弱性診断・侵入テストについても前述の責任共有モデルの考え方が適用されます。
AWSは、サービスエンドポイントのIPアドレスに接するすべてのインターネットの脆弱性を定期的にスキャンします（ユーザーのインスタンスはこのスキャンの対象外です）。判明した脆弱性があれば、修正するために適切な関係者に通知します。さらに、脆弱性に対する外部からの脅威の査定が、独立系のセキュリティ会社によって定期的に実行されます。

#04-04 「クラウド内におけるセキュリティ」（ユーザーの責任範囲）

ユーザーが自身のセキュリティ要件を満たすために対策を統制できる部分を、ここでは「**クラウド内におけるセキュリティ（ユーザーの責任範囲）**」と呼んで説明していきます。
この部分では、AWSのセキュリティサービスやパートナーソリューションを活用し、ユーザーのセキュリティ・コンプライアンス要件を満たす設計と運用を検討していくことになります。
たとえば、Amazon EC2インスタンスをデプロイした場合、ユーザーは、ゲストオペレーティングシステムの管理（更新やセキュリティパッチを含む）、インスタンスにユーザーがインストールしたアプリケーションソフトウェアやユーティリティの管理、AWSから各インスタンスに提供されるファイアウォール（セキュリティグループと呼ばれる）の構成といったものに責任を負います。
あらためて、ユーザーが責任を持つクラウドにおけるセキュリティの領域について図を掲載しておきます。

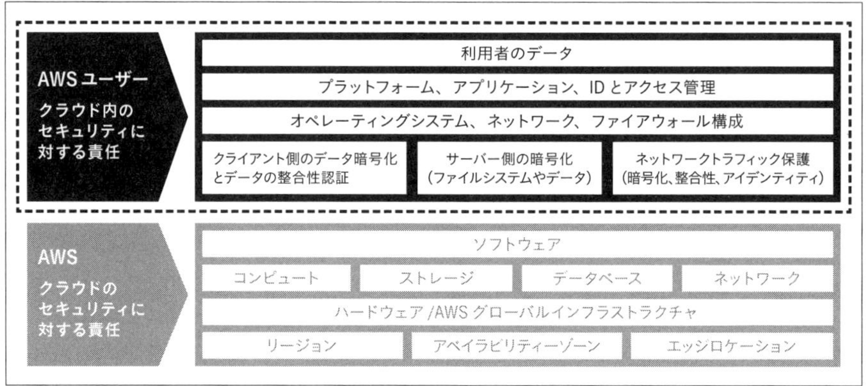

図4-4-1 AWSユーザーが責任を持つ領域のセキュリティ

クラウドにおいてユーザーはどのようにセキュリティ対応を進めればよいのでしょうか。AWSはクラウド利用を実現するために組織として必要な能力を**AWS Cloud Adoption Framework (CAF)**にて示しています。
CAFはAWSのプロフェッショナルサービスが何千ものお客様の移行を通して得られた知見を元に作成されたものです。CAFについてはChapter 11「ビジネス目標に基づくクラウド活用戦略策定」においてご紹介しますが、CAFが取り上げている領域の1つである「セキュリティ」では、その対応を進めるために必要な次の9つの能力(ケイパビリティ)を定義しています[*1]。

- セキュリティガバナンス
- セキュリティアシュアランス
- IDとアクセス許可の管理
- 脅威の検出
- 脆弱性管理
- インフラストラクチャ保護
- データ保護
- アプリケーションセキュリティ
- インシデントレスポンス

＊1　AWS Cloud Adoption Framework (CAF) は2021年11月に更新され、セキュリティパースパクティブにて定義されているケイパビリティが従来の5つから9つへ拡張されました。https://docs.aws.amazon.com/whitepapers/latest/overview-aws-cloud-adoption-framework/security-perspective.html

セキュリティガバナンス	セキュリティアシュアランス	IDとアクセス許可の管理
セキュリティの役割、責任、ポリシー、プロセスや手順の整備・維持・伝達	セキュリティおよびプライバシープログラムの有効性を継続的に監視・評価・改善	IDとアクセス許可を管理し、適切な人とシステムが適切な条件下で適切なリソースにアクセスできることを保証
脅威の検出	**脆弱性管理**	**インフラストラクチャ保護**
セキュリティの構成ミス、潜在的な脅威、または予期しない動作を特定	セキュリティの脆弱性を継続的に特定、分類、修正、軽減	システムとサービスが意図しない不正アクセスや潜在的な脆弱性から保護されていることを検証
データ保護	**アプリケーションセキュリティ**	**インシデントレスポンス**
データの可視性と制御、データへのアクセスと使用方法を管理	ソフトウェア開発プロセス中にセキュリティの脆弱性を検出して対処	セキュリティインシデントへの迅速、効果的かつ一貫した対応の準備・実施

図4-4-2 AWS CAFで示されているセキュリティのケイパビリティ

本項では、CAFからセキュリティ対応を進めるに当たって組織に必要となる9つのケイパビリティとそれをサポートするAWSのサービスをご紹介します。

セキュリティガバナンス

組織におけるセキュリティへの取り組みのため、責任や役割、ステークホルダーを明確化します。取り組みの優先度の検討のため、法律、規則、規制など、業界や組織に適用される要件を考慮するとともに、資産を把握して分類し、リスク評価により、脅威が生じる可能性と影響を判断します。コンプライアンス要件と組織のリスク許容度に沿って、セキュリティポリシーや標準、プロセス、手順を整備して説明責任を果たし、制御の仕組みを開発・維持します。
AWS利用におけるセキュリティ標準の策定は、Chapter 14にてご説明します。

セキュリティアシュアランス

セキュリティおよびプライバシー保護の有効性を継続的に監視、評価し、コントロールの運用効率を検証して規制および業界標準への準拠を実証します。セキュリティポリシー、プロセス、手順、制御、および記録を確認し、AWS Audit Managerを活用したり、必要に応じて主要な担当者にインタビューします。Audit Managerは、AWSアカウント環境を継続的に監査し、さまざまなコンプライアンス標準に基づいて、データポイントを取得し監査レポートを作成するサービスです。

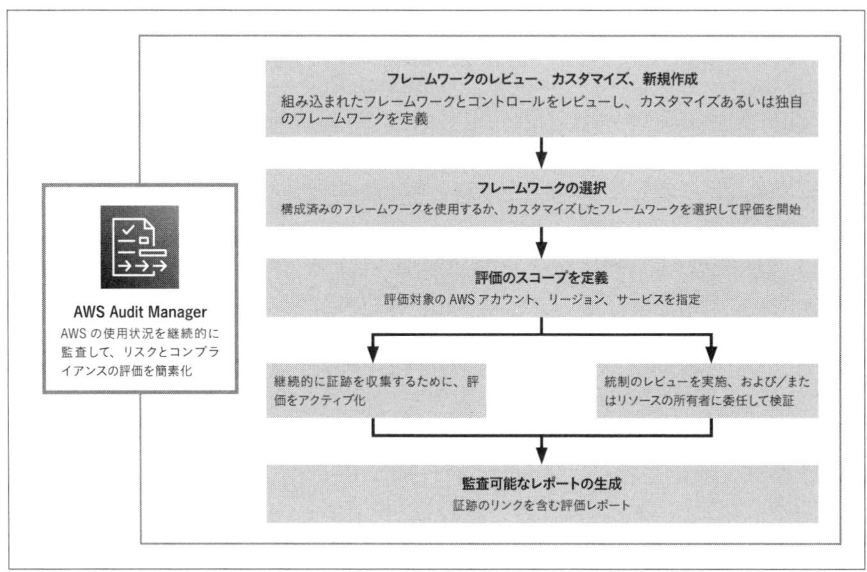

図4-4-3 AWS Audit Manager概要

IDとアクセス許可の管理

認証され権限を持つユーザーやシステムのみが、管理者の意図した方法でリソースにアクセスできるようにする必要があります。AWSでは、主に**AWS Identity and Access Management (IAM) サービス**により、AWSのサービスおよびリソースへのアクセスを安全にコントロールすることができます。ユーザーは、IAMを使用することで、AWSのユーザーとグループ、ロールを作成および管理し、アクセス権を使用してAWSのリソースへのアクセスを許可および拒否できます。

AWSアカウントの管理者は、IAMでユーザーを作成し、ユーザーに個別の**セキュリティ認証情報（アクセスキー、パスワード、多要素認証デバイス）**を割り当てるか、一時的セキュリティ認証情報をリクエストすることによって、AWSのサービスやリソースへのアクセス権をユーザーに付与します。つまり、ユーザーにどの操作の実行を許可するかを、管理者がコントロールできます。IAMを使用すると、AWSマネジメントコンソールやAWSサービスAPIへのフェデレーションアクセス権を、Microsoft Active Directoryなどの既存のIDシステムを使用して従業員やアプリケーションに付与することができます。SAML 2.0をサポートするID管理ソリューションをどれでも使用できます。また、AWS Single Sign-On (AWS SSO) とAWS Organizationsとの統合により、複数のAWSアカウントへのSingle Sign-Onアクセスが可能になります。

IAM Access Analyzerは、対象のAWSアカウント内で外部エンティティと共有されているAmazon S3バケットやIAMロールなどのリソースの識別に役立ちます。これにより、セキュリティ上のリスクであるリソースとデータへの意図しないアクセスを特定できます。

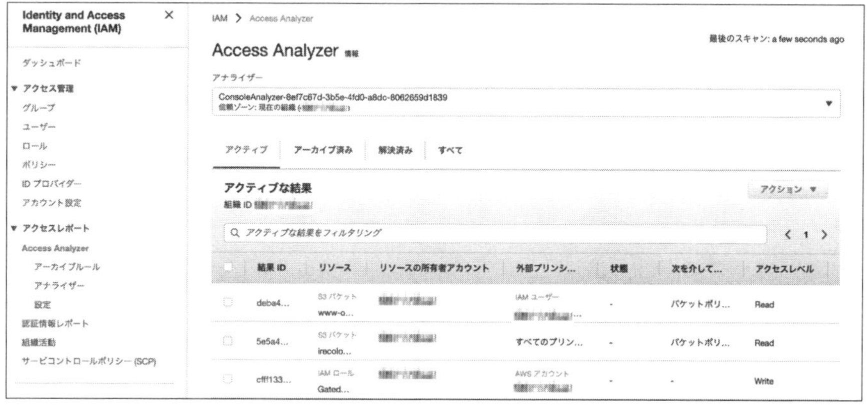

図4-4-4 IAM Access Analyzerコンソール画面

脅威の検出

セキュリティの構成ミス、潜在的な脅威、または予期しない動作を特定します。セキュリティの脅威をよりよく理解することで、セキュリティへの取り組みに優先順位を付けることができます。脅威の検出にはさまざまな手法があり、たとえば、情報システムに関連する制御を精査する内部監査の仕組みを使用し、実態がポリシーと要件に一致していることや、定義した条件に基づいてアラート通知が行われることを確認する手法があります。AWSでは、特定のログ取得やイベント処理、モニタリングによって脅威の検出を実現することができます。AWS CloudTrailログはAWS APIの呼び出しを記録し、Amazon EventBridgeはアラームを使ったメトリクスのモニタリング機能を提供します。

AWS Security HubはAWSアカウントのセキュリティ設定の適切性を継続的に監査するために「AWS の基本的なセキュリティのベストプラクティス標準」と呼ばれるモニタリングルールセットを提供しています（**図4-4-5**）。この機能の有効化によりAWSのベストプラクティスとAWS環境における実設定の乖離の有無を自動的に監視できるようになります。モニタリングルールは随時拡張されます。

また、Amazon GuardDutyは、悪意のある動作や不正な動作がないかどうかを継続的にモニタリングするマネージド型の脅威検知サービスで、AWSアカウントとシステムを保護するために役立ちます。このようなAWSにBuilt-inされた発見的統制のための機能を活用することで、スケールしていくクラウドの環境を継続的にモニタリングしていくことが可能となります。

図4-4-5　AWS Security Hubによるモニタリング結果画面

脆弱性管理

セキュリティの脆弱性を継続的に特定、分類、修正、および軽減します。脆弱性は、既存のシステムへの変更または新しいシステムの追加によっても発生する可能性があります。Amazon Inspectorは自動化されたセキュリティ評価サービスでAmazon EC2のOSやAmazon Elastic Container Registry (ECR) のコンテナイメージの脆弱性をスキャンすることが可能です。

インフラストラクチャ保護

インフラストラクチャ保護として、オンプレミス同様にベストプラクティスや組織または規制上の要件を満たすための**多層防御**といった手段を使用できるケイパビリティが組織には重要です。Amazon Virtual Private Cloud (VPC) を使用することで、論理的に分離されたプライベートで安全でスケーラブルな環境を作成し、ゲートウェイ、ルーティングテーブル、パブリックサブネット、プライベートサブネットを含む仮想ネットワーク環境を構成することができます。また、AWSではAWS WAFによるアプリケーション保護や、AWS Shieldという攻撃に対する可視性を高め、複雑な事例に関して専門チームのサポートなどを得られるDDoS攻撃緩和サービスも提供しています。

図4-4-6は、AWS WAFやCloudFrontのキャッシュ機能を利用するなどの複数の対策を講じてDDoSへの攻撃耐性を高めているアーキテクチャーの例です[*2]。
なお、ゼロトラストのコンセプトを採用する多層防御はどのタイプの環境にもお勧めします。境界防御の強化、出入口のモニタリング、広範囲のロギング、モニタリング、アラートはすべて、効果的な情報セキュリティ施策に不可欠です。

＊2　DDoS攻撃耐性の高いアーキテクチャーに関するベストプラクティスとして、「AWS Best Practices for DDoS Resiliency」が公開されています。 https://d1.awsstatic.com/whitepapers/Security/DDoS_White_Paper.pdf

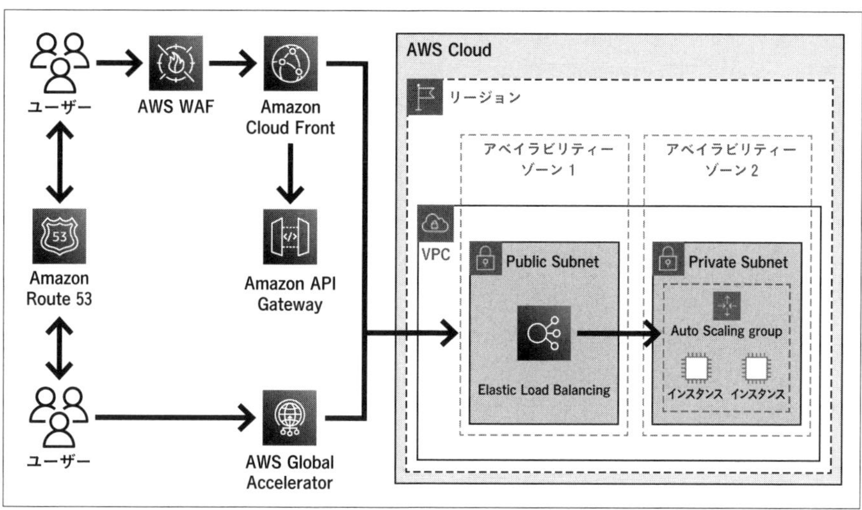

図4-4-6 DDoS攻撃耐性の高いアーキテクチャーの例

データ保護

企業のデータを機密性レベルに基づいて分類し、適切に保護する必要があります。保護手段の1つである暗号化は認証されていないアクセスでは解読できないようにデータを変換することでデータを保護します。このようなツールと技術は、財務上の損失の防止、規制遵守といった目的をサポートするために重要です。データの保護の実践に関係するAWSクラウド環境の特徴は以下の通りです。

- AWSのユーザーは、ユーザーのデータに対する完全な統制を保持します。
- AWSではAWS Key Management Service（KMS）を利用し、各リソースのデータ暗号化や定期的なキーローテーションなどのキー管理がより簡単になります。これらはAWSによって自動化することも、自分で保守することもできます。暗号鍵は階層的な暗号化・復号手法により強固に保護されます（**図4-4-7**参照）。
- ファイルアクセスや変更などの重要な内容を含む詳細なロギングを使用できます。
- AWSのストレージシステムは、非常に高い回復性を持つよう設計されています。たとえば、Amazon S3スタンダード、S3スタンダード-IA、S3 1ゾーン-IA、Amazon Glacierはいずれも年間99.999999999%の耐久性を実現するよう設計されています。この耐久性レベルは、年間に予想されるオブジェクトの喪失が平均0.000000001%であることに相当します。
- バージョニングは大容量データのライフサイクル管理プロセスの一部であり、意図しない上書きや削除、および類似の障害からデータを保護できます。
- AWSがリージョン間でデータを移動させることはありません。あるリージョンに置かれたコンテンツは、ユーザーが明示的に移動の機能を有効にするか、そのような機能を提供するサービスを利用しない限り、そのリージョンから移動されることはありません。

AWSでは、保管中と転送中のデータの暗号化を複数の手段で実現できます。このような機能はサービスに組み込まれているため、データの暗号化は簡単です。たとえば、Amazon S3にはサーバー側暗号化（SSE）が実装されているため、データを暗号化して保存できます。また、伝送中のデータに関しては、電子証明書を発行・管理するAmazon Certificate Manager（ACM）を用い、SSL/TLS 証明書をAmazon CloudFrontやELBに設定することで、安全な通信を実現できます。

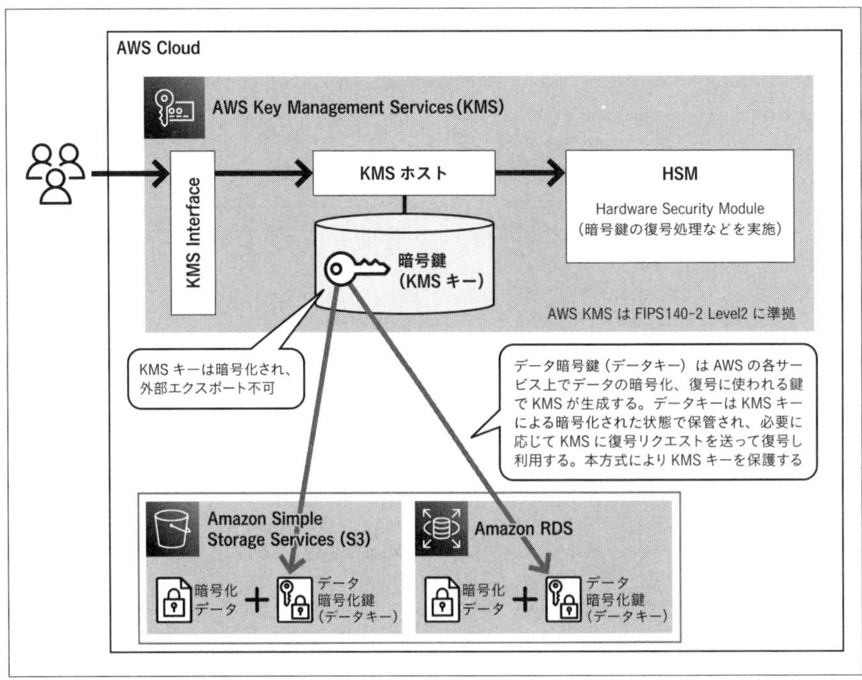

図4-4-7 AWS KMSの概要

インシデント対応

非常に成熟したコントロールが実施されている場合でも、企業としてセキュリティインシデントに対応し、その潜在的な影響を軽減するプロセスを導入することが必要です。ワークロードのアーキテクチャーは、システムの分離や影響範囲拡大の抑制、および通常運用への復帰など、インシデント発生中にチームが効果的に機能できるかどうかに大きな影響を与えます。セキュリティインシデントが発生する前にツールとアクセスを整備し、定期的に机上シミュレーションやゲームデーによってインシデント対応を実践することが、調査と復旧を適時実施できる運用に役立ちます。インシデント対応に関係するAWSクラウド環境の特徴は以下の通りです。

・ファイルのアクセスや変更などの重要な内容を含む詳細なロギングが使用できる。
・イベントは自動的に処理され、AWS APIの使用によって対応を自動化するツールがトリガーされる。
- AWS CloudFormationを使用して、ツールと「クリーンルーム」を事前にプロビジョンできる。これにより、安全で隔離された環境でフォレンジックを実施できる。

前述したSecurity HUBでは、Amazon GuardDutyやAmazon Inspector、Amazon Macie、AWS Identity and Access Management (IAM) Access Analyzer、AWS Systems Managerなどの複数のセキュリティサービスによる潜在的な脅威の検出結果を一元的に集約できます。
このような検出結果について、Amazon Detectiveを利用し、関連するイベントを可視化し、情報をドリルダウンして事象を分析することができます。

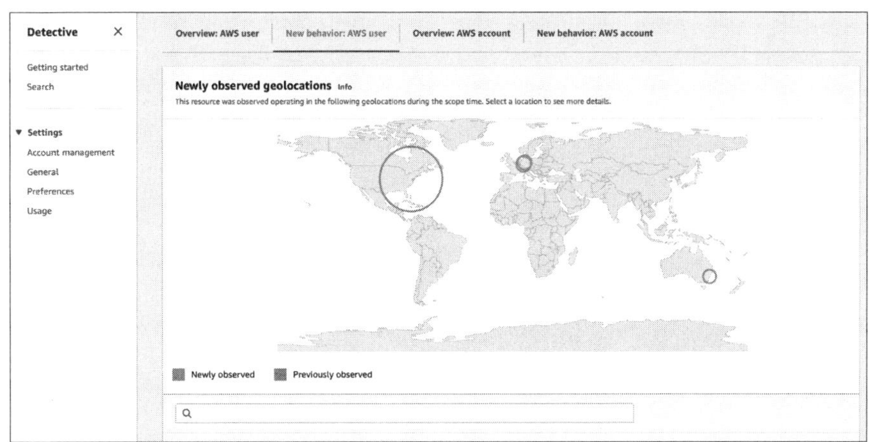

図4-4-8 Amazon Detectiveによるベースラインから外れたAPIコールの検出イメージ

#04-05 まとめ

ここまで見てきたようにAWSのクラウドにおけるセキュリティ対応では、従来のオンプレミス環境におけるセキュリティ対応を転用することができるだけではなく、従来の実装時の課題解消と対応レベルの向上を図ることが可能です。
そのようなアドバンテージを生み出す根幹となる、**責任共有モデル**といったクラウドにおけるセキュリティの責任範囲の考え方に触れ、AWSが統制を行うクラウドのセキュリティと、ユーザーがセキュリティの統制を担うクラウドにおけるセキュリティについての説明を行いました。こうした特徴を踏まえ、責任共有モデルを意識しながら、ユーザーはAWSによる統制内容の確認と、フレームワークを活用して自社のセキュリティ要件を満たす環境構築の仕方についての整理を行うことができます。

AWSでは、AWSが統制を行うクラウドのセキュリティの領域に関してホワイトペーパーやレポートなどを通じてユーザーがリスクを評価可能な情報を提供する一方、ユーザーがセキュリティに関する統制を行うクラウドにおけるセキュリティの領域においては、ユーザーがセキュリティ対策を実施するための自由度やさまざまなセキュリティ機能を提供しています。ユーザーは、これまでと同等、またはそれ以上のセキュリティに関する統制環境をCAFで示されたケイパビリティを活用し、AWS上に構築することが可能です。

PART 2

[基 本 編]

AWSを効果的に
活用するポイント

#05 / クラウドにおける開発プロセス

#05-01 クラウドと開発プロセスとの関係

クラウドを利用することでオンプレミスの場合とはシステムの構成が変わります。ではシステム開発のプロセス、すなわち開発プロジェクトの進め方や体制にはなにか影響があるのでしょうか。また、現代のシステム開発では、リリース後の運用フェーズでも継続的な改善が行われることが一般的です。こうした状況でクラウドが持つ柔軟性を活用するためにはどういった進め方がよいのでしょうか。

この章では、まず開発プロセスについての基礎情報を整理した上で、クラウドが開発プロセスにどういった影響を与えるのかを解説し、開発プロセス選択の考え方、そして継続的な改善を伴う運用フェーズでどのようにクラウドが使えるのかを解説します。

#05-02 クラウド活用の目的の明確化

開発プロセスの話に入る前に、まず改めてクラウド活用のメリットを確認しましょう。主に以下のようなものが考えられます(もちろん他にもあります)。

- 初期投資が不要
- 低額な変動費用で使った分だけの支払い
- セルフサービスで欲しいときにすぐ調達
- スケールアップ・ダウンが容易
- セキュリティ面での堅牢性
- 機能の豊富さ
- 市場投入時間の短縮とアジリティの向上

クラウドを使おうとする動機は、これらのうちの1つ、または複数のメリットを享受するためです。そしてクラウドに限らず、新しいツールやプラットフォームを導入する際に重要なのは、これらの**複数あるメリットに優先順位をつけること**です。すなわち一番実現したいことは何か、次に実現したいことは何か、というのをはっきりさせるということです。

優先順位がはっきりしていないと、たとえば、ある関係者はコスト削減を再優先だと主張し、別の関係者はアジリティの向上が最優先だと主張するといった状況になり、プロジェクトが迷走しかねません。自分の組織における優先順位を決めておくことによって日々状況が変わる中での意思決定が容易になるのです。選択すべき開発プロセスもこの優先順位によって変わってきます。まずはこの点を押さえておきましょう。

#05-03 典型的な開発プロセス

ここで開発プロセスについての基礎情報として、よくある開発プロセスを整理しておきましょう。さまざまなやり方がありますが、大別してウォーターフォール型とアジャイル型に分けて考えます。

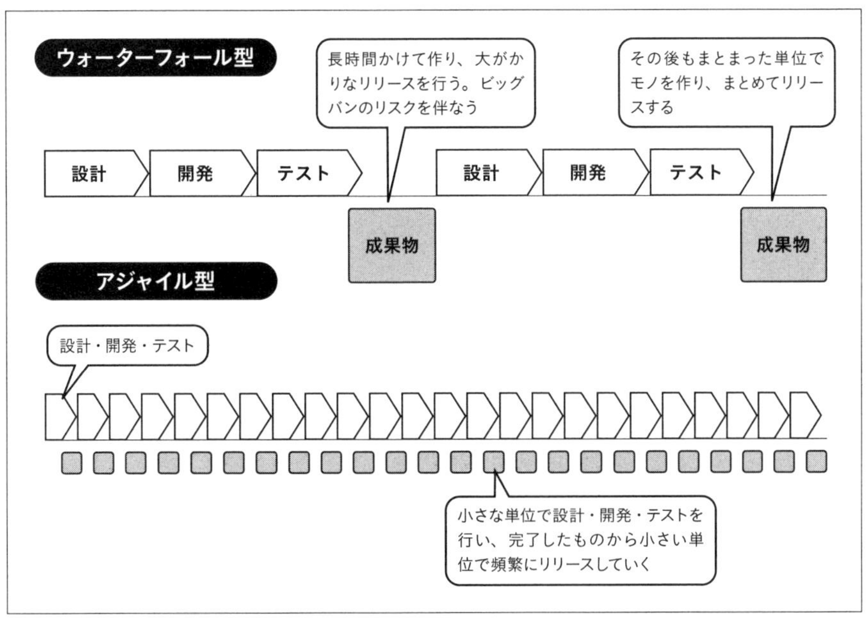

図5-3-1 開発プロセス

ウォーターフォール型

ウォーターフォール型プロセスは、開発プロジェクトを**一工程ずつ時系列で進める**モデルです。一般的には、要求定義・概要設計・詳細設計・開発・結合テスト・システムテストといった工程に分離し、プロジェクト開始の段階で計画を立ててそれに沿って進めます。要求を最初にすべて確定させ、要求したものすべてを一度に作る計画を立て、計画通りに進めていくことが成功の指標になります。前工程の終了の際には、その工程を終了して次工程に入って問題ないかを確認した上で進みます。こうして手戻りを防ぎます。

このプロセスは作るものが最初から明確になっている場合には効率的に進められます。一方で、途中で要求に変更が発生したり追加が必要になった場合は、プロジェクトの進捗に大きな影響を及ぼすという特徴があります。設計工程から実際に動作するものを確認するまでに長い時間が必要になるため、最後に受入試験をしたところ望んだものと違うものだったといったという問題が起こることがあります。

アジャイル型

アジャイル型プロセスは、開発プロジェクトを**スプリントまたはイテレーションと呼ばれる1〜4週間程度の繰り返しに分割**し、それぞれの中で**設計〜テストまでを行うことを繰り返していく**モデルです。代表的な手法にScrumやXPがあります。

要求はJust In Timeで必要なときに受付け、要求の変化に対応することが成功の指標になります。要求には優先順位をつけ、優先順位の高いものほど早い段階で実装を行います。これによって固定された時間と開発リソースの中で、スコープ（優先順位）を調整することで計画を管理します。またプロジェクト期間中での要求の追加や変更も受け入れますが、それに伴って要求の優先順位の見直しや不要な要求の削除も行います。各スプリントの最後には製品のデモをステークホルダーに対して行うことで認識の相違がないか、もっと改善すべき点はないかなどを都度確認することで、最終段階での大きな手戻りを防ぎます。作るものがすべては明確になっていない場合や変化が多く起きる領域で役に立ちます。

ウォーターフォール型とアジャイル型のプロセスを整理すると以下の表のようになります。

表5-3-1　ウォーターフォル型プロセスとアジャイル型プロセスの比較

比較項目	ウォーターフォール	アジャイル
要求	最初に決めてそれを守る。決めたものはプロジェクト期間中に作る	最初にすべては決められず後から追加・変更がある。最初に決めたものでも優先順位付けによって作らない判断をすることもある
スケジュール	最初にプロジェクトの終了時期や各工程の終了時期などのスケジュールを設定してそれを守る	プロジェクトを1〜4週間程度の期間の区切りの繰り返しに設定する。それを何回行うかは事前にある程度決めておくが、欲しいものが手に入った時点でプロジェクトを終了できる
コスト	最初に洗い出した要求やスケジュールをもとにして必要なリソースの見積もり金額を算出する	最初にチームのリソースの費用を算出して、それに期間を掛け合わせることで見積もり金額を算出する

#05-04 クラウドが開発プロセスに与える影響

クラウドの利用によって具体的にどういった点が開発プロセスに影響するのでしょうか。ここでは**インフラストラクチャの制約から解放される**ことと、**ソフトウェア利用からマネージドサービス利用に変わる**こと、の二点について解説します。

インフラストラクチャの制約からの解放

一般的なシステム開発のスケジュールはアプリケーション（アプリ）開発とインフラストラクチャ（インフラ）構築が並行して進みます（**図5-4-1**）。

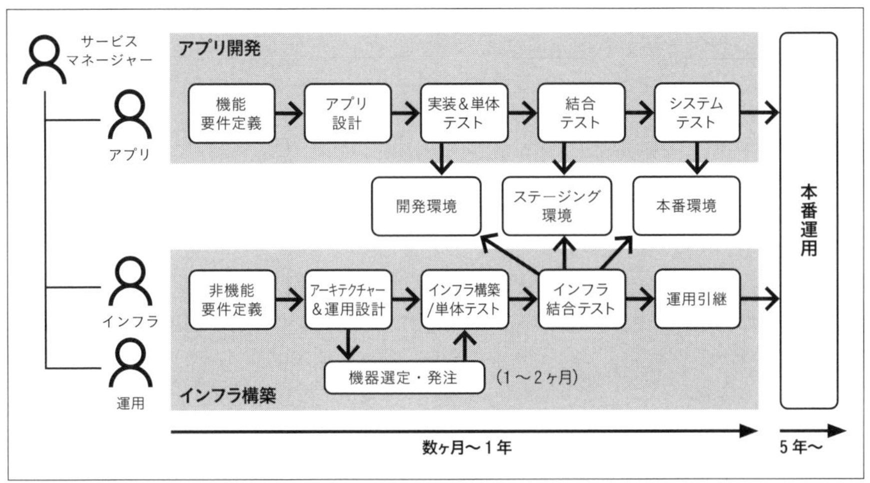

図5-4-1　従来のITシステム開発の体制とスケジュール

オンプレミスではなくクラウドにシステムを開発する場合、インフラストラクチャの物理的な制約から解放されることで、**インフラ調達の期間が短縮**され、**調達コストの一括負担が軽減**されます。
これにより必要な分だけ使った分だけのコストでリソースを使い、インフラ設計を試行錯誤することが可能になります。

要件定義や概要設計、テストといった開発プロセスはアプリケーションだけでなく、インフラにも存在します。ウォーターフォール型の場合、非機能要件を最初に明確にしてアーキテクチャーを検討し、必要となるハードウェアのスペックを決定してハードウェアメーカーに発注します。
機器が納品されるまでには数ヶ月のリードタイムが必要になることもあります。納品された機器をデータセンターに設置し、初期設定を行い、OSのインストールやミドルウェアの設定を行って、ようやくアプリケーションを稼働する環境が整います。以後はアプリケーションをインストールしてシステムテストを行い、最後は監視や障害対応フローといった運用の仕組みを作り、運用部隊へ引き継ぎを行うことになります。

従来はソフトウェアの開発期間に比較して、インフラを準備する期間は相対的に長く、後から機器の変更が行えないため十分なリスクを積んで高いスペックのハードウェアを選定する必要がありました。インフラがクラウドになることで、スペックやシステム構成を開発期間中に変更することが可能になり、後工程でスペック不足が発生するリスクを低減できるようになっています。

クラウドのインフラストラクチャの構成はすべて物理的な作業を伴わずAPIの呼び出しで表現できるため、構築手順のコード化が可能です。これによって、同じ環境の再作成が容易かつ迅速に行えます。設定の試行錯誤や環境のコピーが容易になるため、この点が構築スピードと正確性の向上に寄与します。

クラウドを利用するとき、**アプリケーション開発チームとインフラ構築チームが別チームである場合には注意**が必要です。多くの企業でインフラ構築チームが機器の調達とサーバーOSのセットアップを行い、アプリケーションチームがOS上にアプリケーションを配置するといった役割分担をされています。従来の仮想サーバー環境などアプリケーションとインフラが明確に分かれていて、かつインフラの構築にリードタイムが必要となるオンプレミスの場合、作業のボトルネックはインフラ側の調達・構築作業でした。

しかしクラウドの利用によりインフラストラクチャの変更作業は数分で行うことができるようになり、AWS Lambdaのようなアプリケーション稼働環境の抽象化によりアプリケーションチームがインフラを直接操作することも可能になりました。この状態で従来通りチームをまたいでインフラの変更を依頼すると**相互の仕様確認や作業担当者の調整がボトルネック**になってしまいます。インフラ構成の変更が劇的に高速化したことにより、ボトルネックが移動したのです。

こういった場合はアプリケーションとインフラでチームを分けず、同じチームで構成することをお勧めします。ボトルネックとなるコミュニケーションコストを低減させることで、クラウド本来の価値であるインフラを含めた迅速な開発を行うことが可能になります（**図5-4-2**）。

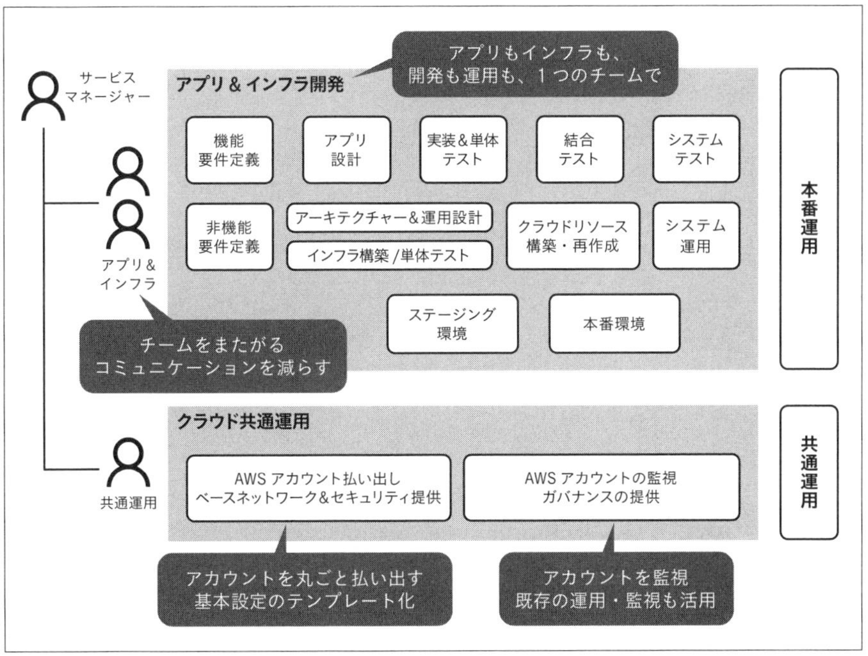

図5-4-2　クラウドを活用するITシステム開発体制の例

ソフトウェア利用からマネージドサービス利用へ

クラウドがもたらすメリットはインフラストラクチャの制約からの解放だけではありません。クラウドはミドルウェアや、エンドユーザーが直接使うアプリケーションをサービスとして提供します。これらを**マネージドサービス**といいます。

従来、何らかのソフトウェアを利用する場合はそのソフトウェアの使い方や運用に習熟する必要があり、そのための人材、学習コスト、運用保守体制が必要でした（**図5-4-3**）。

マネージドサービスを利用することで、ソフトウェア自体の構築、運用方法に深く習熟しなくとも迅速に使い始めることができます。

たとえばデータベースは目的によって最適なデータベースエンジンが異なります。しかし１つのシステムの中でRDBMSやNoSQLといった異なるタイプのデータベースエンジンを採用したり、さらにはオブジェクトストレージを使うなど、異なるタイプのデータストアを使い分けることは、オンプレミスでは現実的ではなかったかもしれません。

データベースの利用者であるアプリケーション開発者がそれぞれのDBMSの利用方法に習熟することが難しいということも１つの理由だと思いますが、それ以上に複数のデータベースエンジンの構築や運用に習熟したエンジニアを確保することが難しく、そもそも選択肢に上がらなかったからではないでしょうか。

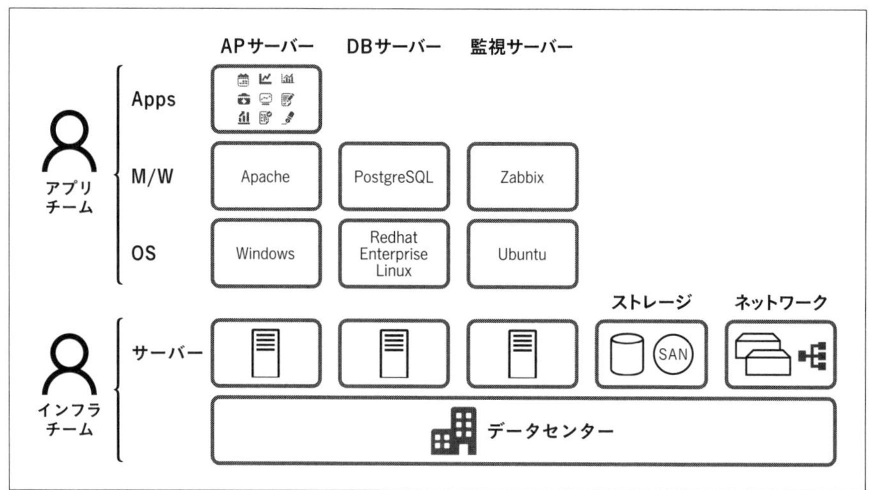

図5-4-3 オンプレミスのコンポーネント構成

耐障害性の確保、バックアップとリカバリ、運用中のログやメトリクスの取得、パッチ適用など、データベースを利用するには習熟するべき運用が多くあります。そういったミドルウェアの構築および運用作業をマネージドサービスへオフロードすることで、ユーザーは独自の付加価値を生み出す機能の開発に集中することができます。AWSではこういったマネージドサービスの拡充により、アプリケーション開発者自身ですべての環境を管理したり、あるいは少数のインフラ担当者が多様なミドルウェアを含む環境を構築、運用できるようになっています(**図5-4-4**)。

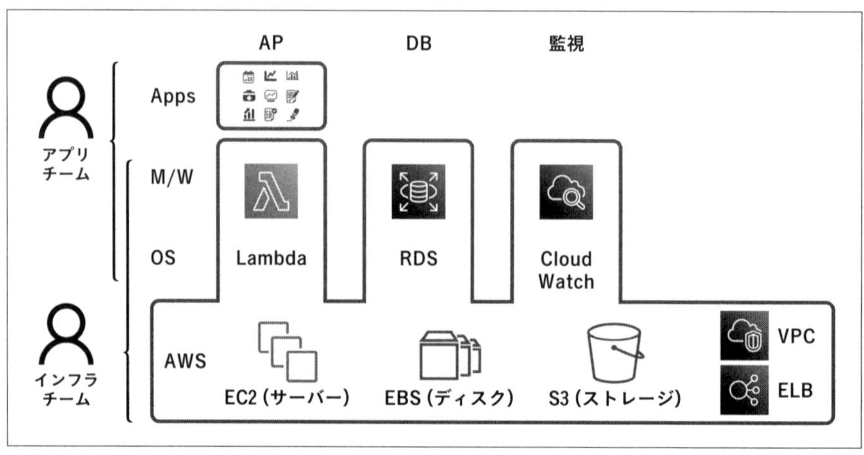

図5-4-4 マネージドサービスを活用したコンポーネント構成

マネジメントコンソールは誰のもの？

VMWareなどの仮想サーバー環境では、仮想サーバー環境を操作するコンソールはインフラ担当者が操作していました。サーバースペックを定義し、ストレージを割り当て、ネットワークを接続してOSとして稼動する環境を作るインフラの作業が仮想化されたためです。アプリケーション担当者はRDPやSSHでOSにログインして、従来通り操作をすればよかったのです。

ではAWSの管理画面であるマネジメントコンソールは、仮想サーバー環境のコンソールと同じように、インフラ担当者だけが操作すればよいのでしょうか。答えはNoです。

Amazon EC2を使ったシステム開発の場合は従来と同様に考えてもよいでしょう。サーバーであるEC2はインフラ担当者が構築し、アプリケーション担当者はOSにログインすることになります。しかしAWSのマネージドサービスを使い始めると状況が変わります。

たとえばデータベースのサービスであるAmazon RDSの構築はインフラ担当が行ってもよいのですが、データベースのエラーログや詳細な性能情報はAmazon CloudWatchから確認する必要があります。マネジメントコンソールにインフラ担当しかアクセスできないと、アプリケーション担当者がデータベースのログを確認するために都度インフラ担当に依頼することになります。

イベントドリブンでコードを実行できるAWS Lambdaでは、もうOSへのアクセスは必要なく、アプリケーションの修正、デプロイ、テスト、ログの調査などの開発作業はすべてマネジメントコンソールで行います。

このようにAWSでマネージドサービスを活用していくと、マネジメントコンソールはインフラ担当者だけではなく、アプリケーション担当者も使う必要があります。言うなれば、マネジメントコンソールは「みんなのもの」にするべきなのです。

マネジメントコンソールの操作自体はインフラ担当者、アプリケーション開発者の区別なく行えるようにして、もし権限の分離が必要であればAWS IAM (Identity and Access Management) を使って制御する。これがAWSを効果的に活用するためのマネジメントコンソール利用方法と言えるでしょう。

#05-05 開発プロセスの選択

ここまででクラウドが開発プロセスに与える影響を解説しました。それではケースごとにどのような開発プロセスを採用するとよいか考えていきましょう。クラウド活用のメリットで享受したいものが、開発プロセスによって阻害されてはいけません。たとえばクラウドの大きなメリットの1つはアジリティの向上ですが、これを活用する場合は、それを阻害しない開発プロセスを選ぶ必要があります。

クラウド環境への単純移行

既存のデータセンターの廃止やサーバー機器の老朽化などの理由で、動作しているシステムをそのまま単純にクラウドに移行するケースがあります。この場合、**あらかじめシステムの仕様や利用状況が分かっており、変化が少ない**ことからウォーターフォール型で進めるのが一般的です。

たとえば以下のような流れになります。

- 現行の利用状況の洗い出しや仕様などの情報収集
- 移行計画立案
- インフラストラクチャ構築
- アプリケーション導入・テスト実施・新旧比較
- 並行稼働
- 切り替え
- 旧環境廃止

既存システムからAWSへの移行の進め方については、Chapter 18「システム移行とデータ移行」に詳しく記載していますのでそちらを参照してください。

基幹系システムや大規模システムの新規構築(SoR)

新たに基幹系システムや大規模システムを作る場合の開発プロセスの選択は非常に難しいものです。昨今のシステム開発の短納期化によって基幹系システムや大規模システムを作る場合でもアジャイル開発を適用する事例は増えていますが、以下のような課題があります。

・ システム開発プロジェクトを外部に委託しており、社内に十分な技術ノウハウがない。または外部にノウハウが蓄積してしまいロックインが起こっている
・ 外部委託の結果、納期の長期化やコスト高騰につながる可能性があるが、そのやり方自体は発注者側にとって保険にもなっているので考え方を変えにくい
・ 組織構造が細分化されてサイロ化されてしまっており、個人の守備範囲が限定的である
・ プロジェクトに多数のステークホルダーが存在する。またそのステークホルダー間のコミュニケーションのプロセスが重たいためにプロジェクトでの意思決定に時間がかかる

この難しさは技術面というよりも、主に**組織面**に起因します。また、クラウド導入に際しては必要なスキルを持った体制の構築が必要ですが（Chapter 12「クラウド推進組織の設立」参照）、アジャイル開発手法を適用する場合にも同じことが言えます。

したがってプロジェクトの目的と照らし合わせて、これらの**課題を組織的に解決していく**のか、従来通り**ウォーターフォール型で進める**のかを決めるとよいでしょう。

継続的な改善を必要とする一般ユーザー向けサービス（SoE）

Webサービスやスタートアップの場合、**プロジェクト初期の段階では要求はすべて固まりきっていない**一方で、**短期間でマーケットに投入する**ことが求められます。それほど大きくないチームで開発することも多く、リリースした後もエンドユーザーのフィードバックを得ながら頻繁に機能追加をしていくことが一般的でしょう。R&D（研究開発）や新規ビジネスなどもこの領域に該当します。

このような場合には、アジャイル開発が適しています。

#05-06 システム開発とシステム運用

システムは開発することが目的ではなく、**運用を開始して初めて価値を生み出します。**

一般に運用期間は開発期間よりも長く、**システムを運用しながら継続的に機能強化していくことは多かれ少なかれ普通に行われています。**こういった状況ではシステム運用を効率よく行うための仕組み作りが、システム開発と同様に重要な位置を占めます。クラウドを運用に活用する具体的な方法についてはChapter 20「AWSにおける運用と監視」で解説しますが、そのための仕組み作りは運用フェーズに入ってからではなく、開発中から行う必要があります。

ここでは開発プロセスの中でどのように運用の準備を行っていくとよいのかを考えます。

システム運用にクラウドを活用する

システムに関わる組織を考えたとき、**同じような技能を持った人間を同じ部門に集めた方がよい**と考えられがちです。たとえばアプリケーション開発を行う人材が集まった部門とインフラの構築や運用を行う部門といった形です。これはシステムの円滑な開発と運用を考えたときに、本当によい考え方なのでしょうか。

システム運用にまつわる典型的な課題は**開発者側（Dev）と運用側（Ops）の利害の対立**です。開発者と運用者が異なる組織に所属していると、それぞれが異なる尺度で評価されます。**つまり開発者は新しい機能を開発することで評価**され、**運用者はシステムを安定稼働させることで評価**されます。
開発者がユーザーに早く価値を提供するため積極的に新機能を追加したいと思っても、運用者の観点からはシステムに新たな不安定さを持ち込む新機能の追加は慎重に行うべきものと捉えられます。

開発プロセスが開発者の目線だけで定義されていると、運用の視点がおろそかになりがちです。その結果、運用者は新機能のリリースにあたって追加の品質確認を求めたり、新規運用手順の明確化を求めたりします。これによってリリースに時間を要するようになります。

開発者と運用者が異なる尺度で評価され、各々が各々の役割を果たそうとすることで発生する利害の対立。これがシステムリリースのスピード低下、つまり**システムが提供するビジネスへの価値提供の遅れを引き起こします。**そしてエンドユーザーからのフィードバックを元にしたシステムの改善も遅らせることになります。

こういった対立を解消するには、開発と運用で責任を分けるのではなく、**効率よい運用のための仕組みを開発段階で検討して組み込む**必要があります。これをDesign with Ops in Mind（運用を念頭に置いて設計する）といいます。

具体的な検討項目には次のようなものがあります。

- 新機能のテストおよびデプロイメントのパイプラインの仕組み
- アプリケーションダウンタイムなくサーバーをスケールアウトさせる仕組み
- システムの状況を把握するためのダッシュボード
- サービスレベルに影響を及ぼす問題事象の検知の仕組み
- 増加するシステムのメトリクス、ログ、トレースの収集と検索の仕組み
- 増加するシステムにセキュリティガバナンスを適用する仕組み
- システムインベントリを収集して必要なパッチを適用する仕組み
- クラウドのコストやメンテナンスイベント情報を収集する仕組み

DevOps 型の開発、運用体制

開発者と運用者の利害関係の対立を解消するための概念として提唱されたのが**DevOps**です。

DevOps自体に決まった定義はありませんが、主には文化（Culture）、リーン（=Lean、ムダを省く）、自動化（Automation）、測定（Measurement）、共有（Sharing）を通じて、よりビジネスの結果を出せるようにさまざまな組織が協力しあって仕事を進めていくことを指します。これらの頭文字をとって**CLAMS (Culture、Lean、Automation、Measurement、Sharing)**とまとめることもあります。

ここではDevOpsとクラウドの関係について解説します。

文化

システムを作るのはあくまでも**ビジネス上の目的を達成する**ためです。そこに集められた人たちは協力しあって目的の達成のために力を尽くす必要があります。そうでない場合、仕事の種類別に役割や組織を分割してしまい、自分の仕事や組織の利益を守ることが優先されてしまうことがあります。

クラウドを利用するしないにかかわらず、DevOpsではこうした文化が必要です。

リーン

リーンとはトヨタ生産方式を源流とする考え方で、**ムダを削ぎ落とす**ことを意味します。たとえばトヨタ生産方式では、「作り過ぎのムダ」「手待ちのムダ」「運搬のムダ」「加工のムダ」「在庫のムダ」「動作のムダ」「不良を作るムダ」の 7 つが定義されています。たとえば、作り過ぎのムダは、使わない機能をシステムに実装してしまうといった例がありますし、不良を作るムダであれば、開発プロセスや品質の定義に問題があって不具合がたくさん起こる、といった例が挙げられます。ビジネスの目的を達成するにはこれらのムダは排除されないといけません。

クラウドによるインフラやソフトウェア構成の柔軟性、初期投資なく使った分だけの課金といった特徴は、まさにこのリーンを実現するために適しています。

自動化

自動化すれば何度も繰り返し確実に実行することが可能です。**機械が得意なことは機械にやらせて、人間しかできないことに時間を使う**べきです。したがって、インフラのプロビジョニングを自動化したり、仮想サーバーのセットアップを自動化したり、テストを自動化したり、デプロイを自動化するといったことを順番に実現していかないといけません。

AWSでは繰り返し作業を自動化するためのサービスを多数提供しています。たとえばAWS CloudFormationやCodeシリーズはシステム構築を自動化する助けになりますし、AWS Systems Managerは運用の自動化をサポートするサービスです。AWS上でさまざまなオープンソース製品や商用製品を使うことでも自動化を実現できます。

測定

システムを運用していく上でビジネスの環境の変化に応じていろいろな対応をしていく必要がありますが、そのためには**状況の変化を示すデータを測定**する必要があります。たとえば、アクセス数、エラー数、トランザクション量、ディスク使用量、CPU負荷などのシステムレベルの指標から、会員登録数、購入数といったビジネス側のデータまで幅広く測定するようにします。

AWSではAmazon CloudWatchをはじめとした測定をサポートするサービスを提供しています。

共有

システムのソースコードやドキュメント、測定したデータなど**さまざまなデータは関係者と共有する**必要があります。たとえばインフラ構築自動化用のスクリプトを運用チームと開発チームが共有すれば、いつでも開発チームは必要な環境を手に入れられるようになるかもしれませんし、内容に問題があればフィードバックすることもできます。またビジネスに関するデータを共有して見える化すれば（大きなディスプレイに数字を表示して社員と共有するような企業も多数あります）、全員が同じゴールを共有して仕事を進められるようにもなります。

データの共有についてはAWS CodeCommitのようなリポジトリを使ったり、AWS SystemsManager Documentのように定型化した運用スクリプトを共有したり、あるいはAmazon S3を使って何らかのファイルを共有したりと多様な手段を用意しています。AWSと連携する商用のプロジェクト管理ツールや構成管理ツールを利用するのもよいでしょう。

#05-07 開発プロセスにおける クラウドの活用例

自動化だけがDevOpsを実現するわけではありませんが、**自動化はDevOpsの重要な要素**です。そして自動化の仕組みを運用期間に渡ってメンテナンスしていくことも忘れてはいけません。そのためにはシステム開発プロジェクトのみならず、システムライフサイクル全体に渡って自動化を担当する要員配置や予算配分の検討が必要です。しかし、こういった開発プロセスを改善する仕組み作りは、それ自身がエンドユーザーに直接価値を提供することがないため、「**差別化につながらない重労働**」と言われます。

AWSではこうした「差別化につながらない重労働」を緩和するサービスを多く提供してDevOpsの実現をサポートしています。ここではその一例として、CI/CD (Continuous Integration / Continuous Delivery) パイプラインをAWSで構築するメリットについて説明します。

モダンなシステム開発ではテストコードによってソフトウェアの再帰テストを自動化することで、継続的に機能強化することで生じる挙動の意図せぬ変化を、迅速に検証できるようにします。テストコードの作成には追加のコストがかかりますが、継続的に機能強化を行っていく今日のソフトウェア開発で再帰テストを都度手動で行うことは、それ以上のコストと時間がかかります。複数人で開発を行う場合、相互に開発した機能が整合していることを**結合テスト (Integration Test)** で検証しますが、コードのコミットの都度このテストを実施するのが**Continuous Integration (CI)** です。
これによって開発者間の仕様の不整合を迅速に検出し、後工程の手戻りを防ぐことができます。コードが完成した後、ビルドおよびパッケージングを行って、対象のサーバーへデプロイできる状態にします。これを自動化して常にデプロイ可能なパッケージを用意するのが**Continuous Delivery (CD)** です。これによって一貫した品質のデプロイパッケージを迅速に提供できます。

これらCI/CDの環境は迅速な開発のために必要であるものの、時間制約からそもそもCI/CD環境が作られないまま開発が始まったり、最初に構築した後にメンテナンスされなくなってしまったり、特定の担当者だけが中身を理解している状況に陥りやすいものです。その結果、CI/CD環境でトラブルが発生した際に回復に時間がかかりチーム全体の開発が止まってしまったり、拡張性の乏しい設計によってテストサーバーの性能をスケールさせられず、開発スピードの低下を招くことになります。

こういった開発パイプラインは後から開発プロセスに組み込むことが難しいため、アジャイル開発では「第0イテレーション」と呼ばれる最初期の活動で構築されることが多くあります。しかしプロジェクト立ち上げの混乱期に、将来のスケーラビリティや可用性を考慮したビルドパイプラインを構築することは容易ではありません。

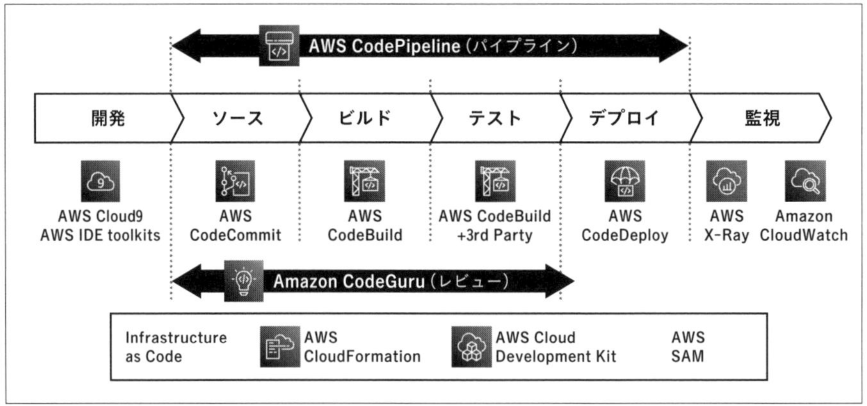

図5-7-1 開発パイプラインに活用するAWSサービス

AWSではCI/CDを実現するマネージドサービスとしてCodeシリーズを提供しています。AWS CodePipelineを使ってデプロイパイプラインを構成し、AWS CodeBuildでスケーラブルなテストやデプロイパッケージの作成を行えます。さらにAWS CodeDeployやAWS CloudFormationを使って大規模デプロイメントを行うことができます。このようにAWSの**マネージドサービスを使うことで、開発プロセスにおける「差別化につながらない重労働」を軽減**することができます。

もちろんGitHub Enterpriseなどサードパーティーの開発用ソフトウェアを使うことも可能です。その場合でもインフラとしてAWSを活用することで性能やキャパシティーを後から変更できることは十分なメリットとなるでしょう。

#05-08 まとめ

本章ではクラウドにおける開発プロセスと、運用を想定した開発を行うためのプロセスについて解説しました。

クラウドによってインフラストラクチャの制約から解放され、マネージドサービスによるシステム開発が進むことで、開発のボトルネックが、従来とは違う箇所に移動します。クラウド利用の目的に合わせて開発プロセスも見直すことをお勧めします。

開発プロセスの見直しにあたっては、効率のよい運用を行うための仕組みや体制作りを開発フェーズで行うこともまた考慮してください。そのためにAWSには多様なサービスを用意しています。ぜひ活用してみてください。

PART 2

［基本編］

AWSを効果的に
活用するポイント

#06 クラウドにおけるシステム設計

#06-01 クラウドの設計で考えるべきこと

現在、システムやサービスの導入・運用を検討するのであれば、オンプレミスとクラウドを比較するのはごく当たり前でしょう。クラウドを上手に活用することでこれまでにないメリットを得ることができます。
クラウドの上手な活用のためにも、せっかくの比較であれば、オンプレミスにおいてはコストのために諦めていたことをあらためて見直すことをお勧めします。

一般的に、システムを構成する要素単体の故障は避けられません。単体の信頼性を向上させて可用性を確保するために努力することは当然ではありますが、故障をゼロにすることは理論的に不可能です。
提供するサービスは停止しないように、**可用性を高めたシステム**が求められるのはごく日常的なことです。これを例に、地理的にシステムを分散させて可用性を高める場合を考えてみましょう。

クラウドでは、1サーバー、1ストレージごとに地理的に分離した場所で動作させることができます。オンプレミスでも、同じことを行うことは可能です。しかしながら、サーバーやストレージを設置するためのラックやコロケーションの最小単位を考えると、小規模なシステムでは可用性向上のためのコストは過大なものになりがちでした。
オンプレミスを使う場合に比べて、クラウドではリーズナブルに**地理的分散**を使った可用性の高いシステムを作ることができます。
別の場所にサーバーを確保できれば、冗長化のために必要なソフトウェアをインストールして使うことができます。アプリケーションの構成や、そのアプリケーションを必要とするビジネスが決まれば、より適した方法を選択できます。データベース、Webサービス、ストレージ、ネットワークでは冗長化の方法も異なってきます。

クラウド事業者にとっては、こういったシステムを共通化して提供することで、多くのユーザーの需要を満たせるのであれば、サービス化のチャンスです。AWSではデータベースではAmazon RDS、WebサービスではElastic Load Balancing、ストレージであればAmazon EFS、ネットワークであればAWS PrivateLink、VPC Peeringなどの形で提供しています。

クラウドに限りませんが、新技術を導入し、それを活かす運用はどのように進めていけばいいのでしょうか。

#06-02 RPOとRTO

システム設計の例として、システムのデータ保護について考えてみることにします。
データ保護として「**バックアップ**」を真っ先に挙げられる場合は多いでしょう。旧来、実現可能な方法があまり多くなく、その方法の制約で実施する方法を決定することがよくありました。たとえば、週末のシステム停止時のフルバックアップと、平日深夜の差分バックアップといったものです。
しかし、システム側の都合で、データ保護の方法を決めてよいものでしょうか。システムで動作するアプリケーションの要件とデータの要件も確認するべきでしょう。

この要件においては、

- **RTO（Recovery Time Objective）**：目標復旧時間
- **RPO（Recovery Point Objective）**：目標復旧時点

という2つがよく挙げられます。また、

- **RLO（Recovery Level Objective）**：目標復旧レベル

とあわせて、3つで扱われることも多く、それらは互いに関係しています。

いったん、RPOとRTOについて考えましょう（SLI/SLO/SLAとRPO/RTO/RLOについては、Chapter 20も合わせてご覧ください）。

RPOは、通常は**最後のバックアップ時間**です。復旧時点を示すRPOは、復旧するデータの新しさを示しており、そのデータの重要性で決定します。
復旧時間を示すRTOは、「**アプリケーションが止まっていてもいい時間**」と考えます。
実際には、ここにコストがかかってきます。
バックアップでよく使われる、

- RPOとして1ヶ月なのか、1日なのか、もっと短いのか
- RTO実現の方法として、スタンバイがホット、ウォーム、コールドのどれなのか

というのをコストと並べたものが**図6-2-1**になります。どちらの観点でもRPO、RTOを短く設定すればするほどコストが高まります。

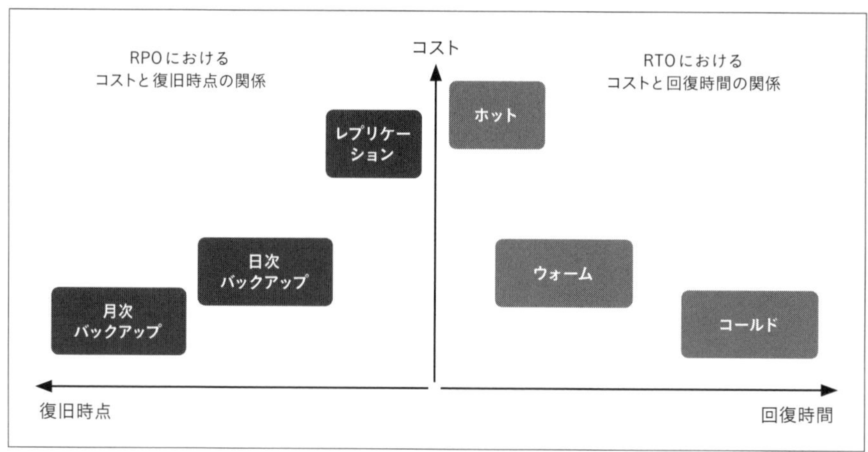

図6-2-1 復旧時間、回復時間、コストで分布させた各種対策

この図の中で組み合わせを考えてみましょう。

・「データ保全はレプリケーション」「待機系はホットスタンバイ」の組み合わせは、コストはかかるものの、停止時間を最も短くできる組み合わせとなります。
・「データ保全に月次バックアップ」「待機系はコールドスタンバイ」の組み合わせでは最後のバックアップ（最大30日）から障害時点までのデータを失うことになり、さらに復旧先でのシステム構築時間がかかることになります。

復旧レベルを示すRLOは、システムをどのレベルまで復旧させて、サービスを再開するかの目標値です。通常稼働時の能力の50%になるまでサービスを始めないのであれば、RLOは50%ということになります。RTOと合わせて設定をすることになります。

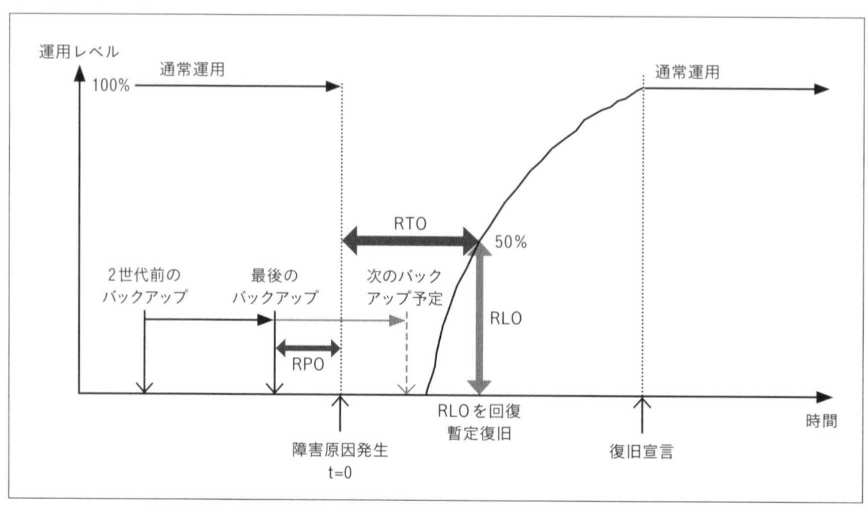

図6-2-2 RPO、RTO、RLO

RLOはいわゆる、「暫定運用」のレベルを決めておくものです。いつでも、完璧に動作し

ている状態のRLOを100%として、何が起ころうとも100%を維持するのは正しいのでしょうか？

AWSで言えば、2つのアベイラビリティーゾーン（AZ）で、全く同じ構成で動作しているシステムで、あるサービスを提供しており、片方のAZが大災害で電力が絶たれたとします。幸い、片方のAZでサービスは提供できているとします。
RLOが50%であれば、サービス継続を選択するでしょう。
一方で、RLOを100%としている場合、サービス全体を速やかに次のフェーズに移行させなければなりません。その選択肢としては以下があるでしょう。

1. 電力復旧までサービスを再開させずに待つ。
2. 動作中のAZの能力を倍にする。その後サービスを再開させる。
3. 別のAZ（場合によっては別リージョンの別AZ）にも同一構成を作成する。その後サービスを再開させる。

復旧のためのコストを考えるとおそらく1.が最もコストのかからない方法で、続いて2.、そして3.ということになるでしょう。

1.について考えると、電力供給が完全に回復するまで、ほかに何ら問題のないAZで動作しているシステムがあるのにサービスを停止する必要があるでしょうか？ RTOを考えると、1.は復旧がいつになるかわからない大規模災害の想定では選択できるものではないでしょう。

2.では1つのAZに問題を生じているときにリソースを速やかに増やすことができるのか、その準備をしているのかを考える必要があります。AZでリソースを増やすことが可能であったとしても、そのAZ全体に問題を生じるような障害が発生したり、そのAZと外部との通信が途絶するようなことがあればサービス供給が完全に途絶えてしまいます。

3.ではそのリージョン間の距離が離れれば離れるほどAZ障害の影響は小さく、準備は大がかりになるものの、速やかに回復させることができるでしょう。

ほとんどの場合、RLOを100%に設定すること自体は可能ですが、その必要性については再考の余地があります。100%の状態になっていなくても、システム全体としてのサービスを継続可能に設計しているなら、提供するサービスを小さくして**提供自体は続ける**ことがほとんどです。

サービス停止中の機会損失によるコストを考えると、何らかの理由で業務が中断することにより落ち込んでしまったオペレーションをどの程度まで復旧させるか、という視点が必要になります。
このRLOとRPO、RTOをあわせて、いつまでに、どの時点の状態に、どのレベルまで復旧をしなければならないかを考えることになります。なお、RLOが高くなるほど通常運用に近づきますが、コストは高くなります。

#06-03 クラウドにおける システム設計の原則

最終的なアプリケーションサービス構築のためには多かれ少なかれ、**依存関係**が生じます。
セキュリティ対策などのバージョンアップに伴い、依存する製品やサービスの挙動や仕様が変わると、構築の前提が崩れ、手戻りをすることになります。
初期構築時は、PoCを通じた確認をしているものの、それをずっと行い続けることは難しい場合が多いでしょう。

そんなときに、オンプレミスであれば、他の手段でセキュリティホールを生じた製品の問題を使われないように、さらにセキュリティ製品を追加して守ることはよく行われています。
その依存箇所が多く複雑になればなるほど、**バージョンアップを止めて**問題のある箇所に蓋をして、場当たりな修正を選択することになります。

一方で、クラウド側が提供するサービスにセキュリティ上の問題があったとき、クラウド側にバージョンアップを止めさせることはできるでしょうか？ それはまず不可能でしょう。

パブリックに広くビジネスをしているクラウド提供者であれば、問題箇所を隠蔽することはできないでしょう。従って**速やかにセキュリティ修正のためのバージョンアップが行われます**。クラウド提供者側も、バージョンアップに伴う副作用が生じないようにしています。そのよりどころは、公開されているあるいはドキュメント化されている仕様への適合です。

仕様としてドキュメント化されていない挙動は、バージョンアップ時に考慮されることはありません。また、それがあえてドキュメント化されることはないでしょう。クラウド提供者に「現状の挙動」を問い合わせることはできても、変更点の通知を求めることは難しいでしょう。

クラウド上に最終的なサービスを構築する場合、**クラウドサービスが提供するドキュメント化された仕様**の上に、システムは構築されるべきです。
さらにいえば、自分のアプリケーションの検収条件を定めておくべきです。解釈の余地の入る曖昧なドキュメントではなく、利用しているサービスに変更があったとしても、自分のアプリケーションが動作するに足りていれば十分なはずです。

アプリケーションのバージョンアップ時だけでなく定常的にテストを継続し、必要な修正を随時行えるような体制を整えられればさらによいでしょう。

#06-04 システムの拡張性

同一システムにおけるパフォーマンス拡張性

クラウドではシステムパフォーマンスを低下させることなく、**変動するワークロードに対応する能力がある**ことを期待されています。実際に、これを実現するには、**スケールアップ**による方法と**スケールアウト**による方法のどちらか、あるいは両方に対応したシステムでなければなりません。

スケールアップはCPUやメモリ、あるいはストレージのスペックを上げることによる処理能力向上です。
スケールアウトは処理を複数のサーバーに分散させることで処理能力を向上します。
どちらにもメリット、デメリットがあります。

基本的なアプローチは、以下の通りです。
・ アプリケーションのスケールアウトの可不可を分類し、
・ スケールアウトできないアプリケーションはそのサブシステムレベルで、
・ スケールアウトの可不可を分類します

スケールアップによる方法を選ばざるをえない部分を絞り込むほど、それに適合した方法が明確になります。

スケールアップによる対応はクラウド事業者の提供するサービススペックに限定されます。AWSであれば「ハードウェア持ち込み」ができないためなおさらです。

スケールアウトするサービスの場合でも**拡張性の限界**は、アプリケーションによって異なりますが、いずれ訪れます。スケールアウトに投じたリソースに対する提供可能なパフォーマンスは事前に知っておく必要があります。
クラウドを使った場合は、オンプレミスと異なり、初期投資コストなく事前のパフォーマンステストを行うことができます。したがって、これを行わないことは、あり得ない選択といえるでしょう。

なお、AWSにおける実際のシステム開発で、この検証を行った月が、そのシステムにおける月額利用額の最大を記録することはしばしばあります。

システムの機能拡張

クラウド上に限ったことではありませんが、システムは**ユーザーや技術の変化に柔軟に対応できる**必要があります。クラウドでのシステム構築が当たり前のようになってくると、ユーザーが期待する、結果を得られるまでの待機期間も短くなる傾向があります。
1つのクラウドに適したシステムがクラウド上でうまく動けば、別のシステムでも同じことを求められるわけです。

エンジニアとしては釈明をしたいところではありますが、システム構築に携わらない人には泣き言は通じません。クラウドにシステムの機能拡張に役に立つサービスがあれば、それを積極的に使えるようにしておくべきでしょう。そのためにまずやることは己を知ることです。
パフォーマンス拡張のときと似ていますが、システムはサブシステムの連携で動作するように分割をしておき、その**サブシステムについて機能拡張の可能性**を探りましょう。

その際、セキュリティは拡張性を制約する大きな要素かもしれませんし、逆に拡張性を助ける要素かもしれません。
あるシステムを2つのサブシステムに分解し、片方のサブシステムをクラウドが提供するサービスで置き換えて作り直したとします。たとえば、月末のバッチ処理システムを、キュー管理部とデータ照合部に分離し、前者をSQSで置き換えたとします。

開発側の視点では、サイズが半分になったシステムをセキュアに保つのはより簡易となります。チェックする側の観点では、元のシステムとは異なっているため、再チェックが必要となります。
しかしながら、

- SQS自体のチェックができなかったり、ソースコードチェックができなかったりするためにSQSの利用ができない。
- SQSは、PCI-DSS Level1で承認されるセキュリティレベルであるのでチェックを省くことが可能と判断する。データ照合部のみのセキュリティレビューが必要。

といったように見解が分かれることがあるでしょう。

いずれにせよ、サブシステムの依存関係は明快になるようにしておく必要があります。
そして、そのサブシステム間連携には、REST APIのような、扱える人が多い技術を導入できるかどうかを、常に頭においておくべきでしょう。

#06-05 リスク洗い出し手法としてのプリモーテム

ここまで述べてきたように、RPO、RTOさらにはシステムの拡張性を意識した設計は必ず必要になります。
大きなシステムをサブシステムに分割して設計していれば、それらの意識しなければならない事柄も減っていきます。過去にこのようなマイクロサービス化による成功体験がある人がリードしているプロジェクトであれば、大胆にその方向に舵を切っているかもしれません。

複雑なシステムをサブシステム化し、それを繰り返すことによるマイクロサービス化は強力な手法ですが、システム全体の失敗要因に気が付きにくくなります。
認知心理学者による研究の多くでは、リーダーが自信過剰な状況にあると重大な欠陥に気づかないことがあることを指摘しています。

これを克服するための手法の1つとして、「**プリモーテム**」という手法を紹介します。
プリモーテムは、設計や計画をする人が、計画が失敗する前に、計画が失敗するシナリオを詳細に分析する手法です。
SRE（サイトリライアビリティエンジニアリング）の文脈で語られる「**ポストモーテム**」と対比して考えてみましょう。

ポストモーテム

システム全体が動作しなくなるような状況が発生しプロジェクトが失敗すれば、何が問題だったのか、なぜ失敗したのかを検討するための場が設けられるでしょう。
障害が発生すれば以下のようなことがまとめられるはずです。

- 発生の事実および影響範囲
- その障害の解決、あるいは緩和のために行われたアクション
- 根本原因
- 再発防止策

これらの読者が外部のユーザーである場合は、「障害報告書」となり、内部のエンジニアであれば「ポストモーテム」となります。
ポストモーテムの作成プロセス自体が議論を行って作成されたものですが、ポストモーテムはのちのち組織内の別部署で参照されることもあるものです。そのため、内部の人にしかわからないような言葉や事実を使ったものではなく、正確に記述されるべきです。

ポストモーテムは、マイクロサービス化されたシステムであれば、関係しているか潜在的に関係する可能性のあるすべての関係者によって作成されるものです。問題を発生させた根本原因がわかっていたとしても、その根本原因を起こした担当者だけによって作成されるものではありません。

AWSではPost-Event Summariesとして外部に公開している文書があります。
https://aws.amazon.com/jp/premiumsupport/technology/pes/において非常に大きな事象についてまとめて公開しています。

たとえば、そこで公開されている文書中で最古かつ筆者の記憶の限りでは、最大の障害は2011年の4月にバージニアリージョン（us-east-1）で発生した障害です。
この文書では、障害を起こしたEBSボリュームを回復していく経過が、時間と障害となった割合を含めて詳細にレポートされています。興味のある方はぜひご覧ください。

プリモーテム

前述したとおり、プリモーテムは、設計や計画をする人が、**計画が失敗する前に、計画が失敗するシナリオを詳細に分析する手法**です。
ポストモーテムでは失敗した後で、何が問題だったのか、なぜ失敗したのかを検討します。これを**事前に実施する**ものがプリモーテムです。
システムがまだ構築されておらず、稼働していないため、気持ち悪いかもしれませんが、このためには勇気をもって失敗を宣言しなければなりません。
チームの関係者が全員揃うことが望ましいですが、そうでなくても、関係者の多くが集まった場でこのように話をして始めます。

> 「今は、サービスのカットオーバーから数ヶ月経過しています。特に問題はないものの、これといったイベントも発生せずに昨日も帰宅しました。
> ところが、帰宅後にエンドユーザーからのクレームで初めてサービスに問題が生じていることがわかり、Sev1のアラートが切られました。もちろんCEOもアラートを通じて知っています。つまり、システムが致命的な崩壊を起こしました。
> これは大失敗です。CEOは記者会見の場で、サービスの終了の発表さえ検討しているほどです。
> ここにいるみなさま、少しだけ時間を使って、なぜサービスが失敗したのか考え、その理由をすべて書き出してください」

これを受けて、一人ひとりが考えた障害の内容を発表します。それらは実際には発生していない障害です。つまり、発生する可能性があると認識されていることです。これらは、提供サービスの目標達成に影響を与えかねないリスクということになります。そうやって、集められたリスクへの対策をチーム全体で考えます。

このような時間をとることは面倒で、やらなくてもいいと考えるかもしれません。しかし、人間は、結果を想像しなかった場合に比べて、より多くの理由を思いつき、より具体的な対策を思いつきます。結果を想像するだけで、システムに対する姿勢が変わる人が多い傾向があります。

これは、心理学における、**後知恵バイアス**と呼ばれる考え方によるもので、プリモーテムはこれを利用する方法です。後知恵バイアスは物事が起きてからそれが予測可能だったと考える傾向のことです。人は、何か物事が起こった後に、因果関係を探ってそれなりに納得のいくストーリーを考えることが好きなものです。

これは、多くの分野にあてはまります。システムに興味をもつ人であれば、「システムが失敗しないように対策を考えろ」と言われて設計していくよりも、多くのアイデアが出され、より網羅的に問題に取り組む材料をひねり出すよい方法の1つと言えます。

そして、いったんひねり出されれば、それらについて問題が起こったものとして行動を開始します。障害解決あるいは緩和のために行うアクションを記述し、根本原因を特定し、再発防止策を考えます。

プリモーテムを実施する際に心得ておくことがいくつかあります。主催者は、次のようにプリモーテムを実施するにあたってメンバーと共有するとよいでしょう。

1. リスクを発見するための演習です。チェックリスト作成だけで終わらないようにします。
2. シンプルかつ有用な成果を出しましょう。以前に同様なリスクを体験したことを前提とせず、専門用語を使わないようにします。
3. 気が付いていない失敗までの道のりを明らかにする手助けをします。システム上問題のあるプランや副作用なども明らかにします。
4. 他人の過ちから学びましょう。 過去の失敗が書かれたポストモーテムも参考にしましょう。
5. 実際の問題発生を待つのではなく、システムの改善のために問題を作りましょう。重大な問題の発生に驚かないようにしましょう。
6. 大きな問題に注力しましょう。プリモーテムは重大な問題を発見するためのもので、すべての問題を解決するためのものではありません。
7. 大きな問題が見つかったら、ただちにエスカレーションしましょう。放置せずに、解決するか、それを承認します。

ポストモーテムやプリモーテムという名前でなくても似たような取り組みを行っている場合も多いかと思います。Successチームと Failureチームの2つにわけて取り組む方法もあります。たとえば、
https://www.atlassian.com/team-playbook/plays/pre-mortem
などを参考に、自分のチームに適した形を探してみてください。

#06-06 まとめ

本章では、サービスのためのシステム設計について取り上げました。
サービスオーナーがシステムの技術面をすべて理解し、設計をリードすることは現実的ではありません。しかし、システム設計は、サービス設計に密接に関連しています。
すべてのサービスは別物であり、サービスの可用性や拡張性はサービスオーナーが最終的に決定すべきことです。

時として、過大な投資を可用性や拡張性のためにしてしまうことがあります。
障害時や問題発生時に、通常時のようなサービスが提供できないことはよくあります。
もしものときの備えが、プリモーテムを試すことで、定義できるかもしれません。

#07

PoCによる事前検証の進め方

#07-01 なぜPoCが必要か

コンセプトが目的を満たす、ニーズを満足させるといった、有用性の傍証を固めるには、動作する実物を小さくても、見せることが重要です。**PoC (Proof-of-Concept)** とはコンセプトを実証するという意味そのもので、新しいコンセプトやアーキテクチャーを実証するための事柄です。概念検証とも言われます。

全く新しいシステムを、はじめての言語ではじめてのミドルウェアを使って、作成するのであれば、意識するにせよしないにせよ、PoCは必ず行うものでしょう。このように、PoCが明らかに必要なものとして設定されることもあります。しかし、多くの場合は、意識しない限り実施されません。PoCはプロジェクト全体の見通しを良くし、開発確度を高めることにつながるマイルストーンの1つとして、実施される場合があるものとして考えるべきでしょう。

「既存システムの単純なAWSへの移行案件であるため、PoCを行わない」という選択をすることもしばしば聞きます。その裏には工数削減という名の費用削減が見え隠れしますが、正直お勧めできません。

単純なAWSへの移行案件ということであってもAWS上で動作するのかを検証する必要があり、ソフトウェアアーキテクチャーの変更があればさらに慎重な検証が必要です。さらに既存システムであれば、そのシステムの資産を洗い出し、システムの前提となるデータを全部ないし一部を適用したテストを行うことになるでしょう。
このように、PoCはAWSに限らず必要です。

PoCで実証したことは、**再現性**がなければなりません。
システムの提供するサービスが変わらず、ソフトウェアアーキテクチャーに一切変更を行わないと決めた場合であればこそ、AWSを前提にすることによってもたらされるさまざまな事項をチェックすることになるでしょう。構成ツール、AWSマネジメントコンソールを通じたAWS操作が必ず違ってくるはずです。
単に一度きりの操作をもってPoC実証とはいえず、再現性の確保も合わせて重要です。

#07-02 どのようなシーンでPoCを実施するか

さまざまな目的のため、PoCが実施されています。

- 新しいミドルウェアなどを利用するにあたり機能を評価するため
- 開発する内容やプロジェクト計画を精査するため
- 既存システムの移行における AWS 上での動作検証のため
- 既存システムや新しいシステムにおいて、AWS ネイティブなシステム構成の実現性を評価するため
- 性能を評価するための基本となるデータの収集のため
- スケールアウト構成など、拡張性を評価するため
- HA 構成など、可用性を評価するため
- その他、オンプレミス環境と AWS のさまざまな要素での比較検討のため

#07-03 PoCの目標をどう定めるか

PoCで目標を定めることは、プロジェクト全体のスコープを決めたり実現性を評価するために、重要です。
現在のシステムの課題や、エンドユーザー体験を改善するための機能強化、業務上の課題への対応方法を含めることが望ましいです。たとえば、次のような質問を使用して、PoCの目標を確認して見ることができます。

POC の目標設定に役立つセルフクエスチョン

- 条件を改善したい特定のサービスレベルアグリーメント（SLA）はありますか
- どのぐらいの性能が必要か、スケーリングする目標は何ですか
- システムに新しく実装する機能は何ですか
- テストする予定のワークロードの全般的なテスト項目には何がリストされると思いますか
- IT 環境の移行を行う場合、アーキテクチャー、開発プロセス、運用など、既存の環境から何が変更になりますか
- ベンチマークする必要があるビジネスクリティカルな要求は何ですか。たとえば、データベースやデータウェアハウスを評価する際には、さまざまなクエリのタイプ（例：取り込み、更新、削除）など、完全な範囲の SQL の複雑さを確実に含めます

#07-04 PoCとベンチマーク

AWSでは、初期システム見積もりの段階から実際に使用する機器を十分に使って事前に性能測定をするようにしましょう。PoC段階でもパフォーマンスを実際に測定することができます。

AWS登場以前には、アプリケーションが要求するCPUスペックを、CPUの型番に関係なく「コア数」だけで決定することも、初期のシステム見積もりの段階ではしばしば見受けられました。
ベンダーによる公表結果（ベンダーのマーケティングの一環です！）、SPECやベンチマークソフトウェアでの測定結果などを参考にせざるを得ない場合もあります。

実際のシステムでは、使用するデータも、アプリケーションもすべて異なるはずです。**実際に使用する機器やデータ環境で**PoCは行われるべきでしょう。

たとえば、5年間の稼働期間中にデータサイズや処理量が増えていくためシステムを増強する予定のシステムがあったとします。たとえば、初年度は1ラックで構築するシステムで、毎年ハーフラック分の増強をして5年後には3ラック使うようなシステムです。
そのような場合、5年後のスケール想定でテストを行うことが要求されます。

従来は「実際に使用する機器」を選定するために、機器を購入することは簡単なことではありませんでした。販売業者の努力の一貫として一部の大口ユーザーには検証サービスが提供されることはあっても、いつでも誰でもが簡単に使えるものではありませんでした。これが、ベンチマーク結果を使ってリソースを推定する大きな理由でした。

AWSが使える今、その理由はもはや過去のものとなりました。
上に述べたようにAWS環境での性能試験においては、一時的に本番と同等のスペックが即座に用意できることは見逃せないメリットでしょう。

#07-05 AWSでPoCを実施するメリット

先に述べたように、PoCでは再現性の確保が重要です。

AWS Samples (https://github.com/aws-samples) では2021年11月現在2800以上のハンズオンガイド、CloudFormationテンプレートや、AWS CLIを使った構築サンプルがあり、さまざまなAWSサービスの利用、理解を助けるリファレンスを多数集めています。

AWSソリューション実装 (https://aws.amazon.com/jp/solutions/) では、多くの技術的問題やビジネス上の問題を解決できる、クラウドベースのソリューションのコレクションを提供しています。

AWS上において、特定の**サードパーティーソフトウェア**の動作をPoCで確認することは多くあります。ユーザーの要望を満たすような、多様なサードパーティーがソフトウェアをサポートしています。
AWSクイックスタート (https://aws.amazon.com/jp/quickstart/) では、さまざまなサードパーティー製品を、インストールするだけでなくAWSのさまざまなサービスと組み合わせて動作させる例が提供されています。

AWSクイックスタートおよび、AWSソリューション実装には、詳細なアーキテクチャー、デプロイガイドに加え、自動デプロイと、より細かなカスタマイズが必要な場合の助けとなるような手動デプロイの両方の手順が付属しています。システムが再現できるだけでなく、運用効率、信頼性、安全性、および費用対効果を備えていることを求められることを考えると、有益なリソースです。

安全なPoCのため、**Sandbox環境の採用**を推奨します。Sandboxとして他のシステムと環境を分離できるよう、アカウントを払い出して**1アカウント1PoC**で使うことを推奨します。
また、単にAWSアカウント分けるだけでなく、組織で求められるようなポリシー下でセキュリティに準拠する必要もあるでしょう。
AWS Control Towerは、**ランディングゾーン**と呼ばれる安全なマルチアカウントAWS環境を、セットアップおよび管理するための最も簡単な方法を提供します。
AWS Control TowerについてはChapter 14も参照ください。

最後に、AWSサポートについて触れておきます。サポートはDeveloper、Business、Enterpriseで、料金・対応内容が異なりますが、PoC中であっても本番と何ら変わらないサポートサービスが提供されています。

#07-06 PoCの進め方(と粒度)

PoCでは、コンセプトが使われているシステムの必要とする機能単体や、システム全体について、動作の核となる部分を実装し、それが動作するのかどうかを確認します。
PoCの粒度については定説といったものはありません。
しかしあらためてPoCの意味について考えてみましょう。新しいコンセプト導入には反対意見がつきもので、導入のジャッジのためにPoCが行われることが多いのですから、疑問や疑念箇所の調査に役に立つものはすべてPoCに含めましょう。

それが大きすぎる場合は**分割**をします。PoCはPoCそれだけで行われるわけではありません。PoCは開発の一貫であり、運用の一貫でもあります。システムのライフサイクルの主要な要素といえます。
一般的なプロジェクトでは、次のような順番で進められます。

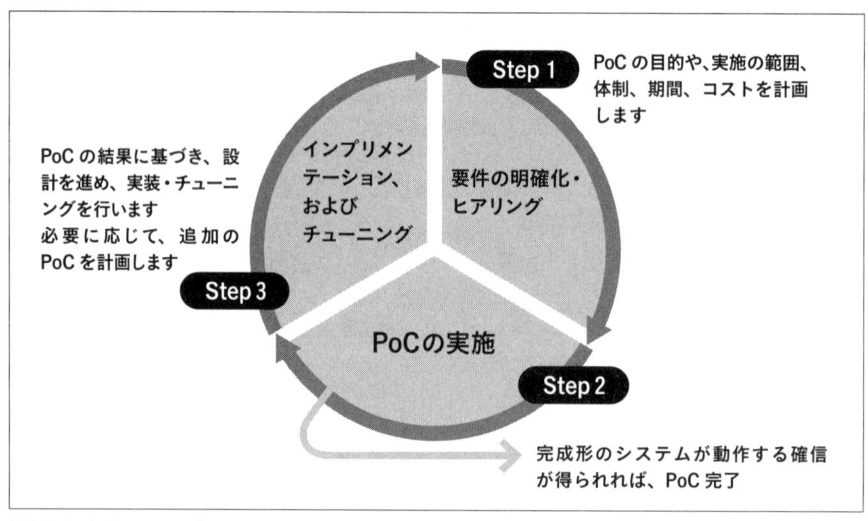

図7-6-1 PoCのステップ

1. 要件のヒアリング

PoCの目的および目標の確認といってもいいでしょう。システム(もしくは事業)の課題を分析し、実現しなければいけないことを確認します。
それらを小さなパーツに分割できるのであれば、それぞれについて、同じく実現しなければいけないことを確認します。現行システムがあるのであれば、対象となる資産の洗い出しがそれらの助けとなります。

また、目標を達成できたかどうかを決定するための、関係する入力（手順やデータ）の準備を行います。

2. PoC

ヒアリングした要件を実現するための**核となる部分を実装**し、その要件を満たすのかどうかを確認します。この結果、要件のヒアリングを再度行わなければいけないこともよくあります。

3. インプリメンテーションおよびチューニング

実際のシステムインプリメンテーションです。
これが1→2-→3の順で、一度で終了することもありますが、1→2-→3-→1→2-→3-→1…と何度と繰り返すこともあれば、1と2を行ったり来たりすることもあるでしょう。
PoCが現実のシステムのために行われる以上、その労力と得られる成果のバランスを考えなければなりません。いわゆる大規模なプロジェクトでは、PoCを実現可能なレベルにまで細分化することになります。

PoCはユニットテストではありませんから、微に入り細に入りテストする必要はありません。しかし、PoCが成功しなければ先に進まないことは明らかですから、成功するまではさらに細分化することになります。

サブシステムのPoCに成功したことで、完成形のシステムが動作する確信が得られれば、PoCの役目はいったん完了です。

#07-07 PoCの実際

一般的には、自信をもってシステムの本番稼働を迎えるために、機能評価、スケーラビリティ評価、可用性評価は必要になるでしょう。PoCでこれらを実施していきます。

1. 機能評価をするためのPoC

機能検証のためのPoCが必要となる典型的な状況は、初めてAWSを使う場合や、それまでLinuxサーバー上で動作していた機能をAWSが提供するサービスを使って置き換える場合です。

1. オンプレミスサーバー環境を再現してEC2で動作させる
2. Javaで記述されたアプリケーションを動作させる
3. ロードバランサーとしてnginxを使っていたが、Route 53のDNSラウンドロビンに置き換える
4. キューイングのためにLinuxサーバー上のActiveMQを使っているアプリケーションをSQSに置き換える

1.について考えてみます。
「vm importを使って、オンプレミスで動作しているLinuxサーバーをEC2に移行する」、「アプリケーションは不明で、つぎはぎの修正がされたOS上でシステムが動作している」といった条件下では、動作させ、それが意図したように動作するのか客観的に確かめることは難しいでしょう。利用の当事者と、システム構築運用者が密であれば可能かもしれません。

2.については「Javaで記述されたアプリケーション」がオンプレミスで動作しており、その環境構築の際の手順書が残っているようなものです。「RHEL8.4を起動しyumでtomcatをインストール後にアプリケーションのアーカイブを展開する」、「その後、別ホストからJMeter用のシナリオに基づいてテストを行う」などのように明確に記載されていれば、動作させることは容易でしょう。

3.については、「ロードバランサーとして」というのが曲者かもしれません。
SIerは、比較のために、機能の一覧表を作成することがよくあります。星取表ともいわれます。移行前後で使用するnginxとRoute 53で機能差があることは明らかですが、どちらも機能過多と言っても過言ではないでしょう。
使用するシステムが必要とする機能だけを提供できれば十分で、それを確認するためのPoCは必要でしょう。

4.については、アプリケーションコードに手を入れることになります。
この条件では、手に入れた後のコードがSQSで実際に動作するのか確認する必要性は説明するまでもないでしょう。

2. スケーラビリティを評価するためのPoC

PoCまたはプロトタイプ段階では、スケールアウト対応がなされていないことは珍しくありません。システム中のある部分において、要件ヒアリングを通じて一切スケール調整が必要ない場合を除いて、**スケール調整可能な設計**をして、それが動作するかどうかをPoCで明らかにするべきです。
これを怠ると、その部分を含むより広いシステムや、本番がはじまり、テスト時とは全く違った負荷が発生したときに、問題が明るみに出るときがあります。

システム中で、**状態を共有**しなければならない要素が多いほど、スケールアウト対応は難しくなります。

独立性がスケーラビリティの鍵になります。
状態が保持されるのはデータベースやミドルウェアを通じて、メモリ上であったり、ストレージ上であったりしますが、いずれにせよ共有するのであればネットワークを使った通信を使うでしょう。
本番で求められる環境と同じだけのスケールをPoCのために用意できるAWSでは、スケーラビリティに関するテストを行うことが容易です。サーバー台数を倍々で増やしたときのパフォーマンス向上、あるいは伸び率の低下を測定することは多くの場合に役に立つでしょう。

スケーラビリティを検討する際には、各種のメトリクスを取得する必要があります。Amazon CloudWatchがその助けとなるはずです。

3. 可用性を評価するためのPoC

まず**可用性の程度**を定義し、それを実現する方法をテストすることになります。実際には可用性の程度はさまざまですが、AWSにおけるEC2のSLAをクリアできるように、**マルチ アベイラビリティーゾーン (MAZ)** でシステム構築をすることを最低条件に考えることになるでしょう。

MAZでのシステム構築となると、1つのAZだけが動作している状態で動作することからスタートします。片方のAZで処理していた結果が、もう一方のAZでも使える状態になっている必要があります。

たとえば、RDSのMAZオプションを使えばそれは容易に実現できます。
しかし、システムアプリケーションがRDSをそのように利用できるかを、PoCを通じて確認することは多くの場合役に立つでしょう。また、RDSのMAZにおいては、障害時のフェイルオーバー時間がかかります。これが許されるのか、実際にフェイルオーバーの間にアプリケーションに何が起こるのかはPoCを通じて確認するべきでしょう。

#07-08 まとめ

目指すべきものは、システムの完成です。そのためシステムが動作する確信が得られる、それに近づけるようなPoCでなければなりません。

PoCで実証したことは、再現性がなければなりません。
実際には、実証したいことを洗い出し、それが再現する手順や手段を確立したと思っていても、たまたま意識していない条件が整っただけであることもあります。

PoCの担当者は、実際のシステム構築を担当する、いわゆる現場担当者と同じであることは難しいでしょう。システム規模が大きくなればなおさらです。
PoCを進めるにあたっては、現場担当者からはその実現性に関してコメントをもらうなど、可能な限り現場を知る人員を巻き込んで進めていきましょう。

#08

クラウドにおけるサイジングと性能測定

#08-01 サイジングの重要性

システム開発において、サイジングは避けて通ることができないプロセスです。これから構築しようとする仕組みに対して、サーバーやストレージ、ネットワークなどのリソースをどれくらい確保しておけばよいのかを見積もり、リソース量を決定することはどうしても必要です。新しいシステムをクラウドで開発する場合ももちろんですが、既存システムをクラウドに移行する場合もサイジングの重要性は変わりません。クラウドの費用は利用するリソース量によって変わってきますので、サイジングの結果によってクラウドへの移行に経済合理性があるのかどうかが変わってくることもあります。

サイジングはシステム開発の初期に行われるものですが、それが妥当なものだったか否かが明らかになる最初のチャンスは**テスト工程**です。実際に作り上げたシステムに対して性能測定を実施し、要求される水準に到達しているかどうかを確認することになります。この段階でサイジングの誤りを検知することができないと、本番運用開始後に問題が顕在化するという不幸なシナリオをたどることになってしまいますので、性能測定は非常に重要です。ただし、注意しなければいけないことは、性能測定によって問題が検知されたとして、その原因は**サイジングの不備とは限らない**ということです。システムのリソースは充分に確保されているにもかかわらず、アルゴリズムの特性や他システムへの依存関係などによって要求水準に到達しない、ということもあり得ます。

この章では、クラウドでシステム開発を行う際にどのようにサイジングを進めればよいのか、性能測定において留意すべき点はどこかを解説していきます。

#08-02 クラウドにおけるサイジング

著者自身も経験がありますが、オンプレミス環境でのシステム構築においてはサイジングにかなりの労力をかけて取り組みます。これは、この工程に基づいて機器の調達を行い、リソースを確保するというプロジェクトの流れ上、**後から容易に変更することができないため**です。サイジングにおいて、本来必要なリソース量に対して過少な見積もりをしてしまうと、ユーザー負荷を処理することができなかったり、必要なデータを保存することができないという事態につながり、リソースを追加調達する予算確保や関係各所への調整が必要になってしまいます。一方で過大な見積もりをしてしまうと、システム処理上の問題になることはありませんが、過剰投資ということになりそれはそれで望ましくはありません。それが故にオンプレミスではサイジングが重要になるのですが、サイジングとはまだ見ぬ未来を予見しようとするに等しい活動ですので、その精度を一定以上に高めることは難しいと考える必要があります。

幸い、クラウドはこれに対する解決策を提供してくれます。Amazon EC2 (Elastic Compute Cloud) ではサーバーのCPUやメモリなどのリソースを容易に変更することが可能ですし、EC2インスタンスのディスクを提供するAmazon EBS (Elastic Block Store) ではストレージ容量をオンラインで拡張することもできます。

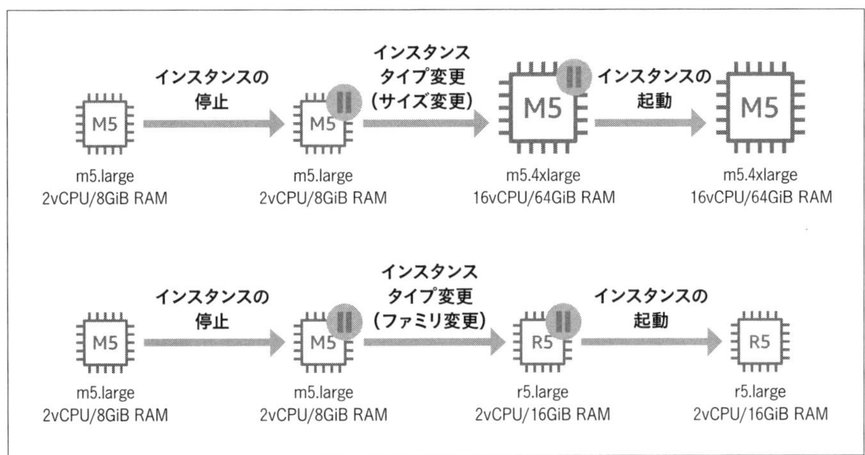

図8-2-1 EC2インスタンスのリソース変更イメージ

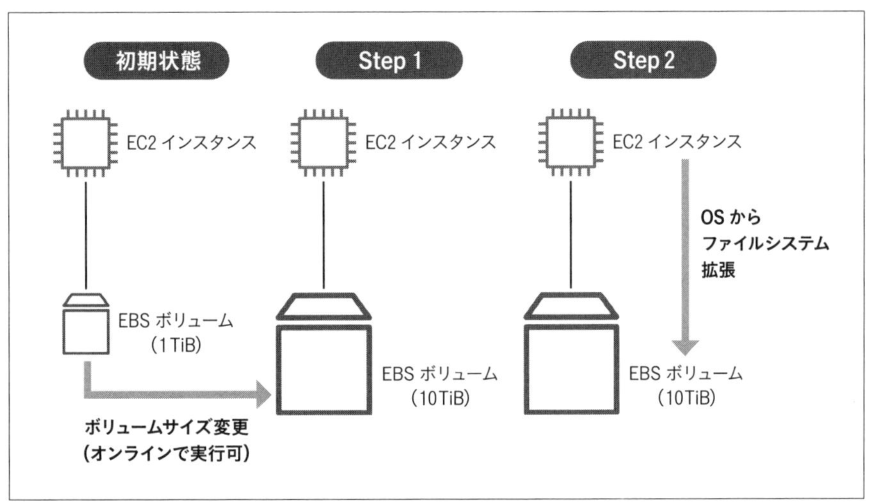

図8-2-2 EBSボリュームの容量拡張イメージ

その他のサービスでもリソース量の変更は容易に実現することができますので、従来のサイジングにおける「後日の変更が難しいので、高い精度が求められる」という未来を予見する難しさを内包した課題からは解放されます。商用ソフトウェアのライセンスについても、AWSがサービスの利用量にライセンス費用を加算するスタイルのサービス[＊1]であれば、考慮は不要です[＊2]。もちろん、リソース量を増やせばその分コストに影響しますので、サイジングが全く不要というわけではありません。ですが従来ほど時間をかけて精度を高める努力をせずとも、性能試験の結果や本番運用の様子を見てリソース量を調整[＊3]することで、実情に基づいた最適量のリソース確保が可能になることを忘れないようにしてください。すなわち、**クラウドを利用する場合においてはサイジングはほどほどの精度でよい**、ということになります。

注意すべき点は、システム設計の段階で**インスタンスタイプを変更する**ことを考慮に入れておくことです。AWSにおいて、サーバーが持つリソース量を増減させたい場合は、インスタンスタイプを変更することによって実現され、この操作自体は非常に簡単に実行できます。しかし、クラウドが提供するリソース量の柔軟性を活かすためには、システム設計でも考慮が必要です。仮にサーバー上で稼働するアプリケーションが常に同じ量のリソース、たとえば2つのvCPUと10GBのメモリを使用して処理を行う設計になっていると仮定しましょう。この場合、処理能力に余裕があるからと言ってメモリが4GBのインスタンスに変更すると問題を引き起こします。逆に負荷が高い状態を解消するために4vCPU/32GBメモリのインスタンスに変更しても、追加したリソースが活用されない可能性があります。これはあくまでも一例ですが、リソース量の変更に柔軟に対応できるように考慮しておくことで、将来リソース量の最適化を行う際の対応が容易になるわけです。

また、クラウドが提供するサービスには上限があるということにも注意を払っておきましょう。利用できるサーバーのサイズには上限があり、インスタンスファミリーによって利用可能なリソースの最大量が異なります[＊4]。この上限を超えることはできませんので、単体のサーバーで処理しきれないような大規模なシステムであれば複数台のサーバーで処理を分散するなどの工夫が必要になります。

また、AWSのサービスによってはクォータ（利用上限）が設定されており、一定以上のリソースを確保するためには引き上げのリクエスト[＊5]が必要になることがあります。デフォルトのクォータがどのように設定されており、自分たちが想定する使い方では引き上げをリクエストする必要があるのかどうかをあらかじめ確認しておくとよいでしょう。

＊1　License Included と呼ばれるもので、EC2 における Windows や Red Hat Enterprise Linux などや、Amazon RDS（Relational Database Service）における SQL Server や Oracle Database（SE1/SE2）などがそれにあたります。

＊2　ただし、自分たちのライセンスをクラウドに持ち込んで利用するBYOL（Bring Your Own License）の場合は、リソース追加を行うとライセンスの追加調達が必要になる場合がありますので注意が必要です。

＊3　たとえば、本番リリース時は想定の倍のリソースを確保しておき、リリース後のリソース状況を見極めて適切なサイズに修正するというやり方を取ります。これによって想定を超えるユーザーアクセスがあったとしても、負荷によるシステムダウンを発生させるリスクを低く抑えることが可能です。

＊4　汎用の M6i ファミリーであれば、128vCPU/512GiB メモリを備える m6i.32xlarge が最大ですし、メモリ最適化の R6i ファミリーであれば 128vCPU/1,024GiB メモリを備える r6i.32xlarge が最大です。大規模なインメモリデータベースの実行用の特殊なハイメモリインスタンスでは 448vCPU/24,576GiB メモリを備える u24-tb1.metal インスタンスも用意されていますが、あらかじめ用意された最大のものを超えることはできません。

＊5　https://docs.aws.amazon.com/ja_jp/general/latest/gr/aws_service_limits.html

クラウドにおけるサイジングの進め方

オンプレミスの場合と比較してサイジングはほどほどでよいとはいえ、コスト見積もりのためにはサイジングが必須ですし、後日調整するにしても仮となるリソース確保量は決める必要があります。新規設計のシステムで、既存システムとは処理内容やシステム構成の面で類似性が全くない場合は、公開事例で類似のものを探したり、場合によってはPoCによる事前検証を行ったりすることが必要かもしれません。ただし、企業のシステム開発の現場を考えると、多くの場合は**類似の処理内容やシステム構成をもった既存システム**が存在するのではないでしょうか。この場合は、既存システムの現状を把握し、その情報に基づいてラフなサイジングを行うのがよいでしょう。ここでいう既存システムとは、オンプレミスで稼働するものでも全く問題ありません。システムが持つリソースと、それに対して実際の処理が行われている際にどの程度のリソースが消費されているかを見て取ることができればOKです。

現状把握

実際に稼働しているシステムを構成する各サーバーが持っているリソース量や、実際に消費されているリソース量は把握できているでしょうか。それぞれのサーバーが持つリソースについては、現状を正しく反映した設計書があればそれに基づいてもよいでしょう。もしも設計書が紛失していたり、現状にそぐわなくなっているようであれば実機を確認する必要があります。以下の情報が把握できていればよいでしょう。

・ CPUの型番
・ 物理コア数
・ 論理コア数
・ メモリ容量
・ ストレージ容量
・ ストレージデバイスの構成
・ ネットワークインターフェースの帯域幅・構成

これらの情報はWindowsであれば「タスクマネージャー」と「ディスクの管理」を使用して調査が可能です。Linuxではコマンド[*6]を利用して必要な情報を集めることが可能です。仮想化された環境であれば、仮想化プラットフォームから各仮想サーバーに割り当てているリソースを確認しましょう。仮想化されている場合はOSからの調査では詳細な情報を把握できないことがありますので、注意するようにしてください。ストレージについては容量だけでなく、どういったストレージシステムを使っているかが分かるとベストです。サーバーに内蔵されたハードディスクなのか、SSDなのか。フルフラッシュのストレージアレイをSAN経由で使っているのか。特殊な超高性能ストレージを利用していないか。こういった情報が把握できているとより正しいサイジングが可能になります。

＊6　CPUについてはlscpuコマンドか、cat /proc/cpuinfoで必要な情報を取得できます。同様にメモリについてはcat /proc/meminfoで、ディスク容量についてはdf -hで調査可能です。

各サーバーに割り当てられたリソース量を確認できたら、実際に消費されているリソース量に目を向けてみましょう。リソース監視ツールが導入されていれば、そのデータを見ることが手っ取り早いやり方です。前述のとおり、システムの運用開始前に真に必要になるリソース量を予見することは困難ですので、サーバーによってはリソース使用率が一桁%に留まっているということもあるはずです。こういったサーバーに関してはサイジングの段階でリソースを減らすことを考慮することで、不要なコストの圧縮につながります[*7]。過去のリソース消費量を見る場合は、システムの稼働状況には季節性を持ったものがあり得る点に注意してください。たとえば、年度末に限って実行される集計処理があり、このタイミングはリソース消費が極端に高くなる、といったケースです。確認しておくべき主な要素は以下です。もちろん、より多様な情報があれば便利ですが、多くの情報を集めるために時間を使いすぎる必要はありません。

・CPU利用率
・メモリ利用率
・ディスク容量の利用率
・ディスク帯域幅の利用率
・ネットワーク帯域幅の利用率

仮のインスタンスタイプを決める

サーバーに割り当てられたリソース量と、実際に使用されているリソース量が把握できたら、**どのインスタンスタイプを利用するか**を判断しましょう。EC2では多種多様なインスタンスを提供していますが、サイジングの段階では以下3つの主要なインスタンスファミリーが提供されていることを理解すれば十分です[*8]。

・汎用インスタンス … M6iやM5/M5aなど。1vCPUに対して4GiBのメモリの割合[*9]でリソース割り当てが行われ、CPU性能とメモリ容量のバランスが取れている
・コンピューティング最適化インスタンス … C5やC5aなど。1vCPUに対して2GiBのメモリの割合。CPU処理の比重が大きい処理に向く
・メモリ最適化インスタンス … R5やR5aなど。1vCPUに対して8GiBのメモリの割合。CPUの処理量に対して大容量のメモリを必要とする処理に向く

＊7　もちろん、サイジングの手間を最小限にするためにサイジングの段階では、あえて実際のリソース使用率を考慮せず、性能測定や運用開始後のリソース状況を見て最適化する選択肢もあります。この場合コストの見積もり結果は、実際の費用よりも上振れすることになりますので総所有コスト（TCO）を比較する必要がある場合は注意してください。

＊8　このほかにも負荷変動が大きい用途（得てして実ワークロードはそうなりがちです）に最適な、バースト可能な汎用インスタンスタイプT3や、GPUなどのアクセラレータを搭載した高速コンピューティングインスタンス、大容量のローカルストレージを搭載したストレージ最適化インスタンスなどがあり、ワークロードの特性にあわせて自由に選択できます。もし本文中で挙げた汎用・コンピューティング最適化・メモリ最適化の3種類に当てはまらない場合は、他に適したインスタンスがないかを確認するようにしてください。また、AWSが開発したARMベースのAWS Graviton 2プロセッサを搭載したインスタンスもありますが、ARMに対応したOSやアプリケーションバイナリが必要ですので注意してください。新規開発であれば、これらのインスタンスタイプを活用することでコストパフォーマンスの向上が期待できます。https://aws.amazon.com/jp/ec2/instance-types/

＊9　このvCPUとメモリの割合は、あくまでも本書執筆時点でそうなっているだけに過ぎません。将来はこの割合が変更される可能性がありますが、考え方は同じです。

それぞれのインスタンスファミリーの中では、原則的に最小のサイズからリソースが倍々になる考え方でインスタンスサイズを選択することができます。たとえば、M6iファミリーの最小インスタンスはm6i.largeで2vCPUと8GiBのメモリを提供します。その1つ上のサイズはm6i.xlargeになり、4vCPUで16GiBのメモリを備えます。M6iファミリーの最大のインスタンスは128vCPUと512GiBのメモリを提供するm6i.32xlargeです。この考え方に基づいて、それぞれのサーバーで必要なリソースが提供されるインスタンスタイプを選択することになります。

では、実際にどのように使うインスタンスタイプを決めればよいのでしょうか？ 考え方は非常にシンプルで、**現状を維持するか**、**リソースの必要量に応じて減らすのか**を判断することになります。あくまでもここで決めるインスタンスタイプは仮であって、性能測定や本番運用の状況を見て後から容易に変更できるし、そうするべきであるということは頭に入れておくようにしてください。なお、IntelまたはAMDのCPUを搭載したインスタンスタイプでは、同時マルチスレッディング（SMT, Simultaneous Multi-Threading）という技術がデフォルトで有効化されており、1vCPUは1つのCPUコアのスレッドに相当します。現状のインスタンスタイプでは1物理コアあたり2スレッドの同時実行が可能ですので、2vCPUで1物理コアに相当します[*10]ので、CPUの物理コア数を重視する場合は注意してください。なお、この考え方はT2インスタンスとAWS Graviton 2プロセッサを使用するインスタンスにはあてはまらず、1vCPUが1物理コアに相当します。

実際に使うインスタンスタイプを決める戦略は、前述の通り主に以下の2つが考えられます。

- 現状維持 … 既存サーバーと同じだけのリソースを確保するパターンで、安全側に倒した考え方です。CPUリソースやメモリ容量が既存サーバーのものを下回らないインスタンスタイプを選定します。リソース使用状況のデータが得られない場合や、使用しているソフトウェアが最低リソース量を規定している場合はこの考え方を採用することになります
- 減らす … リソース使用状況データに基づいて、必要最低限の量に多少の余力を持たせたリソースを備えるインスタンスを選定するパターンです。一般にはこちらの考え方を採用することが多く、無駄なリソース確保を回避することでコスト削減効果も高まります

多くの場合はCPUとメモリリソースに基づいてインスタンスタイプを選定すれば事足りますが、用途によってはネットワークの帯域幅とストレージ（EBS）の帯域幅を意識する必要があるかもしれません。EC2のインスタンスタイプの一覧[*11]を見ると、インスタンスタイプごとにネットワーク帯域幅とEBS帯域幅という項目が記載されていることがわかります。既存サーバーで実行している処理において、ネットワークの帯域幅や、ストレージ帯域幅が重要な場合はこの指標も踏まえてインスタンスタイプを選定するとよいでしょう。

＊10 https://docs.aws.amazon.com/ja_jp/AWSEC2/latest/UserGuide/instance-optimize-cpu.html

＊11 https://aws.amazon.com/jp/ec2/instance-types/

仮のストレージ構成を決める

インスタンスタイプの選定に比べて、ストレージ構成の検討はシンプルな作業です。多くの場合は、利用する**EBSのボリュームタイプと容量**を決めるだけでよいためです。ストレージのパフォーマンスにこだわりがない場合は、ボリュームタイプはデフォルトである汎用SSD（gp2）を選択し、必要な容量を確保すれば事足ります。もしもコストを最適化する必要がある場合は、汎用SSD（gp3）を選択して必要な容量とパフォーマンスを指定すれば、よりコスト効率が高まります。サーバーの用途がビジネスクリティカルなもので、可能な限り高い耐久性を必要とするのであれば、プロビジョンドIOPS SSDボリューム＊12を利用することもできます。また、HDDベースのボリュームタイプも選択可能ですが、これらのボリュームはアクセス頻度が低く高いスループットを必要とする用途向けなのでブートボリュームには利用できません。

#08-03　性能測定

サイジングを通じて仮決めしたリソース量が、本当に充分なのかを確認するプロセスが性能測定です。サイジングは初期のコスト見積もり段階やPoC（実証実験）の段階で実施されますが、性能測定は一般にはシステムがある程度の完成度に到達した段階で実施されることが実施されることが多いでしょう。ですが場合によってはPoCの範囲に含めることもあります。性能測定には、リソース量が必要充分なのかを確認する側面に加えて、非効率なアルゴリズムや設計、外部システムへの依存などさまざまな理由によって、システムに期待される性能が発揮されるかどうかを確認するという側面もあります。性能測定を実施することで、そのシステムのコストパフォーマンスが明らかになる点も重要です。性能とコストはある種のトレードオフなので、性能面では要求を満たしているがコストは許容範囲を超えている、といった事態が起こりえます。この場合は処理の効率化を図ることでコストを抑えることが必要になります。

性能とは何か？ 目指すべきゴールはどこか？

性能測定について考えるときは、以下の点を明確にして関係者で合意することが非常に重要です。

・このプロジェクトにおける「性能」とは何のことなのか

＊12　プロビジョンドIOPS SSDボリュームはio2ボリューム、io2 Block Expressボリュームが現行世代として利用可能です。いずれも汎用SSDボリュームよりも高い99.999%の耐久性を備え、高い信頼性を発揮することが可能です。io2 Block Expressボリュームは現時点ではR5bインスタンスでのみ利用できる点には注意してください。

- どれくらいの性能が発揮されればよいのか
- 目標に到達できない場合に、妥協可能なラインがあるか。それはどの程度か
- 複数の課題が検知されたときに、優先的に対応すべき箇所はどこか

一言に性能といっても、**異なる概念が含まれている**ケースはよくあります。たとえば、あるユーザーに対して処理を提供するための待ち時間を指している場合もあれば、同時に処理可能なユーザー数の大小を性能と表現することもあります。業務終了後に、その日のデータを集計するシステムであれば、集計処理の所要時間を指して性能と表現することもあるでしょう。もちろん、1つのプロジェクトでこれらの複数の要素を考慮しなければいけないこともよくあります。重要なのは、何を測定すべきで、それぞれについて目指すべきゴールはどこにあるのかをあらかじめ定めておくことです。性能の改善という活動は、その気になれば無限に労力を投入することができてしまうものです。ですが、その効果は徐々に小さくなっていきます。あらかじめ「ここまでやればよし」というラインを定めておくことができれば、考えうる改善策のうちゴールの達成に効果的なものに絞って対応することができるようになります。

実ワークロードと実データに可能な限り近い条件で測定を行う

性能測定を実施する際は、**可能な限り実際のワークロードに基づいて測定**することを強くお勧めします。たとえば、単位時間あたりに処理できるリクエスト件数を測定したいとします。本来は読み込みリクエストと書き込みリクエストが5:5の割合であるにもかかわらず、性能試験では読み込みと書き込みを9:1で実施してしまうようなケースを避けるべき、という意味合いです。一般に読み込みリクエストにはキャッシュが有効に機能するため、書き込みリクエストよりもシステムの要素に対する負荷が軽く、正しい結果とは言えません。また、ユーザーからのリクエストと同時にデータベースで集計処理が実行されるようなシステムでは、こういった状況でどういった性能が発揮されるかをきちんと測定しておく必要があります。対象となるシステムが不特定多数のクライアントからのアクセスを受け付けるものであれば、さまざまなAWSリージョンに分散して負荷生成用のサーバーを配置し、さまざまな場所からアクセスを生成するようにしておくことも有効です。

また、**データ量やデータの性質**についても考慮が必要です。システムの処理内容次第ではありますが、すでに蓄積されたデータ量が処理時間に大きな影響を及ぼしているケースは頻繁に目にします。問題はデータ量が処理時間に及ぼす影響の度合いです（**図8-3-1**）。

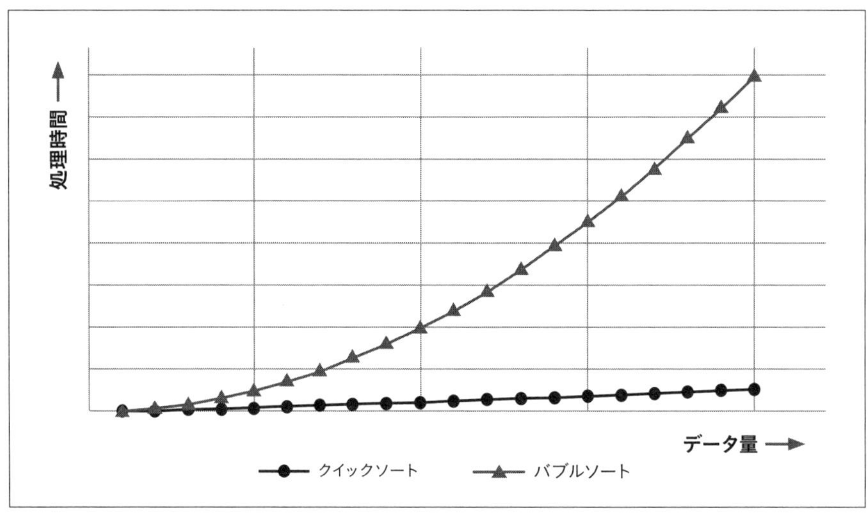

図8-3-1　データ量と処理時間の推移

この図は、よく知られているソートアルゴリズムである、クイックソートとバブルソートの処理時間を比較したものです。具体的な値にはあまり意味がありませんので、グラフの形を見るようにしてください。データ量が少ないうちはクイックソートでもバブルソートでも大きな差はありませんが、データ量が大きくなるにつれてその差は開いていくことがわかります。これはあくまでも理論的な比較ですが、実際のシステムの性能測定においてもこの考え方は重要です。性能測定を行う際に用意するテストデータの量が少ないと、図中のバブルソートのようにデータ量の増大が処理時間に大きく影響するようなケースを見落としてしまう可能性[*13]があります。

データ量についての配慮と同じくらい重要なのが、**データの性質**についての配慮です。テストデータを作成するときに、本来はランダムな値が設定されるべきところに、テストだからと言って固定の値を設定したりしたことはないでしょうか。リレーショナルデータベースを例にとって説明すると、本来はランダムな値であるべきフィールドに固定値や限られた種類の値だけが入っていると、インデックスを張った際の効き方が変わってきます。一般にはランダムな値が入っているフィールドにインデックスを張ると効果的ですが、固定値や限られた種類の値だけが入っていると効果が低かったり逆効果だったりします。このように、精度の高い性能測定を行うためには、テストデータの性質にも配慮が必要です。

＊13　よくあるケースとして、リレーショナルデータベースに効率的なアクセスを可能にするインデックスが付与されていない場合があります。適切なインデックスが付与されていない場合、図中のバブルソートのグラフのように、処理時間に対してデータ量が大きな影響を与えます。これに対して適切なインデックスが付与されていると、クイックソートのグラフのようにデータ量の増大が与える影響を抑えることができ、満たすべき性能目標を達成しやすくなります。

ボトルネックの特定と対策

性能測定を実施する際は、システムを構成する各種コンポーネントでモニタリングを行っておく必要があります。これによって、システム負荷が発生した際のリソース消費量や各コンポーネントの振る舞いを把握したり、期待した性能が発揮されない場合にどういった対処が必要かを判断する手がかりを掴むことが可能です。モニタリングを行うポイントとして典型的なものをいくつか挙げてみます。

- アプリケーションそのものによるモニタリング … アプリケーションが持つ性能統計情報取得を有効化する
- アプリケーションが依存するミドルウェアでのモニタリング … たとえばデータベースマネジメントシステムが持つ性能統計情報機能を有効化し、詳細なデータが取得できるようにしておく
- OS でのモニタリング … Windows であればパフォーマンス・モニターや、Linux であればsar コマンドなどを利用して情報を取得できる。OS でのモニタリングについては、パフォーマンス監視ソリューションを採用していればこのデータを使用することも可能
- ハードウェアや外部からのモニタリング … 動作しているシステムの OS に手を触れることが難しい場合は、Amazon CloudWatch や vSphere など、外部からのモニタリングツールを活用する

性能測定を実施した結果が望ましくないものであった場合、原因を特定することが必要になります。重要なポイントは、メカニズムをきちんと特定することです。性能測定の結果が思わしくない場合、大抵は特定のサーバーでリソース利用率が高い状態が発生しています。それを受けた対策として、そのリソースを追加する、すなわちEC2であればより大きなインスタンスタイプに変更するという選択が取られることもありますが、少なくとも性能測定の過程では＊14、一度立ち止まって原因を分析することが必要です。前述のとおり、クラウドではリソースの追加は基本的に容易です。原因分析をする人的コストより、リソース追加のコストが安価なようであれば、それも合理的な選択肢の1つでしょう。しかしながら、その問題がリソースを追加することで本当に解決するのかどうかは、そのメカニズムによって変わってくるのです。たとえば、CPU使用率が高い状態になっているときに、その原因が、メモリ不足が原因でスワップが多発し、I/Oへの負荷がかかっていることであれば、CPUリソースだけを追加しても効果はないでしょう。この場合、取るべき対策はメモリの追加です。これはあくまでもシンプルな例ですが、「なぜそうなるのか」を繰り返して突き詰めていくことが問題解決の近道になります。メカニズムを把握していくためには、仮説を立ててモニタリングによって得られたデータに基づいて検証することが必要なのです。

＊14　不幸にして運用開始後に問題が起きた場合は、事象の解消を優先するために原因分析の前にリソース追加を行うことはあります。

#08-04 まとめ

この章では、クラウドにおけるサイジングと性能測定の進め方を見てきました。サイジングと性能測定の両方が、システムの使い勝手に影響する重要なプロセスですが、AWSにおいてはサイジングよりも**性能測定の方が、重要度が高い**と考えてよいでしょう。なぜなら、オンプレミスの時代では難しかったリソースの追加が、AWSでは非常に容易に実現できるからです。言い換ると、将来を予見する難しさをはらんだサイジングに時間を費やすよりも、より精度の高い性能測定を実施することが、プロジェクトの成否に直結する可能性が高いという言い方もできます。

性能測定を行うコツは、**可能な限り実ワークロードと同じ条件で測定を実施する**ことです。サーバー群が備えるリソースはもちろんですが、負荷パターンやシステムに蓄積されたデータも可能な限り実運用を想定したものを使用することがより良い性能測定につながります。多くの場合、性能測定でデータを取ったらそれで終わりと言うことにはなりません。データに基づいて性能を決めているボトルネックを特定し、それに対して適切な対策を講じることでボトルネックを解消することが必要になります。この場合、なぜボトルネックが存在しているのか、そのメカニズムはどういったものかを特定し、それに対して有効なアプローチを講じることが求められます。単純にリソース量が不足しているのか、ソフトウェアの処理が非効率なものになっているのか、その他の要因があるのか。ボトルネックによって採るべき対策は異なりますので、どこがボトルネックなのか、それはなぜか、を突き詰めた上で対策を練ることが望ましいでしょう。

PART 2

[基 本 編]

AWSを効果的に
活用するポイント

#09

Well-Architectedを活用した継続的な改善

#09-01 継続的な改善の必要性

今日のシステムでは、システムのリリース後の継続的な改善が必須です。求められる要求のすべてが開発初期の設計時からわかっていることは少なく、徐々に明らかになっていく要求へ対応する必要があります。
システム仕様が長期に渡って変化しないような基幹系システムであっても、キャパシティーモニタリングは必要ですし、明らかになるセキュリティへの対処や利用ソフトウェアやサービスの利用条件の変化に対応する必要はあります。

クラウドにおける開発プロセス (Chapter 5参照)、システム設計 (Chapter 6参照)、サイジングと性能測定 (Chapter 8参照) およびAWS利用におけるセキュリティ標準の策定 (Chapter 14参照) でも扱っていますが、AWSからも参考となるフレームワークを提供しています。
それがAWS Well-Architectedフレームワークです。

#09-02 AWS Well-Architected Frameworkとは?

AWS Well-Architectedフレームワークは、**AWSが提供するシステム設計、構築、運用における大局的な考え方とベストプラクティス集**です。

AWSのソリューションアーキテクト (SA) は、10年以上に渡り、さまざまな業種業態の数多くのユーザーのシステム設計および検証を支援して来ました。このSAとユーザーの数多くの経験から得られた知識の集大成として、2015年のAWS re:Inventの基調講演でWell-Architectedフレームワークを発表しました。この公開初版の以降も、IT業界における技術トレンドの変化、AWSの進化はもちろんのこと、SAがユーザーへの支援を通じて学ぶこともつきないため、毎年Well-Architected Frameworkの内容が常に改良され続けている点も非常に特徴的です。
たとえば、2021年のAWS re:Inventでは、**持続可能性**が6本目の柱として追加されました。

Well-Architected Frameworkから得られるもの

企業ユーザーから「オンプレミスでの経験は豊富だが、クラウド活用のノウハウがない」「すでにAWSを利用しているが、クラウドを最適に活用できているかわからない」という課題を聞くことがよくあります。Well-Architected Frameworkはそのような課題に対して、安全で高いパフォーマンス、障害耐性を備え、効率的なインフラストラクチャを構築するためのベストプラクティスを提供します。たとえば、10年以上前にAWS活用を開始した企業ユーザーがすでに経験した、豊富なオンプレミスでの経験があるからこそ陥りやすいポイントや、5年前にAWS活用を開始したユーザーが、SAとの数多くの試行の上たどり着いた、クラウド活用の考え方などをすぐに入手することができます。

Well-Architected Frameworkの構成要素

IT業界におけるフレームワークとしては、Apache StrutsやRuby on Railsのようなアプリケーションフレームワークや、SWOT分析のようなビジネスフレームワークがありますが、AWS Well-Architected Frameworkは先人の知恵が体系化されたフレームワークですので、プロジェクトマネジメントの**PMBOKに近い位置付け**になります。

主なフレームワークの構成要素としては、ベストプラクティスが記載されたドキュメントである「Well-Architected Framework ホワイトペーパー」、ベストプラクティスと既存システムの設計や運用とのギャップをチェックするためのセルフチェックツール「Well-Architected Tool」、そしてWell-Architectedなシステム設計・構築・運用を支援するAWSのSA、もしくはWell-Architected認定パートナーで構成されます。

Well-Architected Frameworkホワイトペーパー

ホワイトペーパーの最新版はWebコンテンツとして公開されています（https://docs.aws.amazon.com/wellarchitected/latest/framework/welcome.html）。他にも、PDF、Kindle形式で提供されています。

ホワイトペーパーでは、まずクラウドにおける設計原則を紹介しています。続いて**「6つの柱」**と呼んでいる（オペレーショナルエクセレンス、セキュリティ、信頼性、パフォーマンス効率、コスト最適化、持続可能性）について、それぞれの設計原則とベストプラクティスを知ることができます。また、巻末にこのフレームワークを利用し、ベストプラクティスとユーザーのシステムのキャップを知るためのWell-Architectedレビューに活用できる質問が掲載されています。6つの柱は以下の通りです。

1. **オペレーショナルエクセレンスの柱**は、システムの実行とモニタリング、およびプロセスと手順の継続的な改善に焦点を当てています。主なトピックとしては、変更の自動化、イベントへの対応、日常業務を管理するための標準化などが含まれます。
2. **セキュリティの柱**では、情報とシステムの保護に焦点を当てています。主なトピックには、データの機密性と整合性、ユーザー許可の管理、セキュリティイベントを検出するための制御が含まれます。
3. **信頼性の柱**は、期待通りの機能を実行するワークロードと、要求に応えられなかった場合に迅速に回復する方法に焦点を当てています。主なトピックには、分散システムの設計、復旧計画、および変化する要件への処理方法が含まれます。

4. **パフォーマンス効率の柱**は、ITおよびコンピューティングリソースの構造化および合理化された割り当てに重点を置いています。主なトピックには、ワークロードの要件に応じて最適化されたリソースタイプやサイズの選択、パフォーマンスのモニタリング、ビジネスニーズの増大に応じて効率を維持することが含まれます。
5. **コスト最適化の柱**は、不要なコストの回避に重点を置いています。主なトピックには、時間の経過による支出の把握と資金配分の制御、適切なリソースの種類と量の選択、および過剰な支出をせずにビジネスのニーズを満たすためのスケーリングが含まれます。
6. **持続可能性の柱**は、実行中のクラウドワークロードによる環境への影響を最小限に抑えることに重点を置いています。主なトピックには、持続可能性の責任共有モデル、影響についての把握、および必要なリソースを最小化してダウンストリームの影響を減らすための使用率の最大化が含まれます。

いずれも設計、構築、運用の原則であり、アーキテクチャーや実装の詳細は扱っていません。たとえば、設計段階で複数の案があるときに、ベストプラクティスを指針として、どちらの案を採用するかという判断に用いることができます。
実際にAWSでの開発や運用を行うエンジニアはもちろんのこと、クラウド推進組織(Cloud Center of Excellence / CCoE。Chapter 12参照)や、SIerへAWSを活用したシステム発注をするユーザー企業のシステム担当者も知っておくべき内容となります。

詳細はホワイトペーパー本編にてご確認いただけますが、ここでは、ホワイトペーパーにはどのような内容が記載されているかイメージしていただくために、「クラウドにおける一般設計原則」と、「ベストプラクティスの質問例」を抜粋してご紹介します。

クラウドにおける一般設計原則

従来のオンプレミスでのシステム構築では、ハードウェアにおける制約が多数存在していました。クラウドでは従来の環境で課されていた制約が存在せず、新しい価値観を提供しています。Well-Architected Frameworkでは以下を設計原則として提案します。これはオンプレミスでの経験が豊富な方にとっては、対照的に感じることがあるかもしれません。

- 必要なキャパシティーを勘に頼らない
- 本番規模でシステムをテストする
- アーキテクチャー試行を容易にするために自動化を取り入れる
- 発展的なアーキテクチャーを受け入れる
- データ計測に基づいてアーキテクチャーを決定する
- 本番で想定されるトラブルをあらかじめテストし、対策する

必要なキャパシティーを勘に頼らない

従来の環境では、システム運用開始後にキャパシティーを変化させることは非常に困難

で、事前のキャパシティープランニングは非常に重要でした。今までは「5年後のユーザー増を想定して」「突発的なピークに備えて」「念のため」などさまざまな理由で、需要以上のキャパシティーを用意することも多かったと思います。一方で、実際の需要はプランニング通りに推移せず、キャパシティー不足がサービスのパフォーマンスに影響を与えることもありました。クラウドコンピューティングでは、このような問題は発生しません。必要なだけ使用することができ、必要に応じてキャパシティーを自動的にスケールアップおよびスケールダウンできます。

本番規模でシステムをテストする

従来の環境では、本番規模のシステムテスト環境を用意することは難しく、小規模のテスト環境でテストを行うことが多くありました。多くのユーザーが、小規模のテスト環境では発生しなかったが、本番環境での運用後にはじめて顕在化するシステム障害を経験したことがあるかと思います。クラウドでは、本番規模（またはサービス開始時の本番環境よりも大規模）のテスト環境を迅速かつ安価に準備できます。もちろんシステム稼働中に、本番環境と同規模のテスト環境を準備し、テストすることも容易です。

アーキテクチャー試行を容易にするために自動化を取り入れる

従来の環境では、設計段階で複数のアーキテクチャーを試行し、計測結果によって判断することはできませんでした。ハードウェア制限のないクラウドでは試行と計測により、最適なアーキテクチャーを決定することができます。この試行を容易にし、試行の回数を増やすためにも自動化を取り入れることが重要です。自動化により、システムの構築と複製を低コストで行うことができ、手作業によるコストやミスも回避することができます。自動化によって実行された変更を追跡し、その影響を見直すことで、必要に応じて以前のパラメータに戻すことも容易です。

発展的なアーキテクチャーを受け入れる

従来の環境では、アーキテクチャーは設計段階で決定され、システムが廃止されるまで変更されることはありませんでした。一方で、システム利用の状況は常に変化するため、設計時の想定との乖離が発生することも多くありました。クラウドでは、自動化が可能で、オンデマンドなテスト環境を準備することも容易であり、設計変更のリスクを低減することができます。これにより、システムを継続的に短い間隔で進化させることができ、システムは実利用に即したものとなります。

データ計測に基づいてアーキテクチャーを決定する

クラウドでは、アーキテクチャーの選択がシステムの動作にどのように影響を与えるかを示すデータを収集することができます。これにより、システムを改善する方法を推測ではなく、事実に基づいて決定することができます。クラウドのインフラストラクチャはコード化できるので、収集したデータを使ってアーキテクチャーの選択や改善を継続的に実施することができます。

本番で想定されるトラブルをあらかじめテストし、対策する

クラウドでは、定期的に本番環境もしくは本番規模でのテスト環境でのシステムテストを実施することができます。これにより、発生しうるシステム障害や対策可能な箇所を把握したり、さまざまな想定外のイベントに備えて準備をすることができます。

柱ごとのベストプラクティス / ベストプラクティスの質問

ホワイトペーパーには、前述のクラウドでの設計一般原則に続いて、それぞれの柱ごとの設計原則とベストプラクティスが記載されています。システム設計、構築、運用それぞれに関して、ユーザー自身がビジネス的な判断やトレードオフを実施する際の判断材料として、ベストプラクティスを知っておくことは非常に重要です。

AWSでは「複数のアベイラビリティーゾーン(AZ)を利用して、データセンターレベルの可用性を向上させる」ことをベストプラクティスとしてご案内していますが、実際には、単一AZシステム利用の構成を数多く拝見する機会があります。その際に「なぜ複数AZではなく、単一AZ利用なのですか？」と質問させていただくと、ユーザーからは「なんとなく」「そもそも複数AZを利用する発想がなかった」「複数AZ利用はレイテンシーが低下すると聞いた」など明確な理由がなく単一AZで運用していると答える方が多くいらっしゃいます。Well-Architected Frameworkでは、ベストプラクティスを網羅的に紹介し、理解いただくことを目的にしています。複数AZ利用いただくのがベストプラクティスに則った方法ですが、一方でベストプラクティスをご理解いただいた上で、ユーザーのビジネス的な判断で明確な理由があって単一AZで運用するという状態も健全な状態であると言えます。

ベストプラクティスと既存システム設計のギャップを顕在化させるため、AWSが考えるベストプラクティス(理想)と、現在設計中またはすでに運用中のユーザーのシステム(ギャップ)との差分を把握するための質問と回答が数多く用意されています。たとえば下記のようなイメージです。

セキュリティの質問2：AWSサービスへの人為的なアクセスをどのように制御していますか？

- 人為的なアクセス要件を適切に定義している(不要な特権アクセスのリスクを軽減)
- 最小限の権限を付与している
- 各個人に固有の認証情報を割り当てている
- ユーザーのライフサイクルに基づいて認証情報を管理している(退職者の情報削除など)
- 認証情報管理を自動化している
- ロールまたはフェデレーションを介してアクセスしている

ここでの「AWSサービスへの人為的なアクセス」は、Management Console (GUI) や

Command Line Interface (CLI) 経由で、AWSのリソースを操作することを示しており、具体的にはIAMユーザーの管理や運用に関しての内容です。

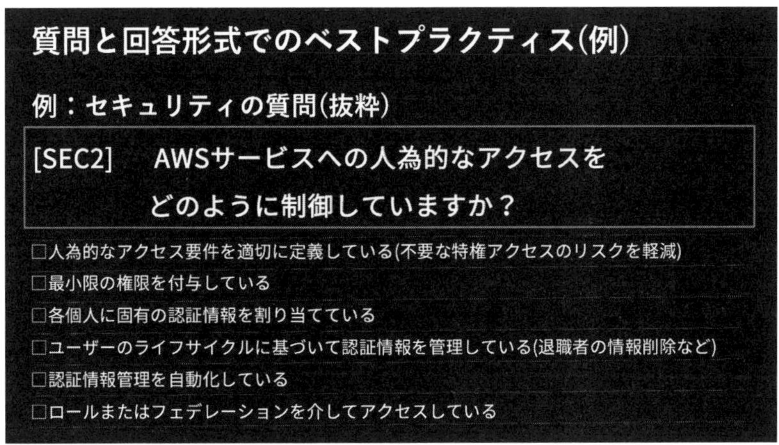

図9-2-1　セキュリティの質問例

すべてが実施されている（ベストプラクティスに則っている）のが理想ですが、まずはあるべき姿であるベストプラクティスを知り、**ギャップを把握する**ことが重要です。またビジネス的な判断をするために、ギャップによって生じるリスクを知ること、すなわち潜在的なリスクや改善点を顕在化させることもが必要です。

ここでは上記の例で「各個人に固有の認証情報を割り当てている」が満たされていない場合を考えてみます。たとえばグループ共有の認証情報（IAMユーザー）を割り当ててしまうとどのようにリスクがあるでしょうか？ AWSでは、セキュリティインシデント発生時には、AWS CloudTrailにより「誰が」「いつ」「どのような操作をしたか」のログを確認することが可能です。一方で、個人に紐付かない情報システム部共有IAMユーザーなどで運用が行われていた場合は、「実際に誰が操作したのか」という非常に重要な情報が取得できないというリスクがあることとなります。

#09-03　Well-Architectedレビュー

すべてのベストプラクティス質問に対し、網羅的に自社システムの設計や運用の現状を棚卸しして回答し、ギャップを把握し、リスクや改善点を顕在化させる作業を「**Well-Architectedレビュー**」と呼んでいます。ここでは企業ユーザーの皆さんにも馴染みのある「定期健康診断」に例えて、ご説明していきます。

1. レビューの前準備：現状の把握（健康診断受診）

Well-Architectedレビューの前準備にあたる作業で、ユーザーが自身で実施する作業です。AWSマネジメントコンソールを開き、AWS Well-Architected Tool（https://console.aws.amazon.com/wellarchitected）を使うのがお勧めです。

ベストプラクティスの質問に対して、現状（設計中でもすでに運用中でも構いません）のシステム状況を棚卸しして、質問に回答していきます。質問の内容はインフラ、セキュリティ、運用など多岐に渡っているので、自社内だけでなく、関連SIerなど含めた現状確認に時間がかかる可能性もあります。ベストプラクティスの中には、一見、AWSの範疇に収まらないような質問も含まれています。たとえば「何を持ってシステムの成功とするかを、ビジネス側のチームと合意して、計測できるようにメトリクスを定めている」の様な質問が該当します。これは（日本だけではなく）世界中のSAが、ユーザーのシステムの支援をする中で、気づいたリスクです。この項目ができてない故に、システム担当者の方が困っているシーンを数多く見てきたので、あえてAWSの範疇に収まらないような質問も含んでいます。これはWell-Architected Frameworkの最終的な目的が「ユーザーのビジネス成功」であるためです。

この現状把握フェーズですが、定期健康診断では事前の問診票回答や検診実施日の採血などに該当するとお考えください。

2. レビューの実施：ギャップの把握（健康診断結果受領）

ユーザーとAWSのソリューションアーキテクト（SA）またはWell-Architected認定パートナーで、対面でのWell-Architectedレビューを実施します。
レビューの前準備で使用した、AWS Well-Architected Toolをここでも利用します。

すべてのベストプラクティス質問に対して、必要に応じて質問の意図の確認、ベストプラクティスに則らない際のリスクの把握、具体的な改善案などをSAや認定パートナーとディスカッションします。場合によっては、そのベストプラクティスを適用できない、その適用の必要がないと判断することもあります。
AWS Well-Architected Toolではそうしたベストプラクティスに該当しないというマークを付け、そのベストプラクティスが適用されない理由を記録することができます。

全項目レビューするためには通常2~3時間かかりますが、網羅的に確認できるのでレビューを経験したユーザーからは、効率的だったというお声をいただいています。

レビューの進め方

ここでWell-Architectedレビューをより効率的に進めるためのポイントをご紹介します。Well-Architectedホワイトペーパーでも数ページ使って、レビュー実施方法を解説しています。ホワイトペーパーより抜粋してご紹介します。

- レビューは話し合いであり監査ではありません。「誰も責めない」アプローチで実施する必要があります。：レビューは、ベストプラクティスを知り、ギャップを把握するためのイベントです。前向きな改善のために実施します。
- レビューはシステムの設計初期、構築中、サービスイン前など複数回実施することをお勧めします。：サービスイン直前に修正すべきリスクが発見されることもままあります。大きな手戻りを避けるために、少なくとも設計の初期段階におけるレビューを実施します。
- すべてのベストプラクティスの質問に回答するために、必要なメンバー（ビジネスオーナー・インフラ・アプリ・運用・セキュリティなど各チームメンバー）を揃えてください：何を実装しているのかチームが完全に理解したのは、レビュー時が初めてだったということがよくあります。また質問に答えられないこと自体が大きなリスクとなる可能性があります。IAMの管理や、リザーブドインスタンスの管理などを誰もしていなかったということが発覚することがよくあります。またCCoE担当者や他システムの担当者もレビューに参加することで、得られたノウハウを社内に効率的に横展開できるようになります。
- 一度だけではなく、本番運用の開始後も定期的に繰り返しレビューを実施してください。：システムのアーキテクチャーは必要に応じて、継続的に変化させていくのがベストプラクティスです。運用開始後も継続的にレビューを実施することで、さまざまな改善可能なポイントが見つかります。また定期的なレビューにより、セキュリティレベルの向上、運用工数の低減、コスト最適化が進むことはよくあります。

定期健康診断の例えでは、対面でのレビュー実施は定期健康診断結果を受領して、担当医師からの改善アドバイスを聞いていることに該当します。

3. レビュー結果：ビジネス的な判断の実施（健康診断結果を受けての判断）

Well-Architectedレビューの実施により、リスクや改善点が把握できました。またSAや認定パートナーとのディスカッションで改善方法もイメージできました。
AWS Well-Architected Toolで、Improvement plan（改善計画）としていつでも確認できます。
ここで、実際に改修や改善を実施するかについて、優先度付や対応要をビジネス観点も含めて判断し、優先度の高いものから着手してください。

もちろんユーザーのビジネス判断で「スケジュールを重視するため改善しない」「コスト見合いで改修しない」という結論に至ることはよくあります。ここで大事なのは「漠然と実装した」ではなく、「ベストプラクティスは理解し、ギャップも把握しているが、ビジネス的な判断でベストプラクティスに則らないこととした」という、十分な判断材料に基づいた判断です。AWSもユーザーの「リスクや改善点があるのを知らなかった」を防ぎたいと考えています。

定期健康診断の例えでは、定期健康診断結果を受けて、実際に体質改善の計画を立て、実施することに該当します。Well-Architectedレビューと定期健康診断それぞれにおいて、SA、認定パートナーとそれに該当する担当医の役割は「リスクや改善点を顕在化させ、改善のアドバイスを行う」ところまでです。実際に改善を実施するのは、ユーザー自身であるところは共通しています。

ビジネスオーナーの関与について

Well-Architected Toolに含まれる設問は、組織によっては技術を担当している方では判断がつかないような、組織内で動作させているサービスが相互に関係するような、幅広い（あるいは曖昧な）質問も含まれます。
たとえば、「SEC 10. インシデントの予測、対応、復旧はどのように行いますか?」という質問では、質問への回答の選択肢の1つに「インシデント管理計画を作成する」というものがあります。
一般的に、インシデント管理には、内部および外部に伝達およびエスカレーションする方法を含めなければなりません。
個々のワークロードに関与する技術担当者（特に運用担当者）レベルでは、組織に支障をきたすことを最小限に抑えるために、セキュリティインシデントのタイムリーで効果的な調査、対応、復旧への備えは最優先で行うべきとするでしょう。
しかし、実際のところは複数ある運用対象に限りあるリソースを投じているなかで、対象にしているワークロードの位置付けがはっきりしないことがあります。そんなとき、ビジネスオーナーの判断が必要になる場合があります。
このように、Well-Architectedレビューは、エスカレーション先にビジネスオーナーを含めるのか、含めなくてもいいのかを決めておく機会でもあります。

4. 継続的なレビュー（“定期”健康診断）

Well-Architectedレビューは一度きりではなく、**継続的に実施**することをお勧めしています。

ご存知のようにIT業界のトレンドは毎年変化します。またAWSも日々変化するユーザーのご要望に答えるために、毎年数多くの新しいサービスや、新しいタイプのインスタンスや、新しい価格オプションを発表し、拡充しています。それにあわせてWell-Architected Frameworkも毎年更新が行われています。

Well-Architectedレビューをすでに一度実施したシステムに対しても、運用開始後も定期的（たとえば年に1回など）にレビューを実施することで、よりWell-Architectedなシステムとしていくことができます。得られるメリットの例としては、マネージドセキュリティサービスの活用による「運用負荷の低減」と「セキュリティレベル向上」を同時に実現することや、より安価な新インスタンスタイプ選択や購入オプションの活用によるコスト効率化などです。定期的なレビューで稼働中システムの改善を進めているユーザーもたくさんいらっしゃいます。

また実際にレビュー対象の既存システム環境への改善が積極的にできない場合も、レビューでの気付きや得られたノウハウは非常に重要な資産として蓄積され、他システムや次期開発ではよりベストプラクティスを意識した設計や運用が可能となります。

#09-04 まとめ

この章では、Well-Architected Frameworkの概要と、レビューの価値と進め方について、ご説明しました。

クラウド最適化ノウハウの集大成

Well-Architected FrameworkはユーザーとAWSのSAが10年以上の経験、数多くのユーザーと作り上げたクラウド設計・運用のベストプラクティス集です。先駆者たちが試行錯誤の末、苦労して見つけたノウハウを手に入れることができます。

定期的なレビュー実施によるギャップの把握とビジネス判断による改善

すべてがベストプラクティスに則っている必要はありません。ベストプラクティスを知り、レビューを実施することで、ベストプラクティスとユーザーのシステムの現状とのギャップ（リスクや改善点）を把握することができます。この情報は、ユーザーがビジネス判断やトレードオフをする際の判断材料として非常に有用です。また継続的なレビュー実施により、システムはよりWell-Architectedになり、セキュリティや信頼性、コスト効率などが向上します。またユーザーの社内にクラウド活用ノウハウも蓄積されます。

ぜひAWSのSAやWell-Architected認定パートナーにWell-Architectedレビューの実施をご依頼ください。

PART 2

[基 本 編]

AWSを効果的に
活用するポイント

#10 AWS上でのシステム構築と既存システムの移行

#10-01 AWSへの移行の実際

AWSへシステムを移行しようとする組織において、さまざまな状況があります。本章においては、新規でシステムを構築する場合と既存のシステムをAWSに移行する場合の違いを理解し、AWSに移行する方法の概要について解説したいと思います。移行のプロセスの詳細については、Chapter 15「移行計画策定と標準化の進め方」以降で解説したいと思います。

#10-02 新規でシステムを構築する場合は?

AWSは200以上のサービスがあり、これらを組み合わせることで、ビジネス効果を実現するシステムを構築することができます。既存のシステムで利用した仮想サーバーなどをシンプルにAWSに移行可能なAmazon EC2や、ストレージサービスであるAmazon S3、マネージドのデータベースを提供するAmazon RDSなどがあります。また、サーバーレスやコンテナ技術を活用できるサービスがあります。さまざまなサービスがあり、どれも簡単に利用することができます。

まず、AWSに触れていただくことで、システムの原型を早い段階でイメージすることができます。そして、AWSを活用することで、システムの構築スピードが高まります。世の中の変化は早く、そして、顧客のニーズの変化に対応するサービスを早く世の中に出す必要があると思いますが、AWSを活用することで、この課題に対応することができます。従量課金のAWSは実験も容易であり、顧客フィードバックをもらいながら、システムで実現する機能を精査していくことができます。

#10-03 既存システムから移行をするには?(マイグレーション)

AWSへの大規模なシステムの移行のプロセスは、**評価フェーズ**、**移行計画立案フェーズ**、**移行フェーズ(マイグレーション&モダナイゼーション)**の3フェーズの移行プロセスで構成されます。数千に及ぶアプリケーションを移行する取り組みにおいて組織を支援するために設計されています。これらは移行における標準的なプロセスですがこれらは個別のフェーズではなく、反復的なプロセスです。プロセスを反復してより多くのアプリケーションを移行するにつれて、プロセスと手順における再現性と予測可能性を推進することができ、移行プロセスが迅速化するのがわかるでしょう。AWS移行ツールのポートフォリオは網羅的で、多くの実績のあるサードパーティーの移行ツールを使うこともできます。AWS Migration Hubによって、オートメーションとAWS の機械学習に基づいたインテリジェントな推奨事項を提供し、3フェーズの移行プロセスにおける各ステップを簡単化かつ迅速化します。

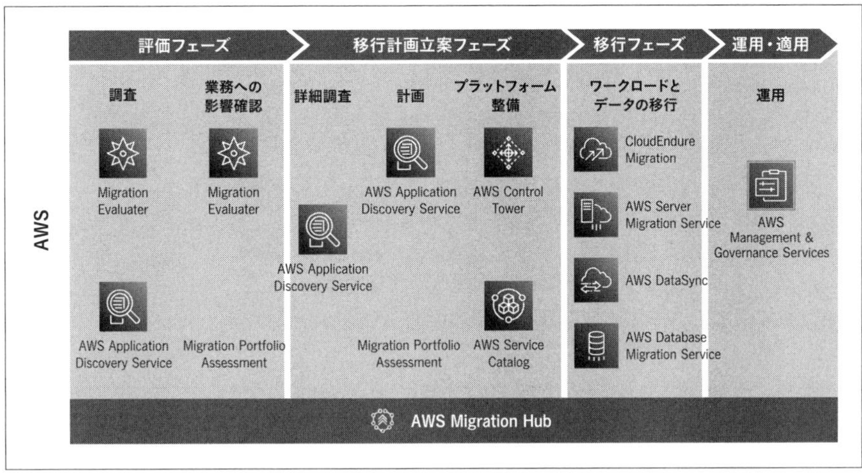

図10-3-1　AWSの移行サービス

クラウドへのマイグレーションにおける3ステップ

AWSでは、**Migration Acceleration Program (MAP)** という、大規模なAWSへのマイグレーションを支援するプログラムを提供しています。3フェーズの移行プロセスにおいて、包括的で実績のあるクラウド移行プログラムであり、何千ものエンタープライズ顧客をクラウドに移行したAWSの経験に基づいています。エンタープライズの移行は複雑で時間がかかるものですが、MAPは成果重視の方法論で、クラウド移行とモダナイゼーションジャーニーを加速させることができます。

マイグレーションやモダナイゼーションでは、下記のように進めていくことが重要です。

1. 評価フェーズ

- クラウド利用の経済的合理性評価
- 利用における準備状況のアセスメント

2. 移行計画立案フェーズ

- ユーザーの社内のAWSコア人材育成のためのトレーニング（Solution Architect Associateレベルを目指すトレーニング）
- パイロットプロジェクトを進めながら移行手法、組織変革、カルチャーチェンジを進める。AWSが提供する、体験型ワークショップ（Experienced Based Acceleration = EBA）や、プロフェッショナルサービスを活用する場合もある
- 必要に応じて、AWSのソリューションアーキテクトによる移行アーキテクチャー、移行方式のレビュー支援を受ける
- 大規模な移行においては、Customer Solutions Manager（CSM）のサポートを受け、プロジェクトの円滑な進行のサポートを受ける

3. 移行フェーズ（マイグレーション＆モダナイゼーション）

- MAP2.0により利用料の一定割合がクレジットで引き続き還元される。これによってユーザーはデジタルトランスフォーメーションに向けた大規模なマイグレーションにおいて、長期に渡るプロジェクトを速やかに立ち上げ、軌道に乗せることが可能
- アプリケーションモダナイゼーションにおいて、プロトタイピングをAWSが支援し、遠回りすることなくビジネス上の成果にたどり着くことが可能

#10-04 まとめ

本章では、移行の概要について解説しました。次の章からは、具体的なAWSへのシステム構築や移行のベストプラクティスをさまざまなシーンやフェーズに分けて解説していきます。対象となるシステムを想定していただき、どのようにシステムが構築できるか、また、システムが移行できるかを想像しながら、読み進めていただくと、組織内でのAWS活用の実際をイメージできると思います。

#11

ビジネス目標に基づく
クラウド活用戦略策定

#11-01 クラウド利用の戦略作りで考えなければいけないこと

クラウド利用を推進するにあたって企業で考えなければいけないことは多数あります。技術的なクラウドサービス利用の検討やコスト削減試算だけでなく、現状抱えるITの課題をクラウドでどう解決するか、従来のITのあり方をいかに変化させて効率を上げるか、クラウドを使っていかにビジネスを加速させるか、そのために必要なことは何かを整理する必要があります。AWSでは、Stages of Adoption (SofA) で企業のクラウド利用の流れを4つのステージに定義し、Cloud Adoption Framework (CAF) という枠組みで考えなければいけないことを整理しています。これにより、それぞれの企業の置かれたステージで、ビジネス目標と整合をとって網羅的に組織全体の戦略と計画を組み立てていくことが可能です。

#11-02 クラウド導入の段階 (Stage of Adoption / SofA)

企業のクラウド導入の段階を4つのステージで定義しています (**図11-2-1**)。
ここでのSofAの定義は、AWS Cloud Enterprise Strategy Blogで発表された当初のもの (2016年) を使用しています。その後、各発表資料で使われている用語は少し変わったりしていますが、基本的な考え方は同じものです。

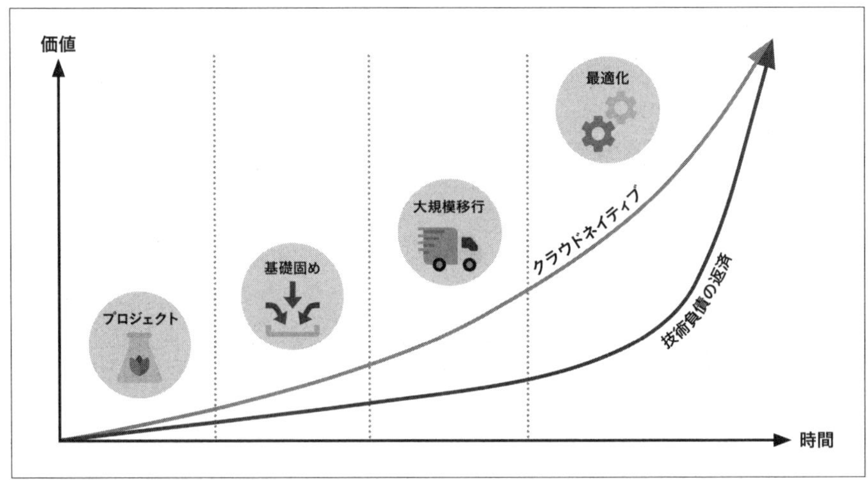

図11-2-1 Stage of Adoption / SofA

プロジェクト (Project)

企業でのクラウド利用の最初は、まず**何かのプロジェクトでクラウドを使ってみる**ところから始まるのが一般的です。クラウドに関心の高い人やチームが担当するプロジェクトであったり、ITを企画するなかでクラウド利用のパイロットに位置付けられたプロジェクトから、クラウド利用が始まります。この段階では、全社のなかで1つないしは数個のプロジェクトでクラウドが利用され始めた状態です。

基礎固め (Foundation)

最初のプロジェクトでのクラウド利用がうまくいけば、その次にクラウド利用を考えるプロジェクトで最初のプロジェクトのノウハウを活用することが効果的ですし、同じ検討を避けるためにも、また複数のプロジェクトで内容も品質もばらばらの設計にならないようにも、全社的に共通で横展開できるような**標準的なクラウド利用方法**の整理を始めることが重要です。この段階では、今後の複数プロジェクトでのクラウド利用に備えて、クラウドを利用するためのルール作り、クラウド利用の共通環境の設計と開発、クラウドの情報セキュリティのルールや機能開発などを進めます。場合によっては、最初のプロジェクトのステージと同時並行的に基礎固めを進めることもあります。

大規模移行 (Migration)

クラウドを利用するための基盤が整備された後は、その基盤を使って**順次各システムでのクラウド利用**が進んでいきます。その間もクラウド利用の基盤はどんどん機能拡充され、各システムが共通に使うような機能が追加されて、効率的な移行や利用が可能になっていきます。たとえば、最初は存在しなかったインターネット接続基盤や、共通運用基盤、データ分析活用基盤などが機能追加されていきます。

最適化 (Reinvention)

各システムでのクラウド利用のフィードバックは集めるべきで、それを基盤に反映してクラウド利用をどんどん最適化していきます。運用は自動化され効率化されていき、アプリケーションはクラウドのマネージドサービスを利用することで運用負荷を軽減していきます。クラウドネイティブと呼ばれるクラウドに最適化されたアプリケーションが増えていくステージでもあります。

#11-03 クラウド導入フレームワーク (Cloud Adoption Framework / CAF)

AWSクラウド導入フレームワーク (AWS CAF) は、クラウドを革新的に活用し、企業のデジタルトランスフォーメーションやビジネス成果を実現するための理論です。AWSの経験とベストプラクティスをもとに作られており、AWS CAFを適用することで、自社における変革すべき箇所を見つけ出し、変革に向けたロードマップを作成することができます。

そのAWSクラウド導入フレームワークが、2021年11月にバージョン3 (CAFv3) としてリニューアルされました。2014年にリリースされたAWS CAF 1.0、2017年のAWS CAF 2.0に次ぐ、第三世代になります。CAFv2以降のクラウドトランスフォーメーションの最近の傾向が反映されています。従来のITを中心としたフレームワークから、より企業のビジネストランスフォーメーションに重きをおいた内容になっています。CAFv2のフレームワークの柱であった「6つのパースペクティブ」は引き継がれて**ファンデーショナルケイパビリティ**と名付けられ、31項目から47項目に増強されました。クラウド導入の最終目的である**ビジネスアウトカム**が図中に明記され、そこに至るために変革すべき領域を**トランスフォーメーションドメイン**として新たに追加されました。これにより、ビジネス変革のバリューチェーンを経て企業のビジネス成果を実現する道筋が表現されています。

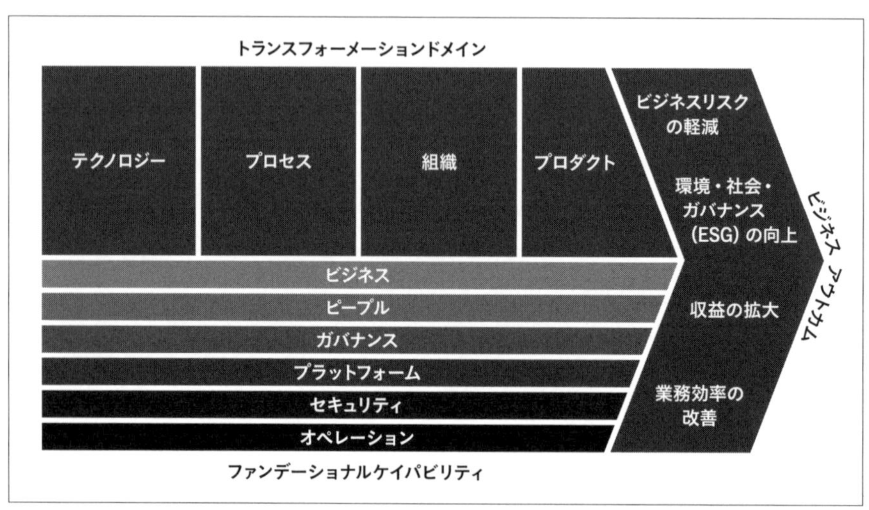

図11-3-1 AWSクラウド導入フレームワーク (AWS CAF)

AWS CAFのガイドにより、企業や組織がクラウドを活用して達成したいビジネス目標は何か、どの領域を重点的に変革する必要があるか、必要な能力と現在の実力値とのギャップはどこか、を理解できるようになります。現状を整理分析し、将来的なクラウド利用のケイパビリティとのギャップを洗い出し、その解消策をアクションアイテムとしてステークホルダーが責任を持って実行していくことで、より全体観をもったクラウド活用を推進していくことができます。

新しいAWS CAFv3の基本コンセプトであるビジネスアウトカム、トランスフォーメーションドメイン、ファンデーショナルケイパビリティ（6つのパースペクティブ）について見ていきましょう。

ビジネスアウトカム

クラウド導入により期待されるビジネスアウトカムは、ビジネスリスクの軽減、環境・社会・ガバナンス（ESG）の向上、および収益と運用効率の向上などが挙げられます。

- **ビジネスリスクの軽減** … 信頼性の向上、パフォーマンスの向上、セキュリティの強化により、企業のビジネスリスクを低減します。
- **環境・社会・ガバナンス（ESG）の向上** … インサイトを活用して、サステナビリティと企業の透明性を向上させます。
- **収益の拡大** … 新製品や新サービスの創出、新しいユーザーの獲得、新規市場セグメントへの参入により収益の拡大に貢献します。
- **業務効率の改善** … 運営コストの削減、生産性の向上、従業員満足の向上により業務の品質と効率を改善します。

トランスフォーメーションドメイン

トランスフォーメーションドメインは、テクノロジーの変革がプロセスの変革を可能にし、ついで組織変革に作用し、その後、革新的なプロダクトやサービスを実現する一連のバリューチェーンを表しています。革新的なプロダクトやサービスにより、企業はビジネスアウトカムを得ることができます。

- **テクノロジー** … レガシーインフラストラクチャ、アプリケーション、データ分析プラットフォームをクラウドに移行して技術をモダナイズします。Cloud Value Benchmarking[*1] によると、オンプレミスからAWSへの移行により、ユーザーあたりのコストが27%削減され、管理者あたりのVM管理数が58%増加し、ダウンタイムが57%減少し、セキュリティインシデントが34%減少しています。
- **プロセス** … ビジネスオペレーションのデジタル化、自動化、最適化を行います。クラウドに移行したデータ分析プラットフォームからインサイトを得て、それをビジネスプロセスの改善や素早いビジネス判断につなげて経営力を高めるのに役立てます。

＊1　https://pages.awscloud.com/rs/112-TZM-766/images/cloud-value-benchmarking-study-quantifies-cloud-adoption-benefits.pdf

機械学習を利用して、ユーザー体験、従業員の生産性と満足度、ビジネス予測、不正行為の検出と防止、およびビジネスオペレーションの改善につなげます。

- **組織** … ビジネス部門と技術部門が一体となってユーザー価値を創造することで、企業のビジネス戦略を進化させることができます。プロダクトごと、あるいはビジネスバリューの単位で組織を編成し、アジャイルな手法を活用してイテレーションを回し、サービスを高速に進化させることで、変化の激しい市場やユーザーニーズにタイムリーに対応できる組織となります。
- **プロダクト** … 新たな価値提案と収益モデルの構築により、市場やユーザーニーズを起点としたビジネスモデルに変えていきます。Cloud Value Benchmarking によると、AWS を採用することで、新機能やアプリケーションの市場投入までの時間が 37% 短縮され、コードのデプロイ頻度が 342% 増加し、新しいコードのデプロイにかかる時間が 38% 短縮されています。

ファンデーショナルケイパビリティ（6つのパースペクティブ）

トランスフォーメーションを実現し、ビジネスアウトカムを得るためには、**図11-3-2**に示すファンデーショナルケイパビリティを備えていなければなりません。ケイパビリティとは**企業がクラウドを使いこなす上で必要となる能力**です。AWS CAFケイパビリティは全部で47個あり、それぞれ6つのパースペクティブ（ビジネス、ピープル、ガバナンス、プラットフォーム、セキュリティ、オペレーション）に分類されています。

ビジネス	ピープル	ガバナンス	プラットフォーム	セキュリティ	オペレーション
戦略マネジメント	カルチャー変革	プログラム・プロジェクト管理	プラットフォームアーキテクチャー	セキュリティ統制	オブザーバビリティ（可観測性）
ポートフォリオマネジメント	変革リーダーシップ	ベネフィットの管理	データアーキテクチャー	セキュリティ保証	イベント管理
イノベーションマネジメント	クラウドの流暢さ	リスク管理	プラットフォームエンジニアリング	IDとアクセス管理	インシデント管理と問題管理
プロダクトマネジメント	人材の変革	クラウド財務管理	データエンジニアリング	脅威検出	変更管理とリリース管理
戦略的パートナーシップ	変革の加速	アプリケーションポートフォリオ管理	プロビジョニングとオーケストレーション	脆弱性管理	性能とキャパシティー
データの収益化	組織デザイン	データガバナンス	モダンアプリケーション開発	インフラストラクチャ保護	構成管理
ビジネスインサイト	組織の連携	データキュレーション	継続的インテグレーションとデリバリー（CI/CD）	データ保護	パッチ管理
データサイエンス				アプリケーションセキュリティ	可用性と継続性
				インシデント対応	アプリケーション管理

図11-3-2 ファンデーショナルケイパビリティ

ビジネスパースペクティブ

ビジネスのパースペクティブは、クラウドへの投資によりデジタルトランスフォーメーションを加速し、ビジネスアウトカムを最大化します。

- **戦略マネジメント** … クラウドを活用してビジネスの成果を実現します。クラウドにより新しく提供できるプロダクトやサービスを導入し、新規市場やユーザーを獲得する戦略を策定します。技術の進歩や環境変化に応じて戦略の優先順位を見直します。
- **ポートフォリオマネジメント** … 企業戦略、自社の運用能力や提供能力に応じて、クラウドを活用したプロダクトやサービスの優先付けをします。継続的に改善することでビジネス成果の早期実現につなげます。
- **イノベーションマネジメント** … クラウドを活用して、新しいプロセスやプロダクトを開発し、新しいユーザー体験を提供します。ビジネス戦略の優先順位に沿ってイノベーションのアイデアを選択し、パイロットプロジェクトで小さな成功を積み重ねて徐々に拡大できるようなイノベーションメカニズムを取り入れます。
- **プロダクトマネジメント** … クラウドを活用したプロダクトやサービスのライフサイクルを管理します。プロダクトオーナーを中心にプロダクトロードマップを作成し、ユーザーを起点としたプロダクト開発を行います。
- **戦略的パートナーシップ** … クラウドプロバイダーやサードパーティー製品ベンダーとの戦略的パートナーシップを結びます。技術力の高いクラウド技術者や製品を供給してもらうことで、自社の弱点を補強し、やり早く確実にクラウド活用を進めることができます。
- **データの収益化** … データを活用してビジネス収益の拡大につなげます。クラウドにより膨大な量のデータの収集、保存、分析が容易になります。データ分析を活用して、運用の効率化、ユーザー体験や従業員満足度の改善、データに基づく意思決定、迅速な経営判断など、新しいビジネスモデルの実現につなげます。
- **ビジネスインサイト** … データ分析からリアルタイムのインサイトを得て、ビジネス課題の解決につなげます。
- **データサイエンス** … 機械学習や高度なデータ分析を活用して、ビジネス課題の解決につなげます。

ピープルパースペクティブ

ピープルのパースペクティブは、企業カルチャー、組織構造、リーダーシップ（行動指針）、人材にフォーカスします。クラウド導入を加速するためには、人材や組織が継続的に学習、成長、進化する必要があります。クラウド人材は、テクノロジーとビジネスの架け橋となり、変化を受け入れられる企業マインドへと変革します。

- **カルチャー変革** … 組織のカルチャーを見直し、徐々に変えながら、新しいカルチャーを形作ります。デジタルトランスフォーメーションを成功させるには、長期的なビジネス視点を持ち、ユーザーを起点としてユーザーニーズを満たすことに徹底的に取り組む組織カルチャーが必要です。ビジネスと技術が一体となったチームを作り、アジャイル手法を活用してユーザーニーズを実現するための高速な機能開発を推進します。

チームに責任と自主性を与えることで迅速な意思決定が可能となります。旧来型の官僚主義的な承認手続きや冗長なプロセスを撤廃します。
- **変革リーダーシップ** … 革新的な変化を促し、ビジネス成果にフォーカスした意思決定を可能にするために、高い推進力を持ったリーダーシップチームを組織化します。ビジネス変革を成功させるには技術変革と同様に人材や組織の変革にも気を配る必要があります。ビジネス部門の経営陣および技術部門の経営陣の双方から強力な後方支援が必要になります。詳細はChapter 12「クラウド推進組織の設立」で紹介します。
- **クラウドの流暢さ** … クラウドを活用してビジネスを加速するために、組織や人材はデジタル技術に精通する必要があります。クラウドは技術革新のペースが速いため、技術、手法、文化を総合的に身につけるトレーニング戦略が必要です。詳細はChapter 13「クラウド人材の育成」で紹介します。
- **人材の変革** … 技術者の役割や評価方法を、クラウド時代の価値基準に合わせて改善します。これにより、優れたクラウドテクノロジーを身につけた技術者を惹きつけ、既存技術者のスキル転換を促し、人材ポートフォリオを変えていきます。経営層や人事部門を巻き込み、技術者の行動特性、学習環境、報酬制度、評価制度、および採用のやり方を刷新します。短期的にはパートナーと協業し、自社の弱点を補強する戦略も検討します。
- **変革の加速** … カルチャー変革を進めていくと、社員、企業風土、役割、組織構造に、変化に伴う軋轢や影響が生じます。それらの影響を特定し、軋轢を小さくしたりコントロールすることで、停滞することなく変革を進めることができます。
- **組織デザイン** … 組織の設計を見直して、クラウド時代の新しい働き方に相応しい組織構造に変えていきます。チームの編成、シフトパターン、報告ライン、意思決定手順、およびコミュニケーションチャネルの観点から、組織の構造と運営の方法が、希望するビジネス成果を引き続きサポートしているかどうかを判断します。集中型、非集中型、分散型の組織構造のトレードオフを検討し、クラウドを最大限に活用できる組織設計を目指します。
- **組織の連携** … 組織構造、ビジネスオペレーション、プロセス、人材、カルチャーの視点で、各チーム間が互いに有機的に連携できる仕組みを確立します。市場の変化に迅速に対応して、新しいビジネス機会を活用できるようになります。ビジネス部門と技術部門が連携し、テクノロジーの進化がビジネス価値の拡大につながるようにします。

ガバナンスパースペクティブ

ガバナンスのパースペクティブは、変革に伴うリスクを最小限に抑えながら、クラウドの取り組みを統合的に推進し、組織の利益につなげます。

- **プログラム・プロジェクト管理** … 相互に依存するクラウドプロジェクトを柔軟に調整し、整合性を保ちます。部門をまたぐ複雑なトランスフォーメーションでは、特に旧来型の縦割りの組織構造の場合はプログラム管理が重要となります。
- **ベネフィットの管理** … クラウドへの投資によりビジネスベネフィットが実現され、継続されていることを確認します。期待されるベネフィットを事前に設定しておくことで、クラウドへの投資に優先順位を付け、変革の進捗状況を追跡できます。得られたベネフィットを定期的に測定し、計画したロードマップに対して進捗状況を評価し、必要に応じてゴール目標を見直します。

・**リスク管理** … クラウドを活用してさまざまなリスクを低減します。インフラストラクチャの可用性、信頼性、パフォーマンス、セキュリティといったオペレーションリスクと、社会的評価、ビジネスの継続性、市場変化への迅速な対応といったビジネスリスクを特定し、管理します。
・**クラウド財務管理** … クラウドの利用料を計画、測定、最適化します。クラウドの柔軟性と俊敏性をいかして無駄なリソースの確保をやめることでコストを削減します。社内の費用配賦計画にあわせてアカウント構成とタグ付けを設計します。オンプレミスとクラウドのライセンス管理を一元化することで、無駄なライセンスコストを削減し、ライセンス違反のリスクを低減します。
・**アプリケーションポートフォリオ管理** … ビジネス戦略を支えるアプリケーションポートフォリオを管理し、最適化します。効果的に管理することで、アプリケーションの無秩序な増加を抑え、ライフサイクル計画を容易にし、クラウドトランスフォーメーション戦略との整合性を確保することができます。エンタープライズアーキテクチャー、IT サービス管理（ITSM)、プロジェクトおよびポートフォリオ管理などからデータを集めて各アプリケーションの全体像を把握します。組織がアプリケーションへの投資から得られる価値を最大化するために、アプリケーションポートフォリオの状態を定期的に評価します。
・**データガバナンス** … データの操作権限と制御を管理します。正確かつ完全な一連のデータセットがタイムリーに活用できる状態になっていることで、ビジネスプロセスやデータ分析に役立て流ことができます。データ所有者、管理者、監査担当などの役割を定義します。データライフサイクルを定義して、データ管理ポリシーを作成し、継続的なコンプライアンス監視を実施します。
・**データキュレーション** … メタデータを収集、整理、保管、エンリッチ化し、それを使用してカタログを整理します。データカタログの管理を担当する主任キュレーターを任命し、構造化データと非構造化データを含む主要なデータをカタログ化します。個人を特定できる情報（PII）を適切に処理します。

プラットフォームパースペクティブ

プラットフォームのパースペクティブは、大規模でスケーラブルなハイブリッドクラウドプラットフォームの構築、既存のワークロードのモダナイズ、新しいクラウドネイティブソリューションの導入を支援します。

・**プラットフォームアーキテクチャー** … ガイドライン、標準化、ガードレールを定義して、クラウド環境の維持管理を行います。Well Architected なアーキテクチャーは、クラウド環境の迅速な導入とリスクの低減を助け、クラウド利用を促進します。自社のベストプラクティスとガードレールを確立し、認証、セキュリティ、ネットワーク、ログ、監視といった共通コンポーネントを運用します。
・**データアーキテクチャー** … 自社の用途に即したデータ分析アーキテクチャーを設計し、刷新します。データ分析アーキテクチャーが適切に設計されていれば、指数関数的に増加するデータから実用的な洞察を得ることができると同時に、複雑さ、コスト、および技術的負債を削減するのに役立ちます。階層化されたモジュラーアーキテクチャーを採用することで、適切なツールを適切な用途に使用できるだけでなく、アーキテクチャーを繰り返しかつ段階的に進化させて、新たな要件やユースケースに対応できるようになります。

- **プラットフォームエンジニアリング** … 強化されたセキュリティ機能と標準化されたクラウド機能を備えたマルチアカウントクラウド環境を構築します。プロビジョニングワークフローを自動化することで、複数の環境でもセキュリティとガバナンスを確保することができ、自社のコンプライアンスポリシーに準拠したクラウド環境を簡単にプロビジョニングできます。
- **データエンジニアリング** … 組織全体のデータフローを自動化し、統合します。インフラストラクチャと運用、ソフトウェアエンジニアリング、データ管理で構成される部門横断的なデータエンジニアリングチームを形成します。メタデータを活用してパイプラインを自動化し、生データから最適化されたデータを生成します。汎用的なデータ統合パターンを特定し、再利用可能なブループリントを作成します。ビジネスアナリストやデータサイエンティストと共有し、ビジネス生産性の向上やプロダクトの市場投入までの期間短縮に活用します。
- **プロビジョニングとオーケストレーション** … 承認済みのクラウド環境のカタログを作成、管理し、社内の技術者に配布します。合理化されたプロビジョニングとオーケストレーションは、承認されたクラウド環境を迅速に展開できるようにすると同時に、一貫したガバナンスを実現し、コンプライアンス要件を満たすのに役立ちます。
- **モダンアプリケーション開発** … Well Architected なクラウドネイティブアプリケーションを構築します。モダンアプリケーションの開発手法を採用することで、イノベーションに不可欠な柔軟性と敏捷性を実現することができます。コンテナやサーバーレステクノロジーの利用により需要に応じた自動的なスケーリングが可能となります。マイクロサービスによる疎結合なアプリケーション設計により、イベント駆動型のアーキテクチャーを実現することができます。
- **継続的インテグレーションとデリバリー（CI/CD）** … DevOps の手法によりアジャイルな開発が可能となります。イノベーションを加速させ、変化する市場に迅速に適応し、ビジネスの成果をより効率的に推進できるようになります。

セキュリティパースペクティブ

セキュリティのパースペクティブでは、データやクラウドワークロードの機密性、完全性、可用性の実現を支援します。

- **セキュリティ統制** … セキュリティの役割、責任、ポリシー、プロセス、手順を定義して維持管理します。コンプライアンス要件と組織のリスク許容度に沿って、セキュリティ管理のレベルを決定します。変化するリスクと要件に基づいて継続的に更新します。
- **セキュリティ保証** … セキュリティおよびプライバシープログラムの有効性を継続的に監視、評価、管理、改善します。適切なセキュリティ管理ルールを導入することで規制要件に対応します。ビジネス目標とリスク許容度に沿ってセキュリティリスクを適切に管理できることを示します。

- **IDとアクセス管理** … 拡大するクラウド環境において、整合性のとれたIDとアクセス権限を管理します。IDとアクセス管理を効率的に実施することで、適切な権限を持つユーザーが適切な条件下で適切なリソースにアクセスできるようにします。
- **脅威検出** … 潜在的なセキュリティの設定ミス、脅威、または予期しない操作を検出します。効率的に検出できれば、脅威に迅速に対応し、セキュリティインシデントから学習し、改善策を打つことができます。
- **脆弱性管理** … セキュリティの脆弱性を継続的に特定、分類、修正、軽減します。脆弱性は、既存システムへの変更や新しいシステムの追加によって発生する可能性があります。脆弱性のリスクを評価し、修復アクションに優先順位を付けます。是正措置を適用し、関係者に報告します。
- **インフラストラクチャ保護** … システムとサービスが意図しない不正なアクセスや潜在的な脆弱性から保護されていることを検証します。多層防御を活用して、データとシステムを保護することを目的に、階層化された防御メカニズムを導入します。
- **データ保護** … データの可視性と制御、および自社内でのデータへのアクセス方法と使用方法を定義し、管理します。意図しない不正アクセスや潜在的な脆弱性からデータを保護することは、セキュリティプログラムの主要な目的の1つです。重要度と機密性に基づいてデータを分類します。保存中および送信中のすべてのデータを暗号化し、機密データを別々のアカウントに保存します。機械学習を活用して機密データを自動的に発見、分類、保護します。
- **アプリケーションセキュリティ** … ソフトウェア開発プロセスの中でセキュリティの脆弱性を検出して対処します。アプリケーションのコーディング段階でセキュリティ上の欠陥を見つけて修正することで、時間、労力、コストを節約でき、本番環境に移行するときのセキュリティレベルを確保することができます。コードと依存関係の脆弱性をスキャンしてパッチを適用し、新しい脅威から保護します。自動化することにより、人手の介入を最小限に抑えます。
- **インシデント対応** … セキュリティインシデントに効果的に対応することにより、潜在的な被害を軽減します。セキュリティ運用チームとインシデント対応チームを教育し、クラウド技術と自社のユースケースについて深く理解します。インシデント後の分析を実施して、標準化されたメカニズムを活用して根本原因を特定および解決することにより、セキュリティインシデントから学習につなげます。

オペレーションパースペクティブ

オペレーションのパースペクティブは、クラウドサービスがユーザーや自社のビジネスニーズを満たすレベルで提供されるようにします。

- **オブザーバビリティ（可観測性）** … クラウド環境のデータから運用に役立つインサイトを得ることができます。クラウド環境の状態と正常性を確認するために、ログ、メトリクス、トレースといった仕組みを用意しておきます。アプリケーションを監視し、エンドユーザーへの影響を評価し、測定値がしきい値を超えたときにアラートを生成します。
- **イベント管理** … イベントを検出し、それらの潜在的な影響を評価し、適切な制御アクションを決定します。直近の需要の逼迫など優先の高いイベントを予測し、アラートとインシデントを自動的に生成し、通知します。想定される原因の特定とその対応策を迅速に実施することで、インシデントへの対応を早めることができます。機械学習（AIOps）を活用して、イベント相関、異常検出、および因果関係の決定を自動化します。

- **インシデント管理と問題管理** … 障害時におけるサービス運用を迅速に復旧し、ビジネスの被害を最小限に抑えます。クラウドの活用により復旧プロセスを自動化できるため、サービスのダウンタイムを短縮することができます。エスカレーションの基準や手順など、インシデント対応マニュアルを定義します。ゲームデーを実施し、インシデント発生時の対処法を予行演習します。
- **変更管理とリリース管理** … 本番環境へのリスクを最小限に抑えながら、システム変更をリリースします。CI/CDを活用すればリリースとロールバックを迅速に管理することができます。クラウドの俊敏性を活かすため、自動承認ワークフローを備えた変更プロセスを確立し、すべての変更を追跡します。リリースの失敗によるリスクと影響を最小限に抑えるため、ロールバックを自動化して、迅速に復旧し、手作業によるミスを回避します。
- **性能とキャパシティー** … システムの性能を監視し、キャパシティーが需要を満たしていることを確認します。ビジネスオーナーやサービスオーナーと、システムやサービスの目的、範囲、SLA、KPIについて合意します。パフォーマンスデータを収集して処理し、定期的に確認し、SLAに対する実績を報告します。需要のトレンドを分析して、キャパシティーが季節変動や突発的な要件に対応できることを確認します。
- **構成管理** … クラウド環境におけるすべてのシステムやサービス、依存関係、および構成変更を正確かつ完全に記録します。タグ付けスキーマを定義して適用することで、ビジネス属性とクラウドの使用状況を紐付けし、テクノロジー、ビジネス、セキュリティの視点でリソースを整理します。インフラストラクチャのコード化、構成管理ツール、ライフサイクルマネジメントを活用します。
- **パッチ管理** … ソフトウェアアップデートを体系的に配布および適用します。ソフトウェアアップデートは、セキュリティの脆弱性を解消し、バグを修正し、新機能を導入します。パッチ管理を計画的に行うことで、本番環境へのリスクを最小限に抑えながら、最新のアップデートを確実にリリースすることができます。予定されているアップデートの情報を事前にユーザーに通知し、問題が予想される場合には配信を延期できるようにします。
- **可用性と継続性** … ビジネスに不可欠なデータ、アプリケーション、サービスの可用性を確保します。災害やセキュリティインシデントから迅速に復旧することで、ビジネスの継続性を確保できます。定義されたスケジュールに従ってデータとシステムコンポーネントをバックアップします。事業継続計画の一環として災害復旧計画を作成します。システムやサービスごとにさまざまな災害シナリオの脅威、リスク、影響、およびコストを特定し、それに応じて目標復旧時間（RTO）と目標復旧時点（RPO）を決定します。
- **アプリケーション管理** … アプリケーションの問題を調査し、修正します。アプリケーションの情報を一元管理することで運用監視を簡素化し、アプリケーションの問題に迅速に対処することができます。

#11-04 クラウドジャーニー（4つのステージと6つのパースペクティブ）

ここまでSofAとCAFの2つの考え方をそれぞれ説明してきましたが、この2つの考え方を縦軸と横軸で組み合わせることで、実際のクラウド導入を進めるためのロードマップを作成することができます。ステージごとに解決すべき課題やタスクがあり、注力すべきパースペクティブが異なります。それぞれのステージをどのようにしてクリアしていけばよいのでしょうか。クラウド導入の過程をより具体的に、タスクレベルで見ていきます（**図11-4-1**）。

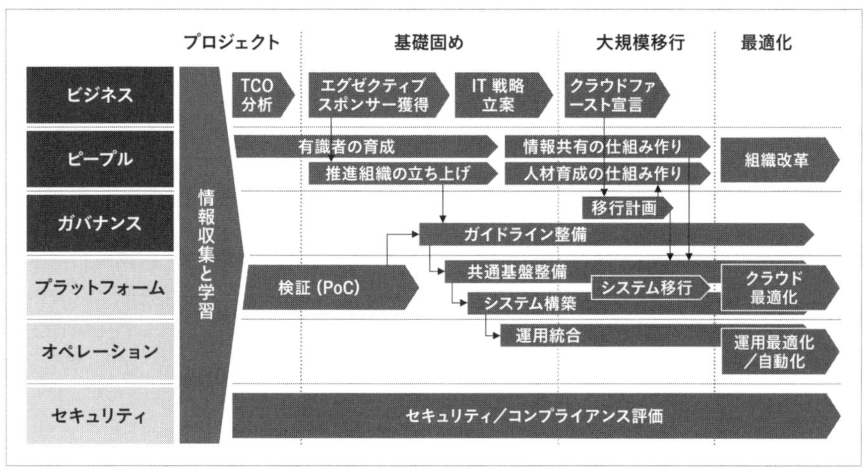

図11-4-1　4つのステージと6つのパースペクティブ

プロジェクト（Project）ステージ：自ら手を動かしクラウドを体感する

このステージでは、まずはクラウドを知ることから始めます。クラウドはセルフサービスです。インターネットとパソコンがあれば、クラウドを触ることができます。外部ベンダーに頼らず、自らの手で**情報収集と学習**を行い、いろいろ試してみて**PoC検証**をすることが重要です。これにより、クラウド技術を習得できるとともに、クラウド的な考え方「クラウド脳」がわかるようになります。このように実体験を通して社内に**クラウド有識者を育成**していきます。

また、次のステージへの準備として、クラウドの効果測定はやっておきましょう。クラウドを導入すればどれくらいのコスト削減効果が得られるか、既存オンプレミスのシステムリソースを棚卸しすることで、おおよその**TCO分析**が可能です。ビジネス効果の面でクラウド導入を後押しする材料となりますので、早めに試算しておくことを推奨します。

基礎固め（Foundation）ステージ：小さく始めて大きく育てる

このステージでは、大規模なクラウド利用に向けて全社展開を進めていきます。そのため、実施すべきタスクの数が大きく増え、6つのすべてのパースペクティブで何らかの施策があります。

ガバナンス観点では、全社展開に向けた**ガイドラインの整備**によるガバナンスの強化を実施します。プラットフォーム観点では**共通基盤の整備**や実際にクラウド上で稼働する**システム構築**を行います。オペレーション観点では運用プロセスとツールの整備や、オンプレミスとクラウドのハイブリッド環境における**運用統合**が必要になります。そして、セキュリティ観点では、既存オンプレミスの情報セキュリティ基準をもとにクラウド版の**セキュリティ基準やコンプライアンス基準**を作成し、クラウドセキュリティの評価を行います。

これら、多岐に渡る作業を同時並行で進めるために、各施策を統合的に実行する組織として**クラウド推進組織を立ち上げ**ます。クラウド推進組織は、クラウドを全社展開するために組織の壁を超えて活動します。
そして、この組織の活動を行うために欠かせないのが**経営層のスポンサーシップ**（人的・物的・金銭的な支援）です。前の「プロジェクト」ステージでTCO分析によるビジネス効果を測定しましたが、そうした定量的な効果測定は、経営層のクラウドへの興味を引き出し、その支援を得るために重要な材料です。このステージでは、最初から完璧を目指すのではなく、まずは小さなチームで必要最低限の範囲から始めるのがよいでしょう。クラウド利用の拡大につれて、徐々に成長させていくことが重要です。クラウドの柔軟性・拡張性といった特徴を活用しましょう。

大規模移行（Migration）ステージ：戦略としてクラウド方針を宣言する

このステージでは、たくさんのシステムやワークロードがオンプレミスからクラウドへと移行します。個別システムの移行プロジェクトを成功させたり、大規模なリフトアンドシフトの場合は**移行計画**や移行プロジェクトチームが必要になります。作業ボリュームが大きくなりますので、社内の**クラウド人材を育成**して技術者の数を増やすことも重要ですし、外部のクラウド移行パートナーと協業したり、クラウド移行ツールを活用することも必要です。

社内の至る所でクラウドプロジェクトが進み、そこから得られるノウハウや改善点などは教訓として速やかに展開できるよう、社内の**クラウド情報を共有する**仕組みを用意しておくとよいでしょう。これらはクラウド推進組織の重要なタスクです。移行が進むにつれ、クラウドから得られる効果、特にコスト削減、納期短縮、運用効率といった効果が大きくなります。その効果を加速させ、より多くのベネフィットを得るためには、トップマネジメントからの明確なメッセージが重要になります。たとえば**クラウドファース**

ト宣言といって、クラウドを第一の選択肢として利用することを宣言したり、あるいはデータセンター廃止を目指す、XX年までにすべてのシステムをクラウドへ持っていく、といった具体的なゴールを示す場合もあります。重要なのは、会社の意思として、明確な方向性を示すことです。クラウドファースト宣言はわかりやすい目標であり、社員の目指す方向を揃え、会社が転換するきっかけになりやすいと言えます。このステージ以降、IT戦略はクラウド活用を大前提として考え、次年度事業計画や中期計画の策定は**クラウドIT戦略**を中心に立案されていきます。

最適化（Reinvention）ステージ：クラウド最適な組織にシフトする

このステージでは、全社的に社内技術者や外部パートナーのクラウド習熟度が上がり、クラウドをより自在に、便利に、高度に使える状態になります。システムアーキテクチャーがクラウド前提で設計されるのは当然のこと、運用面では自動化や省力化により**クラウドに最適された運用プロセス**へと転換が進みます。これを**クラウドネイティブ**と呼びます。それに合わせて、社内の組織体系も、従来の水平分業型から垂直統合型に変わっていきます。市場環境やユーザーニーズは常に変化するビジネス環境において、変化に迅速に対応できる体制やスキルへと変わり**組織変革**が起こります。マインドセットそのものが、変化を前提とした考え方へと変わっていきます。イノベーションを生み出す風土が醸成されるようになります。

このように、クラウド導入のステージに沿って、企業が直面する課題は異なり、乗り越えるべき壁は変化します。いま自社がどのステージにいるのかを見極め、ビジネス、ピープル、ガバナンスといったノンテク領域の観点からプラットフォーム、オペレーション、セキュリティといった技術の観点まで、幅広く障壁を取り除いていく必要があります。クラウド利用の成熟度合いに応じて、順次、施策を実行していく姿は、まるで目標到達地点に向かって一歩ずつ歩みを進めていく冒険家の姿に似ていませんか。AWSではこのクラウド導入の過程を旅行に例えて**クラウドジャーニー**と呼んでいます。

#11-05 山場を乗り越える

エンタープライズ企業におけるクラウドジャーニーは、**「基礎固め（Foundation）ステージ」が山場**と言われています。前述のように、基礎固めステージでは乗り越えるべき課題がたくさんあり、CAFのすべての観点を同時並行で取り組む必要があります。また、このステージでは、社内のさまざまなところでクラウド利用が始まっており、それまでは潜在的な問題であったものが、表面化してきます。たとえば、次に挙げる4点は、エンタープライズ企業のクラウドジャーニーではよくみられる問題です。みなさまも心当たりあるのではないでしょうか。

・ 社内の情報セキュリティ基準がクラウドを想定していない
・ システムによってクラウドの設計品質にバラつきがある
・ ナレッジが偏在し、社内で共有されていない
・ クラウドスキルがない、習得方法もわからない

これらの問題を乗り越える対策として、セキュリティアセスメントの実施、標準ガイドラインの策定、クラウド推進組織の設立など、すでに「#11-04 クラウドジャーニー」のところで具体的な進め方を紹介しました。しかし、それらはあくまで一般例であり、どの対策に重点をおくべきか、どの対策が優先なのか、あるいは、追加で必要な対策があるか、といった点は、会社ごとの事情によって異なる部分が大きく、各社ごとに自ら作戦を立てる必要があります。では、どうやって自社独自の作戦である**クラウド導入ロードマップ**を策定すればよいのでしょうか。ここでは、AWSクラウド導入フレームワーク(CAF)を用いたワークショップをご紹介します。CAFの6つの観点で、自社の置かれている環境や実力値、現状の課題を洗い出して整理します。その課題の大きさや関連性をもとに、解決のためのアクションプランを並べていく方法です。

クラウド導入フレームワークワークショップ(CAF Workshop)

CAFは企業のクラウド戦略を考えるにあたって網羅的な検討の枠組みとして利用可能です。ワークショップ形式で現状のIT課題を洗い出し、ギャップを分析して、実行時期と実行責任者を定義したアクションアイテムに落とし込みます。その方法について紹介します。

CAF Workshopでは半日から2日ほどの時間をとって、クラウド導入に関わる決定権をもつ関係者を集めて課題の洗い出しを行い、クラウド導入に向けたアクションを決めていきます。ワークショップで検討する範囲や粒度、参加者の認識が合っているかといった前提の違いによって、半日で簡易的に実施したり、2日かけてじっくり取り組んだりします。範囲を広げて全社的な取り組みとしてワークショップを位置付ければそれだけ効果は高まります。

その際、IT関係者だけでなく、全社的なクラウド導入の認識合わせのためにCIOを呼んだり、クラウド人材育成の認識を合わせるために人事責任者を呼んだり、クラウド導入に伴う予算のとり方や会計処理の変更を検討するために経理部門の責任者を呼んだりして実施することもあります。また、CAF Workshopはクラウド利用開始時の1回だけではなく、導入が進んだ段階であらためて現状の課題と次の打ち手の認識を合わせるためにも繰り返し実施していくこともあります。

CAF Workshopの進め方

CAF Workshopの基本的な進め方は、**図11-5-1**のとおりです。

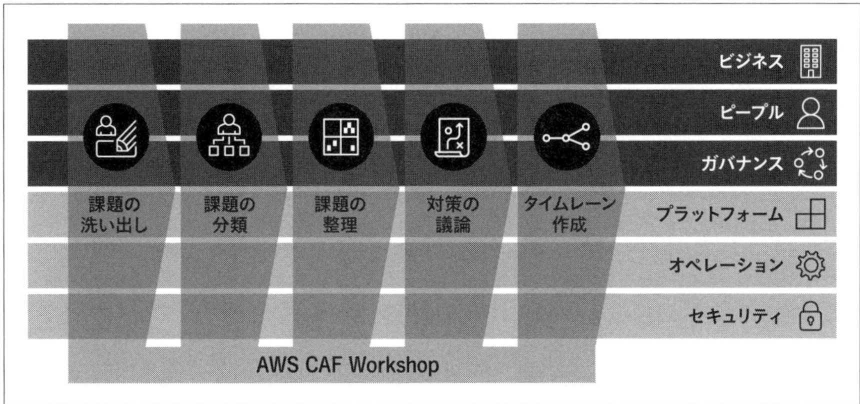

図11-5-1 CAF Workshopの進め方

大きな流れとして、まず参加者でブレーンストーミング的に課題を書き出し、CAFの6つのパースペクティブに課題を分類し、分類した課題を分析、深堀り、カテゴライズして、大きなテーマにまとめていきます(**図11-5-2**)。重要度や緊急度といった軸で整理すると次のアクションに結びつけやすく整理できます。

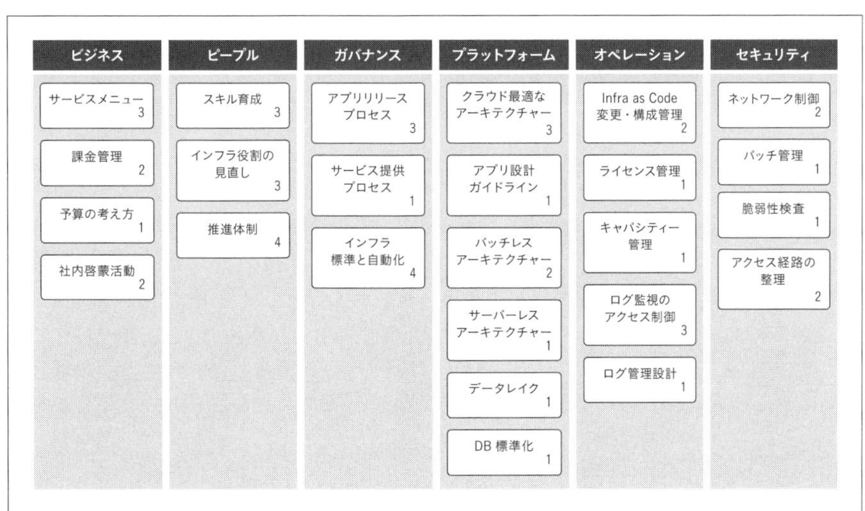

図11-5-2 課題の洗い出しと分類、整理

次に、テーマごとに課題を解決するアクションを検討し、それらアクションを、直近2週間でやること、1ヶ月でやること、3ヶ月でやること、それ以上などのタイムレーン上に整理します(**図11-5-3**)。最後に、各アクションの責任者を決めてワークショップは終わ

ります。その際、各アクションの進捗を管理する責任者も決めておいた方がよいでしょう。

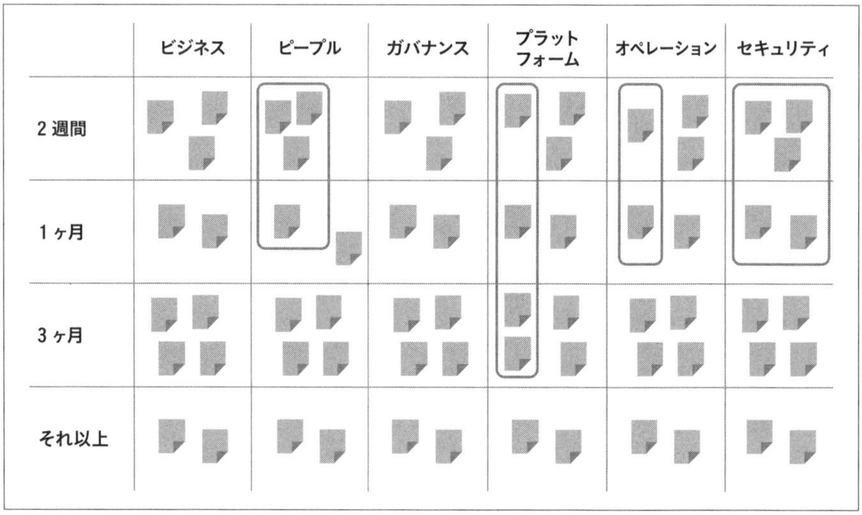

	ビジネス	ピープル	ガバナンス	プラットフォーム	オペレーション	セキュリティ
2週間						
1ヶ月						
3ヶ月						
それ以上						

図11-5-3 アクションをタイムレーン上に整理する

ワークショップを実施するにあたっては、全体をファシリテートする役割の人、議事録をとる人、AWSに詳しくクラウドの観点で議論を促進できる人、などの役割をあらかじめ決めておき、それぞれのアクションの責任をとることのできる立場の方に各部門から参加してもらう必要があります。

CAF Workshopのポイント

CAF Workshopを実施するポイントとして、次の3点が重要です。

ケイパビリティにフォーカス

ワークショップでは課題を整理し次のアクションを決めていきますが、その際、各パースペクティブに定義されたケイパビリティを意識することが重要です。企業が抱える課題は、企業によって異なります。CAFのケイパビリティに照らし合わせて自社の課題を洗い出すことで、自社の実力値を客観的に把握し、効果的な課題整理を行うことが可能です。

直近のアクション

アクションを定義する際、長期的なロードマップと網羅性も大事ですが、そこにこだわりすぎると実現が難しく時間のかかるアクションが定義されます。せっかくスピードの早いクラウド導入ですので、長期的な観点や網羅性も踏まえつつ、ワークショップの最後では必ず直近のアクションを定義することが重要です。

特に、直近2週間で実施すべきアクションは必ず定義します。直近2週間でやることになりますので、アクションは必然的に細かく具体的なものになります。実行できる粒度でアクションを定義することが重要になります。CAFv3では**構想-調整-立ち上げ-拡大**(Envision-Align-Launch-Scale)のステップを推奨しており、アジャイルアプローチを採用して反復的かつ増分的に進化することが求められます。

繰り返し

ワークショップでは、全体の流れも踏まえつつ直近のアクションを決めていくため、直近のアクション結果によっては次のアクションの優先度や内容が変わりえます。ワークショップで定義したテーマやアクションから大きくずれなければ、優先度や内容が多少変わっても問題ありません。その代わり、CAF Workshop、もしくはそれに準じるものを繰り返し実施することをお勧めします。一度実施していれば、関係者の認識もおおよそ合っているはずですので、半日の簡易版でのワークショップで繰り返していくということも可能です。

#11-06 ビジネス的側面から見たクラウド利用の戦略

SofAやCAFによる整理、クラウドジャーニーの歩み方、CAF Workshopの活用方法を見てきました。クラウド戦略を立てるにあたって、特にビジネス目標の達成に直接的な影響を及ぼす**ビジネス、ピープル、ガバナンス**のパースペクティブにおけるベストプラクティスを紹介します。

ビジネス(トップダウンのメッセージ)

クラウド利用において、スピードとガバナンスのトレードオフをどう判断するかや、期間の制約があるなかどこまで検討するかといった部分で、関係者の認識を合わせていくことが難しいケースがあります。そこで重要になるのが、そうした状況をリードする**推進役**と、**経営層からの支援**です。特に経営層の巻き込みとその支援がないと、関係者の意見がまとまりにくく、既存のいろいろな前提を変えられずに、既存の枠組みに建て増し的にクラウドを検討していくことになります。結果、クラウド利用が効率悪くコスト効果も低いものになってしまいます。そこで、関係者の向き先を合わせ、既存の制約をどこまで変えるのかを明確にするために、経営層からのトップダウンの方向指示、メッセージが重要となります。

クラウドファースト宣言

経営層から支援を得る方法は企業によってさまざまだと思いますが、AWSが推奨する1つの方法として、「**クラウドファースト宣言**」があります。新規システムにせよ、システム更改にせよ、**まずはクラウドを検討してみる**という方向性を経営層から全社に指示するやり方です。必ず最初はクラウドで検討し、仕組みや制度などで既存の制約がある場合はその仕組みや制度も変えられないかを検討してみることになります。その上で、スケジュールやコストを鑑み、そのITシステムをクラウドで実現するのか、オンプレミスで実現するのかを判断していきます。

こうしたやり方でクラウドの利用を積極的に進めることを、社内広報、情報宣伝、あるいは場合によっては雑誌やカンファレンスなどの外部媒体を使って経営層から大々的に情報発信し、メッセージを出すことが重要です。外部の人材を集めるためにも、クラウド推進のための協力会社を作っていくためにも、こうした宣言は効果的です。何より企業内のクラウド利用へ向けての方向性に大きな影響を与えることになります。

ピープル(組織と人材のスキルレベル)

クラウド利用を推進するにあたって、クラウドについての現場レベルの判断をする場、全社的に共通で活用するクラウドの機能やガイドを定義する場、クラウドのナレッジや人材を集める場を作ることが効率化とガバナンスのために重要です。そういう場としては、定期的な会議体、仮想組織、専属組織などいろいろな実現方法があります。組織にすれば場としての有効性は高まります。また、SofAのステージによっても場のあり方は変わりえます。

クラウド推進組織(Cloud Center of Excellence / CCoE)

AWSでは、そうした場を実現する組織体として、**クラウド推進組織(CCoE)**を定義しています。CCoEでは、仮想的な組織であれ人事的な組織であれ、クラウド利用にあたって決めなければいけないさまざまなことを決定したり、全社共通で利用できるルールを作ったり、クラウド利用の各プロジェクトの情報を集めて共通で使えるナレッジ化を行ったりします。

CCoEのようなクラウド利用を組織的にリードできる中心を作ると同時に、実際にクラウドを利用する開発部隊やプロジェクトチームへのスキル育成も重要となります。各チームでクラウドスキルのある人材を育成することで、CCoEとの円滑なコミュニケーション、各種ガイドの適切な解釈と適用、問題発生時の現場での適切な対処が可能になります。

特に大規模移行のステージにおいては、それぞれのクラウド利用チームが自立的に動けることが全社的に効果的なクラウド利用にとって重要になります。そのためには各チームにスキルをつけることが重要です。スキル育成にあたって重要なのは、知識の習得、実戦経験の蓄積、ナレッジの共有、人的ネットワークです。クラウド推進組織については、次章でより詳しく説明します。

知識の習得

効率的な知識の習得には**トレーニングの受講**が効果的です。AWSでは、AWS全般の知識習得を初め、AWSにおけるビッグデータやセキュリティといった特定テーマのトレーニングも用意しています。こうしたトレーニングを積極的に活用すれば、大人数に効果的に知識をつけることができます。また、AWSのマニュアルを始め、AWSについての技術情報はたくさん公開されていますので、そうした技術情報も参考にできます。最後に、AWSを自由に使える環境も知識の習得には重要となります。企業としてそういう環境を用意すれば、トレーニングや記事で得た知識の定着化に非常に有効です。

実戦経験の蓄積

トレーニングなどで得た知識をもとに実際のプロジェクトでクラウド利用を経験することが重要です。トレーニングなどでの仮想的な環境と違って、実際の現場では、その企業特有の制約や前提があったり、予期しない問題も起こります。こうしたことに対して技術的に対応していくことでAWSの実践的なスキルが付きます。
そのためには、スキルを付けさせたい人材に対して**クラウドを利用するプロジェクトへの参画の機会**を与えるとともに、すでにスキルのある人材と一緒にプロジェクト参画してもらってメンタリングやコーチングの機会も与えることがより効果的なスキル育成につながります。クラウド人材の育成については、Chapter 13で詳しく説明します。

ナレッジの共有

知識を付け、実践的スキルを付けた後も、継続的にスキルアップしていくことが重要です。特にクラウドでは常に機能やサービスがアップデートされ続けるため、そうした新情報のキャッチアップや、新しい環境や考え方に合わせたクラウド利用のナレッジを獲得していく必要があります。
そのためには、外部からの情報収集と同時に、企業の各プロジェクトで得られたナレッジを効果的に他のチームにも横展開、共有していくことが重要です。

人的ネットワーク

ナレッジは陳腐化したり、最新の情報がなかったり、時間経過に伴い検索性も悪くなったりしていきます。新鮮で有用なナレッジを得たり広めたりするためには、社内での人的ネットワーク作りも重要です。特にCCoEメンバーなどクラウドの情報が集まるメンバーを中心に組織をまたがって人的ネットワークを作ることで、社内でのさらなるスキル維持向上や広範囲の伝搬が可能となります。ナレッジの共有や人的ネットワークには、各種情報共有ツールも活用できます。

ガバナンス(全社最適・個別最適・スピード)

ビジネスには**スピード**が重要です。なるべく早く市場にサービスをリリースしたり社内に新サービスを展開したりすることがビジネスの成功に直結します。一方で、スピードだけを重視していると、リリースした複数サービスで品質がまちまちだったり、機能の重複や複雑化が起こったり、最悪の場合は品質の劣化からセキュリティインシデントを起こして結果としてユーザー体験を損ねビジネスの失敗にもつながります。企業ではブランド価値を守るため、あるいは将来的なサービス拡充を見据えて、ガバナンスを効かせて**品質**を一定以上に保つことが重要です。一般的に、スピードとガバナンスは相反関係、トレードオフ関係と言われます。もちろん、両方同時の実現を目指すのですがそこに技術的な正解があるわけではなく、どちらのどの部分に重きを置くか、優先度をつけるかは企業によって異なり、業界によってもさまざまです。検討していくにあたって重要なポイントを以下に記載します。

全社認識合わせ

企業内の各部門によってその部門の目的意識の違いから優先度が変わります。部門内の多様な意見や優先度をすり合わせ、認識を合わせていく活動が重要になります。その助けとして、上に記載したCAF Workshopなどを実施し、関係者を集めて認識を合わせる場を作ることは重要です。また、先頭に立ってクラウド利用の情報を集約し判断をするクラウド推進組織を作り、その組織の場で各部門の認識を合わせていくという活動も重要となります。前述のとおり、経営層による意思決定、方向性の指示、表明も全社認識合わせのために重要です。ビジネスの成功という共通目標のもとに、実際には、これら複数の認識合わせの施策を実施していく必要があります。

各ステージで繰り返し

認識合わせは1回きりではありません。SofAのそれぞれのステージでの認識合わせが必要になります。

一般的に、各部門は通常の業務に従事しており他部門のクラウド利用に関心やモチベーションがあるわけではありません。たとえば、SofAで言う「プロジェクト」のステージで、ある部門のシステムをAWSに移行する際、それ以外の部門にはモチベーションがないため、ガバナンスの全社認識合わせをしようにもなかなか協力は得られません。いったんそのシステムに特化した形での判断になることが一般的です。

その後、基礎固めのステージや大規模移行のステージになっていろいろな部門が関わるようになってきたり、重要システムが移行することになってはじめて各部門がモチベーションをもって意見や優先度を主張してくることが通例です。

各ステージのそれぞれの範囲でスピードとガバナンスの優先度認識合わせを繰り返していく必要があります。

自動化

スピードとガバナンスのトレードオフ関係の1つのクラウド的解決策が**自動化**です。品質のぶれや不一致、設定漏れなどによる品質劣化が起こる最大の原因が人手による作業です。そこで、標準的なルールとプロセスを定義し、それを自動化することで、品質の担保を行い、かつスピードを速めることができます。自動化は、運用負荷の軽減やスピードだけでなくガバナンスのためにも重要な要素となります。
もちろん自動化ですべて解決するわけではありません。実際には、自動化の前段階のルールやプロセスの標準化が難しく、自動化が解決策となるケースは限定的かもしれません。自動化を考慮に入れつつ、スピードとガバナンスのトレードオフ関係の整理や解決を検討していくということも検討ポイントの1つとなります。

#11-07 まとめ

クラウドの利用により企業のIT部門は、自社のビジネスに直接的に貢献できるプラットフォームを手に入れました。それぞれの企業で最適な形でのクラウド利用の計画においては、企業のおかれた各ステージで、6つのパースペクティブに沿った仕組み作りをしていく必要があります。本章では、それを考えるための枠組みといくつかの検討例を説明しました。また、AWSでは、SofAやCAFといった枠組みに基づき各種情報を資料や動画の形でも提供しています。本書の内容やそうした情報を参考にしつつ、企業でのクラウド戦略立案に役立てていただければと思います。

AWS ブログ：Stage of Adoption
https://aws.amazon.com/blogs/enterprise-strategy/the-journey-toward-cloud-first-the-stages-of-adoption/

AWS ホワイトペーパー：AWS Cloud Adoption Framework
https://docs.aws.amazon.com/whitepapers/latest/overview-aws-cloud-adoption-framework/welcome.html

AWS ホワイトペーパー：Cloud Value Benchmarking
https://pages.awscloud.com/rs/112-TZM-766/images/cloud-value-benchmarking-study-quantifies-cloud-adoption-benefits.pdf

PART 3

［実践編］

戦略立案と
組織体制

#12 クラウド推進組織の設立

#12-01 クラウドジャーニーの壁

陥りがちな問題

クラウドジャーニー（Chapter 11参照）に沿って必要なタスクを実施していくことでクラウド導入が進みます。しかし、いざタスクを実行しようとすると、現場ではさまざまな問題にぶちあたるのではないでしょうか。たとえば、どこから手をつければよいかわからない、社内のルールがクラウドに適応していない、社内にクラウド技術者がいない、など。AWSではこれまで数多くのエンタープライズ企業のクラウド導入を支援してきました。それらの経験をもとに、企業のクラウド導入で陥りがちな**10の問題**を挙げます。

1. 机上での評価作業から抜け出せず、初期フェーズで足踏みする
2. 外部パートナーへの依存度が高く、社内での検討にも時間がかかり、進まない
3. ガバナンスが機能せず、セキュリティ面でのリスクが散在する。または、判断がつかず足踏みする
4. ナレッジ不足、経験不足により導入・移行スピードが上がらない、品質面でも課題が残る
5. 既存部門横断の新しい取り組みが組織の壁により進まない
6. クラウド導入の取り組みが全体に認知されない、社内ユーザー側への動機付けが弱く利用されない
7. 既存のプロセス、既存の枠組みや考え方のままクラウド導入を進めており、クラウドの効果が半減する
8. 運用フェーズでの改善が行われず、作ったままになっている
9. インフラ部門の要員のみの推進では、アプリケーション全体を含むクラウド最適化が図られない
10. 育てた人材が流出してクラウド導入が停滞する

問題を乗り越えるポイント

これらの問題にどう対処していけばよいのでしょうか。まずは**実際に触ってみて実体験を得てみる**ということが挙げられます。最初から最終形態のような完全形を求めるのではなく、小さく始めて大きく育てるというような考え方に切り替えることが大切です。
そして、これらの問題を場当たり的に対処するのではなく、中長期的にクラウド戦略をリードするチームとして、**クラウド推進組織**（Cloud Center of Excellence / CCoE）が必要になります。クラウド推進組織が力を発揮して活躍できるためには**エグゼクティブによる明確な方針**や支援体制の確立が欠かせません。
具体的には、クラウド推進組織に優秀なリーダーをアサインすること、ヒト・モノ・カネ

の観点で十分なスポンサーシップを提供することといったクラウド推進組織への後方支援はクラウド推進を加速させるでしょう。
また、社内に向けて「クラウドファースト宣言」を出し、全社的な方向性を示すことで、社内の協力を得られやすくなり、社内変革のベクトルを揃えることができるようになります。クラウド導入はそれ自体が目的ではなく、それによりビジネスの価値を高められる、あるいはコスト削減などビジネスの成果を得られることが目的です。そのためには、クラウドをより高度に効果的に使いこなすことが重要になります。これは技術力を高めるだけでなく**組織構造や各種プロセスの見直しまで踏み込んだクラウド最適化**を目指すことが大切です。

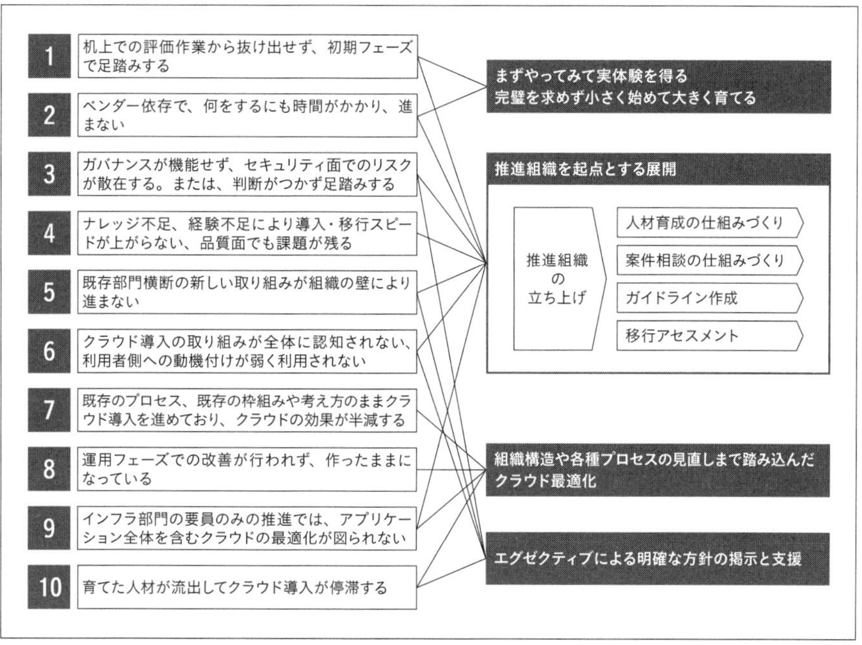

図12-1-1 問題を乗り越えるポイント

クラウドジャーニーに関わるステークホルダー

クラウド導入により影響を受ける人たちとして、まずは、実際にクラウド環境でシステムやサービスを開発するシステム開発担当者がいます。システム開発の現場やITプロジェクトでは、クラウドを活用してより早く、より柔軟に、より効率的なシステムを構築したいと考えます。また、エグゼクティブは、クラウドを活用してITの生産性を高め、新規ビジネスやサービスの創出に期待します。全社的に素早くクラウド活用を進めたいと考えます。さらには、社内の調達購買部門、セキュリティ部門、法務部門にとっては、クラウドは新しいスタイルであり、それに応じた社内のルールの見直しや新規取り決めが必要となります。これらステークホルダーの中心に位置して、**それぞれの期待や要望をうまく解決していく**のが、クラウド推進組織です。

エンタープライズ企業にクラウドを導入するということは、新しい大きな流れを作っていく作業であり、さまざまな役割の人たちとさまざまな取り組みを同時並行で進めていく必要があります。そのためには、社内の中心で活動の起点となり、会社を動かしていくチームが必要になります。クラウド推進組織が、**開発現場が必要とする情報やスキル、ガイドラインや環境の提供を行う**ことで、クラウド環境での快適な開発作業を助け、社内に点在するノウハウやアセットを収集・共有して有効活用します。また、クラウドを利用する上で、従量課金であるクラウドの商流に対応するために調達や購買部との事前の取り決め、クラウドプロバイダーと契約する際のカスタマーアグリーメントや取引先調査など法務観点での事前確認、クラウドプロバイダー選定時のセキュリティ審査やクラウド特有のセキュリティルールの策定など、テクノロジー以外の観点で社内ルール上の障壁となりかねない潜在的な課題を事前に取り除いておくことも重要です。

こういった事前の調整が済んでいることで、システム開発チームやプロジェクトチームはビジネスロジックに専念することができます。そして、これら多方面に渡る活動を支える存在が、エグゼクティブのスポンサーシップであり、クラウドを活用してITやビジネスを変革したいという強い思いです。全社横断的な活動や新しいスキームを確立するといったチャレンジングな課題に取り組むクラウド推進組織に対して、必要なヒト・モノ・カネを供給することがエグゼクティブの役割です。またクラウド導入に向けた強い意思を「クラウドファースト宣言」として社内に発布し、クラウドを活用してITとビジネスに変革を起こすんだという意思表示が重要になります。クラウドファースト宣言があることで、クラウド推進組織はこれを錦の御旗として掲げ、社内変革に突き進むことができます。

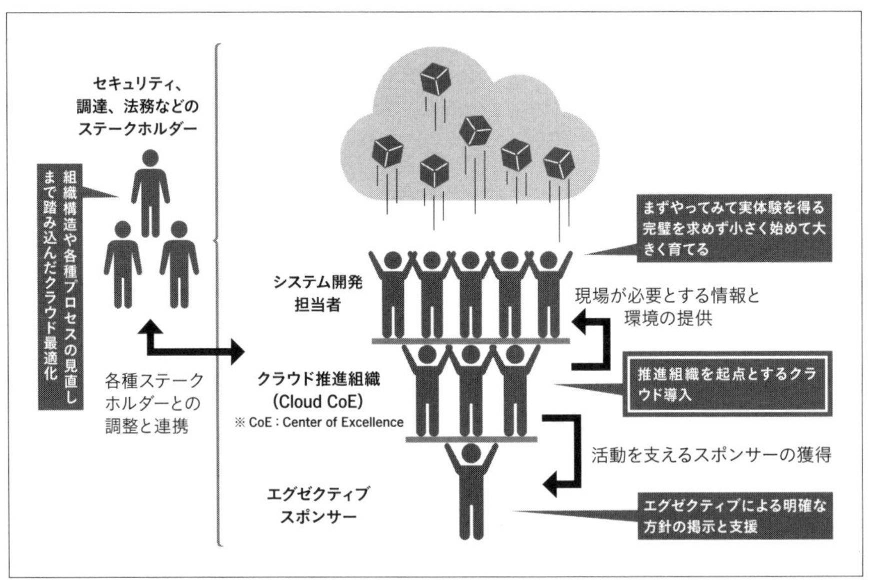

図12-1-2 クラウド推進組織とステークホルダーの関係

#12-02 クラウド推進組織とは

クラウド推進組織の必要性

エンタープライズ企業におけるクラウド導入は、従来のオンプレミスベースでのITのやり方を大きく変えます。テクノロジーの変化は、オペレーションやセキュリティといったITプロセスに変化を及ぼし、さらにはクラウドを活用した新しいビジネスやサービス創出、人材や組織の変革、ルールやガバナンスの見直しにまで影響する場合があります。これらの変化は、ある特定の開発チームやITインフラ部隊に閉じる問題ではなく、全社のIT関係者を巻き込んだ変化が必要になってきます。そのため、社内の各所で起こる課題や調整を横断的に解決し、組織の枠を超えてクラウド導入を推進できるチームが必要です。これがクラウド推進組織です。

クラウド推進組織の位置付け

クラウド推進組織は、社内各所で発生するクラウド導入における課題や調整ごとを迅速に解決し、クラウド導入における障壁を取り除く役割を担います。そのためには社内横断的に活動しやすい位置付けであることが望ましいです。CIO直轄の組織に位置付けたり、社内の技術開発部門に位置付けて、アプリ部隊とインフラ部隊の双方と協力できる体制が理想的です。エンタープライズ企業の場合、事業部やグループ会社の単位でIT組織が存在することもあります。その場合は、事業部単位、もしくはグループ会社単位が、クラウド推進組織の活動範囲になります。この場合も、組織全体を見渡してバランスの取れた活動ができる部隊であるとよいでしょう。いずれのケースにおいても、クラウド推進組織は、期待される活動範囲におけるITやビジネス変革の実現を最終目標とし、そこに至るためのクラウド導入と活用の道筋をつけていくことが重要です。

必要となるタイミング

では、クラウド推進組織が必要になるのはどのタイミングでしょうか。一般的にクラウドジャーニーにおける**「基礎固め」のステージでクラウド推進組織を立ち上げるケース**が多いようです。
クラウドジャーニーの「プロジェクト」ステージでは、クラウド利用は特定の部署や特定のプロジェクトに閉じていて、限定的な範囲での利用です。クラウド利用にまつわるさまざまな課題や疑問は、各部署や各プロジェクトが個別に対応している状態です。それが「基礎固め」のステージになると、社内のさまざまな場所でクラウドを利用したプロジェクトが始まり、また社内のIT部隊やインフラ部隊も社内共通クラウド基盤を提供したり、社内標準としてのクラウド利用にシフトします。
それにより、各部署や各プロジェクトが社内ルールの調整や個別の調達を行っていては、全社的に見ると重複作業や無駄が積み重なることになります。またあるプロジェクトにおけるクラウド技術や成功のコツ、再利用可能な部品やアセットなど、他のプロジェクトにも役立つ知識やノウハウが蓄積され始めますが、それを社内横断的に収集して共有することで、より効率的にクラウド導入を進めることができます。このように、限定的な範囲でのクラウド利用から、全社標準としての利用に成長するタイミングで、クラウド推進組織が活躍することになります。

#12-03 クラウド推進組織の役割と活動例

社内の各種ステークホルダーと連携して、クラウド活用をスムーズに進めるために、クラウド推進組織はどういった活動を行えばよいのでしょうか。具体的なアクティビティを見ていきます。

1. ビジネス開発・サービス企画

なぜクラウドが必要なのか、クラウドを利用して何を実現したいのか、自社におけるクラウド導入の目的を定義します。エグゼクティブやビジネスオーナーにとっては、新しいサービスやビジネスを創出し、自社のビジネス領域を拡大していくために、クラウドは欠かせない技術のはずです。クラウドを利用してどういった**ビジネス開発やサービス企画**を実現したいのか、ビジネス観点での目標を明確にします。
それを実現するために、自社ではどういうクラウドの使い方をするのがよいか、どこからクラウドを導入していくか、自社にあったクラウド導入の道筋として**ロードマップを策定**します。このロードマップは、中期計画や事業計画の一部となり、IT施策として実行されます。
これらIT施策の一部は、クラウド推進組織がオーナーとなって進められます。社内で共通的に使われる機能やアセットは、クラウド推進組織が中心となって社内横断的に維持管理し、社内サービスとして提供すると効率的です。それら**社内クラウド基盤の企画とメニュー開発**を行います。現場のニーズやフィードバックを元に、現場が必要としている機能を共通サービスとしてメニュー化できるよう、企画・開発していきます。これら一連の活動を、クラウド推進組織として実行していく上で、予算・リソース・体制・スケジュールといった**クラウド推進組織活動計画**も必要になります。

2. 社内営業・調整

ITがオンプレミスからクラウドに変わることで、ハードウェアやデータセンターへの巨額な投資から使った分だけ支払う従量課金のモデルに変わります。社内における投資審議のあり方、プロジェクト予算の立て方、購買や調達の経路を変える必要が出てきます。しかし社内の経営企画や調達購買部門はこの変化に気づいていません。クラウドを利用する各プロジェクトや各担当者が個別に経営企画や調達購買部門と話をしていては、プロジェクトが増えるほど無駄なやり取りや重複が大きくなります。
こういったクラウド利用に伴う**社内ルールの変更**について、経営企画や調達部門と事前に確認できていれば、プロジェクトチームはシステム開発に専念できます。同様に、契約先としてのクラウドプロバイダーの審査や会社登録、カスタマーアグリーメントの契約条項の確認など、法務部門との調整も必要です。情報セキュリティやコンプライアンス部門に対しては、クラウドにおけるシステム監査のルールや責任共有モデルに基づいたセキュリティ管理の対象の見直し、クラウド版セキュリティチェックリストの新規作成などを働きかけ、事前にルール化しておきます。
こういった**社内のバックオフィス部門との事前連携**を済ませておくことで、クラウド利用における障壁を事前に取り除くことができます。クラウドを利用してビジネス創出につなげたりIT変革を実現するためには、社内で幅広くクラウドを利用し、クラウドにより得られるベネフィットを大きくしていく必要があります。また、システム開発チームやプロジェクトチームからすると、社内の各種ルールが調整済みであったり、共通機能が社内サービスとして提供されていたり、他のプロジェクトの成功事例やアセットが共有されていることを知らずに、車輪の再発明に無駄な時間を費やしていることもあります。クラウド推進組織は、自らが企画・開発したクラウド共通サービスを社内に広く知れ渡るように**社内宣伝活動や営業活動**を行います。より多くのプロジェクトの成功を支援し、社内横断的にクラウド利用を加速することで、ひいては、クラウドによる柔軟性・拡張性・俊敏性・コスト削減などの効果がより広範囲で得られることになります。クラウド推進組織が主催して**社内向けの説明会**を開催する、社内Wikiページを整備して各種ガイドを公開するといった活動も重要です。

3. クラウド共通基盤サービス提供

従来のオンプレミスでは、多くのITインフラリソースは、事業部やプロジェクトごとに保有するのではなく、全社共通リソースとして、主にIT部門により構築・維持管理されていました。たとえば、データセンター設備やWAN/LANネットワークインフラ、インターネット回線とWAFやIDS/IPSといった外部接続基盤、共用インフラによる仮想サーバーやデータベースサーバーの共同利用、監視・ログ・バックアップ・ジョブスケジューリング・認証・ディレクトリといった共通運用基盤、ファイアウォールやアンチウイルスなどセキュリティ機能など。
クラウド環境においても同様に、IT部門がこれらの機能を共通基盤サービスとして社内に提供することで、従来型のIT運用モデルや組織体系を変えることなく、クラウド環境の利用にシフトすることが可能です。特に、IT部門の技術者が中心となってオンプレミスからクラウドへの転換を進めている場合は**社内AWS共通基盤サービス**を提供しているケースも多く見られます。その場合、社内共通サービスとしての**AWS基盤の設計・構築・運用**もクラウド推進組織の役割となります。
また、クラウド利用が成熟するにつれて、オンプレミス時代に作成された運用フローを見直し、クラウドに適した**運用自動化や効率化**を進めることも重要です。クラウドジャーニーでは、特に「基礎固め」ステージにおいて、一時的にオンプレミスとクラウドのハイブリッド環境となります。運用負荷が単純に2倍にならないよう、クラウドの運用を自動化し、運用担当者の負担を軽減することが重要です。
こういった運用の改善についても、段階的に実施できるよう、ロードマップに考慮しておく必要があります。AWS基盤における**コスト管理とコスト最適化**も重要なタスクです。AWSが公開しているホワイトペーパー「基盤を築く：コスト最適化のための環境整備」でも、コスト最適化のためにクラウド推進組織を立ち上げることを提唱しています。
AWSではアカウントと呼ばれる単位で環境が分割されます。AWSの利用が進めば進むほど、社内にAWSアカウントが増えていき、その管理や全体的なコスト抑制が必要となります。社内の各システムにどう費用配分を行うのか、各システムが共用するような専用線の費用をどこが負担するのか、リザーブドインスタンスのような割引の仕組みをどう適用するか、など、社内AWS共通基盤サービスの商流を考えるのも重要なタスクです。
クラウド推進組織がプロフィットセンターである場合は、共通基盤サービスの提供に運用を付加価値として乗せて、利益を捻出する必要があります。そうすると、全社的なコスト抑制への意識が薄れたり、中間マージンを取るだけの存在になってしまう恐れがあります。ある企業では「クラウド推進組織の社内AWS共通サービスを使うより、自分たちでAWSアカウントを開設した方が安い」といって共通基盤の全社的なメリットや価値が薄れてしまった例もありました。クラウド推進組織の価値評価を、社内AWS共通基盤からの売上でみるのではなく、全社的なITコストの削減や適正化で評価することが大切です。

4. 個別案件対応

社内でクラウドを使った開発プロジェクトが増えてくると、**社内のクラウド技術者が不足**してきます。新規のシステム開発プロジェクトを立ち上げたが、クラウドアーキテクチャーを設計できる人材がいないといったケースも多いのではないでしょうか。その結果、クラウドのよさを活用できていないシステムアーキテクチャーになっていたり、セキュリティ対策が不十分であったり、想定以上にコストが膨らんだりと、逆効果にもなりかねません。
プロジェクトにおけるクラウド技術者の不足は、自社のIT技術者のスキルや人員だけでなく、協業パートナーや開発ベンダーにおいても同様にスキル不足や技術者不足になっている場合もあります。クラウド推進組織は、クラウドに不慣れなプロジェクト現場にとってのよき相談先として**社内向けクラウドコンサルタント**の役割を担います。
相談の内容は、プロジェクト企画段階におけるプロジェクトコストやROIの試算、クラウドプロバイダーやクラウドに強いSIベンダー選定のアドバイス、クラウドを前提としたRFP/RFIの書き方、など、プロジェクト計画フェーズの支援から、クラウドプラットフォームの**アーキテクチャーレビューや設計支援**、運用設計、構築・テスト支援といった設計構築フェーズの支援、リリース後の運用改善や最適化へのアドバイスなど、プロジェクトライフサイクルを通して幅広い支援を提供します。
時には、プロジェクトメンバーとしてプロジェクト体制に組み込まれ、どっぷりとプロジェクト活動に従事することも求められます。プロジェクト支援を通して、自社の技術者や協業パートナーのクラウドスキルが上がり、自立を促すことが大切です。
この時期になると、クラウド推進組織が直接関与しているプロジェクト以外にも、社内にはクラウドプロジェクトが多数立ち上がっていることが多いでしょう。全社横断的にクラウドプロジェクトの状況を把握し、プロジェクトの進捗や問題点を確認しておくといった**案件管理と案件相談対応**を行うことも重要です。技術的な問題によっては、他のプロジェクトで解決した事例があったり、既存の部品やアセットを流用できたり、と、知っていれば解決できる問題もあるはずです。クラウド推進組織がハブとなって、クラウドナレッジやアセットを各プロジェクトに共有することで、全社的なシナジーを発揮でき、より効果的にクラウドを利用することができます。

5. ガイドライン

社内クラウド共通基盤サービスの提供や個別案件へのコンサルテーションを通して、成功事例のアーキテクチャーや、ユースケース別のアーキテクチャー、セキュリティ監査を通りやすい設計のコツなど、自社固有のクラウドベストプラクティスが蓄積されます。それらを**標準化ガイドライン**として文書化し、社内に展開する作業もクラウド推進組織の重要な役割です。

ガイドラインには複数のモデルがあり、用途に応じて使い分けることが必要です。社内クラウド共通基盤サービスとして提供している場合は、クラウド基盤の構成要素や設計、サービスの使い方や申請方法などを記述した**サービス利用ガイド**を用意します。
システム開発チームやプロジェクトチームに対しては自社のクラウドベストプラクティスやリファレンスアーキテクチャーを記載した**クラウド開発ガイド**を用意します。クラウド開発ガイドは、開発チームやプロジェクトが協業パートナーに開発委託する際にも活用でき、ガイドに沿って開発を委託することで品質やセキュリティを担保し、納品物のチェックやテストをスムーズに実施することができます。

また、クラウドを活用したシステムとデータの情報セキュリティを守るために**セキュリティガイドライン**を用意します。オンプレミスでもセキュリティチェックリストやセキュリティポリシーといった社内ルールが定められていたのではないでしょうか。それらオンプレミス版のルールをそのまま使うのではなく、クラウド版を用意することが必要です。
オンプレミス版では、たとえば物理アクセスの監査や機器廃棄時の手続きなどクラウドでは意識する必要のない項目が含まれていたり、ファイアウォールやルーター機器を用いて物理的に隔離するといったクラウドでは実装方法を変える必要がある項目が含まれていたりします。オンプレミス版のチェック項目をそのまま適用することで、無駄な作業を増やしたり、防げるチェック漏れを見逃したりするリスクがあります。そのため、クラウドに応じたセキュリティガイドラインを用意することは、開発チームやプロジェクトチーム、ひいてはセキュリティ監査部隊の無用な負担を減らし、より安全に利用できるメリットがあり、大きな効果が得られます。

セキュリティガイドラインを作成する上では、クラウド導入の早い段階でセキュリティ部隊を巻き込み、セキュリティ部隊のメンバーにもクラウドとオンプレミスの違いを正しく理解してもらい、セキュリティ部隊が納得するガイドラインに仕上げることがポイントです。
また、クラウドガイドラインは一度作成すれば終わりではなく、継続的に更新していく必要があります。クラウドサービスの特徴として、特にAWSでは多くのサービスアップデートがリリースされます。新サービスによりベストプラクティスが上書きされる、よりよいアーキテクチャーを作成できるようになることもしばしばです。ガイドラインの**維持管理・改訂・社内展開**も重要な活動です。半年に一度、最低でも一年に一度は改訂して最新サービスに追随していくのがよいでしょう。

6. 社内向け教育

社内のクラウドプロジェクトが増え、より多くのクラウド技術者が必要になってくると、クラウドトレーニングをより効率的に提供する必要が出てきます。CAFの初期段階である「プロジェクト」ステージや「基礎固め」ステージでは、アドホックな技術QA対応でも間に合うでしょう。しかしプロジェクトからの個別の相談に都度回答するようなリアクティブな対応だけでなく、プロアクティブな対応として**社内向けクラウド勉強会**を開催することを計画しましょう。
こういったイベント型の勉強会は、単にクラウド技術を広め、社内のクラウドリテラシーを向上するだけに止まらず、実際のプロジェクト現場や社内技術者のニーズを収集できる絶好のチャンスです。勉強会の参加者にアンケートを実施し、現場のニーズやフィードバックを集めましょう。それら、ユーザーの声が、社内AWS共通サービスの改善やクラウド推進組織活動計画に反映され、より現場が求めるサービスへと進化を続けることができます。
ある企業のクラウド推進組織では、大規模な社内向け勉強会を定期的に実施し、多くのフィードバックを集めています。社内ユーザーの声をもとに、現場で求められる次世代サービスや新技術のトレンドを掴み、まずはその新技術をクラウド推進組織が身につけます。そして、その新技術にあったサービスやガイドラインを新規で作成し、社内へ展開し、また意見を集める活動につなげています。この活動はフィードバックサイクルと呼ばれ、継続的なサービス改善に止まらず、継続的なクラウド技術者のスキルアップに役立っています。
この企業では、クラウド推進組織が中心となって積極的に情報発信を行っており、たとえば**社内向けクラウド技術ブログ**で最新の技術トレンドを発信したり、クラウド推進組織の活動を公開しています。ブログでは**社内の成功事例**も公開しています。クラウド推進組織がプロジェクトチームにインタビューを行い、その成功のポイントやどのように課題を克服したかなど、リアルな体験談を掲載しています。
また**社内クラウドWiki**を整備して、ガイドラインやサンプルプログラムなど共有可能なアセットを整理しています。さらにクラウド導入が進み、「大規模移行」ステージになると全社横断的なアプローチが必要になってきます。たとえば、特定のクラウド開発チームだけが対象ではなく、全社のIT技術者が対象になってきたり、あるいは新入社員の全員が身につけるべき基礎教養として位置付けられます。

7. 自身のスキル向上

クラウド推進組織は、社内のクラウドエキスパートとして高い技術力を求められます。社内の標準ルールやセキュリティルールを決める、個別プロジェクトや個別案件の技術アドバイザーを担う、社内向け講師として勉強会やトレーニングを開催するなど、技術力の観点でも社内のクラウド推進をリードします。
クラウド推進組織が技術面での優位性を維持・向上できるよう、社外のワークショップに参加したり**上級者向けのトレーニング**に参加することも必要になってきます。AWSでは無料のハンズオンセミナーやオンラインセミナーを提供していますので、そういった機会を活用いただくのもよいでしょう。継続的な技術習得のモチベーションとして**資格取得**を目標にするのも1つのやり方です。資格取得数をクラウド推進組織メンバーのKPIとすることもよいアイデアです。
またAWSにはJAWSやE-JAWSといった**ユーザーコミュニティ**があり、たくさんのAWSユーザーが集う場があります。社外の技術者と交流することで、社内にはないような新しい知見やノウハウに触れることができます。ぜひ積極的に参加するとよいでしょう。
また、自社で経験したクラウド技術やノウハウは、ぜひ**社外イベントで発表**して共有してください。社外に発表できるほどの成果があるという自信につながりますし、また外向けに情報発信することで、外からの情報も集まってきます。コミュニティを通じて自分自身を鍛えることができます。IT雑誌の取材や、各種イベントへの投稿など、情報発信の手段はたくさんあります。
外部への情報発信は、まわりまわって社内の技術者や経営層の目にもとまります。自社のクラウド事例が社外の記事になっている、それを外からの情報で知ったとなれば、そのインパクトは想像以上に大きく、社内の技術者や経営層に大きな勇気を与えることでしょう。
クラウドは技術革新が早く、次々と新しいサービスや機能がリリースされます。社内のクラウドユーザーは、いち早く新機能を利用することで、よりよいシステムへ進化します。現場のプロジェクトから求められる技術はクラウド利用の成熟に伴い変わっていきます。その社内ニーズの変化に追随して、先回りができるよう、絶え間ない自己研鑽が必要です。

#12-04 さまざまなクラウド推進組織のパターン

クラウド推進組織の活動例を見てきましたが、すべてのエンタープライズ企業がこれら全部の活動をカバーするクラウド推進組織を立ち上げなければならないのでしょうか。最初からすべてをカバーする必要はありません。クラウドの第一歩として小さく始めて大きく育てる話をしましたが、クラウド推進組織も同じことがいえます。自社のクラウド成熟度や自社のクラウド利用形態に合わせて、自社に最適なクラウド推進組織の役割を定義する必要があります。ここでは4つのエンタープライズ企業におけるクラウド推進組織の事例を紹介します。

1. A社はクラウド利用の歴史が長く、すでに10年近くAWSを利用しており、社内のさまざまな部署でクラウドを活用されています。A社のクラウド推進組織では**ガバナンス、アカウント管理、社内向け技術向上**に取り組んでいます。ガバナンスの観点では自社のクラウド利用の位置付けを定義したり、クラウド利用のガイドラインを発行しています。セキュリティや調達・契約など他部門との調整も支援します。技術向上の一環として社内に点在するノウハウの収集や社内アーキテクチャーリファレンス、また個別案件への技術支援など幅広く取り組まれています。A社はクラウド利用の経験も豊富で成熟度が高いため、クラウド推進組織も徐々に役割を広げながら今では前述の活動例の大部分をカバーしています。クラウド推進組織として先進的な事例です。

2. B社はエンターテインメント業界のエンタープライズ企業です。クラウド導入に先立ち**社内人材の教育**が必要と考え、習得すべきスキルを整理しました。B社の特徴は、トレーニングに必要な4つの検討要素としてクラウド技術や教育コストはもちろんのこと、組織変革や社員一人ひとりのマインドチェンジも必要だと気づいたことです。たとえば、クラウド利用におけるコストの考え方、クラウドのスピードを活かすための内製化、体系的なトレーニングによる人材の底上げを重点施策として推進されています。

3. C社は小売流通の企業で、かつては自社データセンターの活用や維持管理を優先していました。クラウド推進組織は、AWS上に**社内共通クラウド基盤**を設計・構築し、社内サービスとして提供しています。継続的なルールや運用の見直しを行い、クラウド推進組織の技術力向上に取り組んでいます。また**個別案件への技術支援**を行い、社内のクラウド事例を増やす活動に取り組んでいます。

4. D社はクラウド利用に先立ち、クラウド推進組織の立ち上げが最初の一歩でした。社内にはまだクラウドの利用例が全くない状態で、社内の技術者もクラウドに興味関心がありませんでした。そのような状態の中、クラウド推進組織はたった一人の社員からスタートします。外部のクラウド専門家を招き入れ小さなチームを作り、クラウド利用における**社内ガイドラインの作成**から始めました。社内向けにガイドラインの**説明会を開催**し、クラウド利用における社内ルールの周知とクラウド活用の促進を実施っしました。こうした地道な社内展開の活動のなかで、クラウド技術に興味をもつ人材を見つけ出し、社内でスカウトし、クラウド推進組織へ引き入れていきました。こうしてクラウド推進組織の成長に伴い、D社のクラウド利用も徐々に成熟段階へシフトしていきました。まさに小さく初めて大きく育てられたクラウドらしいアプローチであり、その成熟の過程もクラウドジャーニーに沿った王道のような進め方で成功しました。

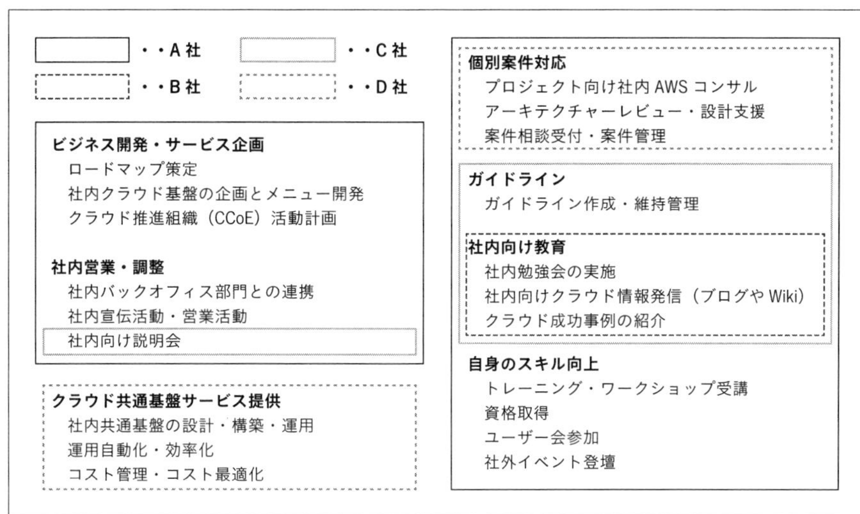

図12-4-1 クラウド推進組織の活動例

すでにクラウド利用で実績を上げている4社の例を見てきましたが、それぞれのクラウド推進組織の役割や重視する施策は企業ごとに異なっていることに気づかれたのではないでしょうか。
企業ごとに組織の構造、自社の強みと弱み、技術者のスキルレベル、クラウド導入の目的など、置かれている環境は千差万別です。そのため、自社に最適なクラウド推進組織を立ち上げることが重要です。他社事例を真似しただけの組織や借り物のチームでは、クラウド推進組織は成功しません。
また外部パートナー任せや丸投げでもダメです。クラウド導入は自社のITやビジネスを大きく変革する転換点であり、その転換点を乗り越えるために自社の意思を持った組織が必要です。
活動例に挙げたすべての項目をカバーするのではなく、自社として戦略的に優先すべき最初の項目は何かを深く考えて、活動を始めることが大切です。そのためには、クラウド推進組織自身が、自分たちの価値定義をしっかりと行い、活動のゴールや道筋を明確にすることが必要です。

クラウド推進組織として自分たちの価値定義ややるべきことが明確になれば、取り組むべき活動においてもその特徴があらわれ、より快適にクラウド導入が進められます。
たとえば、クラウド推進組織の重要なタスクの1つにガイドラインの作成がありますが、このガイドラインの記載内容についても、企業や組織ごとに異なります。

クラウド利用ガイドラインのパターンは大きく3つに分類されます。
1つ目は**ガバナンス重視型**です。クラウド利用をある一定のルール内に制限し、ガバナンスや安全性の強化を目的とします。クラウド推進組織が中心となって社内ルールの細部に至るまで定義し、ユーザーがそれに従うようコントロールします。利用可能なAWSサービスを限定したり、権限付与に制限を与えたりと強制的にルールを適用することもあります。社内のユーザーにとっては、安全かつ簡単にクラウドが利用できるので、最初の一歩を踏み出しやすくなります。一方で利用に制限があることから自由度は犠牲になる場面もあります。クラウド推進組織にとっては、ルールの細部を決めてドキュメント化し、頻繁に更新する作業が発生したり、サービスカタログのような定型化されたメニューやアセットを準備しておくなど、作業ボリュームは増加する傾向にあります。ガバナンス重視型は、金融業界の企業や情報保護を重視する会社に見られるパターンです。

2つ目は**バランス型**です。クラウド利用におけるルールや制約は、リスクの高い箇所やコストに影響する箇所など、ガバナンスを強化すべき箇所を絞って対策を行います。社内のユーザーにとっては、守るべき場所やリスクの高い場所がガイドラインとして示されているため、アーキテクチャーレビューや設計・構築時のテストすべき箇所など、ポイントがわかりやすく、効果的な対応策が取りやすくなります。
ある一定のガバナンスやセキュリティの制約はあるものの、その範囲においては高い自由度をもってクラウドを利用でき、クラウドのメリットをより広く享受することが可能です。
ユーザーには、設けられている制約がなぜ重要で、なぜそれを超えてはいけないのかを正しく理解した上でクラウドを利用することが求められ、ある一定のクラウド技術の深さを持ち合わせておく必要があります。
クラウド推進組織としては、この一線を越えてはいけないといった外枠を決めておくことで、ユーザーがその枠内にいる限りはガバナンスを効かせることが可能です。この外枠をガードレールと呼び、バランス型はガードレール型とも呼ばれます。ガードレール型では、万が一、ユーザーが枠を外れそうになった場合に備えて、ルールの逸脱を自動で検知して通報もしくは自動で修正できるような仕組みを設けておくことも効果的です。これを発見的統制と呼びます。

3つ目は**権限委譲型**です。クラウド利用における細かいルールは設定せず、基本的にはユーザーの責任でクラウドを自由に使ってもらえる環境です。アカウント管理やサポート契約など、全社横断的に影響する箇所に限定して、利用ルールやガバナンスを定義します。よって、クラウド利用ガイドラインに記載の事項は限定的で、ドキュメントとしても数ページのガイドラインで済む場合もあります。
社内のユーザーにとっては、制約なしに利用することができるため、クラウド上であらゆる使い方を実践できます。しかし、情報保護やコスト抑制などもすべてユーザーの責任となるため、クラウドの高い技術力が求められます。
クラウド推進組織としては、ガバナンスに関連した作業は少なくなりますが、万が一、利用部門でインシデントが発生した場合には、その対処や原因分析に膨大な時間を要することもあります。利用部門がAPIログを残していなかったので原因分析ができなかった、といったケースも想定されます。権限委譲型は、社内のユーザーが内製の技術者で、かつ高度なクラウド技術を有している場合に限り、メリットを発揮します。デジタルネイティブの企業やスタートアップの会社などに見られるパターンです。

案	アプローチ	ガバナンス強度	利用部門の自由度	クラウド推進組織の負担
1	**ガバナンス重視型** サービスカタログ ＋利用手順	○ ユーザーの利用範囲をすべて管理し、利用方法をルール化する	× 自社でカタログ化されたメニューからのみAWS利用が可能	× 利用可能な範囲をカタログ化し、メニューを作成するなど運用の負荷が高い
2	**バランス型** 利用ルール＋ 推奨ガイドライン	△ リスクの高い箇所など特定の範囲のみルールを適用して管理する	○ AWS利用の自由度を完全には損なわないよう、調整することも管理	△ 特定の範囲のルール化が必要
3	**権限委譲型** 推奨ガイドライン	× 特別な管理は行わない	○ どのようなサービスも自由に利用可能であり、アジリティを損なわない	△ 管理しない分、負荷は高いがインシデント時の対応負荷が高い可能性がある

図12-4-2　クラウド利用ガイドラインの3パターン

#12-05　クラウド推進組織を立ち上げる

実際に自社に適したクラウド推進組織を立ち上げてみましょう。どのように進めればよいでしょうか。進め方の1つの例としては、クラウド推進組織が提供する価値や解決すべき課題を明確化にし、他の組織との関係性を含めロール＆レスポンシビリティを整理し、クラウド推進組織が実施するタスクの詳細化と活動計画を作成し、その上で組織の設立宣言を行っていきます。この一連の流れを5つのステップで説明します。

	アプローチ（案）	Sample Output	
現状把握／ゴール設定	・**ビジネスゴールの設定** ビジネスゴール、キードライバー、現状および想定される課題の確認 ・**クラウドKPI設定と関連付け** 他社事例を踏まえたクラウドKPIの設定、関連技術要素・クラウド要素、ビジネスゴールとの関連付け	Envisioning Workshop/ Value Map	
推進組織価値定義	・**推進組織の果たす役割と解決すべき課題／達成すべき課題の明確化** インセプションデッキをベースに価値定義の再確認 推進組織ToBe像策定 ・**（必要に応じて）バリューチェーン／業務フローの明確化**	インセプションデッキ／CCoE体制図	
推進組織の定義	・**CCoEの組織／Role & Responsibility定義** ・**詳細タスク化と各組織へのマッピング**	RACI Matrix	
クラウド人材育成計画	・**クラウド人材（主にCCoEメンバー）育成計画** 人材要件定義（必要なスキルセット・経験の定義） 各ロールにおけるラーニングパス設定	トレーニングプラン／ラーニングパス	
推進組織の立ち上げ	・**活動計画とロードマップ作成** ・**構成メンバーのアサイン、組織の設立宣言**	活動ロードマップ	

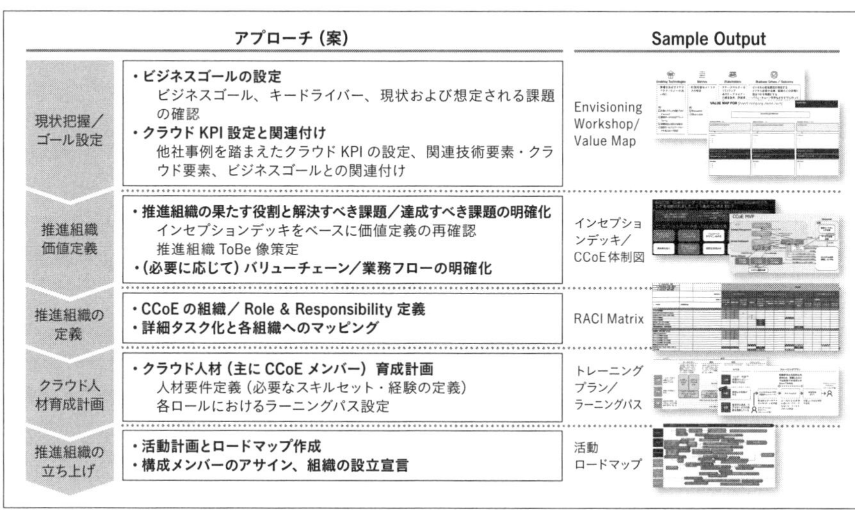

図12-5-1　クラウド推進組織立ち上げのための5つのステップ

1. 現状把握とゴール設定

会社にとってクラウド導入は、単にオンプレミスからクラウドへのIT技術の変化ではありません。クラウドによりビジネス領域を拡大できる、新規ビジネスを創出できる、より早くより大きくビジネス展開ができるようになる、その結果、会社の売上が拡大する、コストが削減され財務体質が改善されるといった、**ビジネスの成果（ビジネスアウトカム）を達成する**ことが最終ゴールのはずです。
しかし往々にして、クラウド導入を任された担当者はIT技術の変化として捉えがちです。ちょっと立ち止まって、なぜ我が社はクラウドを導入したいのか、を考えてみてください。最初に思い浮かぶのはハードウェアコスト削減や他社がやっているから、といった目先の理由かもしれませんが、少しずつ視座を上げながら繰り返し自問自答し、ビジネスがITやクラウドに求めていることは何かを考えてみてください。必要であれば、シニアマネジメントやエグゼクティブと会話して、ビジネスレベルでの目標を再認識してもよいかもしれません。自社が抱えているビジネス上の課題やチャレンジが見えてくれば、それを解決するためにクラウドを導入するんだという関係性が見えてきます。そのビジネスアウトカムの達成がクラウド推進組織のビジョンとして定義されることになります。

次に、そのビジョンを達成する、とはどういった状態を指すのか、具体的にイメージしてみます。たとえば売上であれば、20XX年度に売上XX%増を実現する、であったり、新規ビジネス創出であれば、20XX年度までに新サービスXX件をリリースする、といった数値目標に変換することが可能です。これらの数値目標は、中には間接的なものもあり、クラウド推進組織と直接的に因果関係がない場合もあります。しかし、ビジネスゴールをイメージするためにも、あえて数値化して考えることが重要です。そこから、ではその数値目標を達成するためにはクラウド推進組織としてどういった活動をするべきか、直接的に影響を及ぼす範囲に落とし込んで考えます。20XX年度までにクラウド導入率XX%を達成する、20XX年度までにデータセンターを削減してITコストをXX%削減する、クラウド技術者をXX人に増やす、といったより身近な目標になります。これらをクラウド推進組織のKPIとして設定することで、常にビジネスアウトカムを意識したクラウド導入を進めることが可能です。

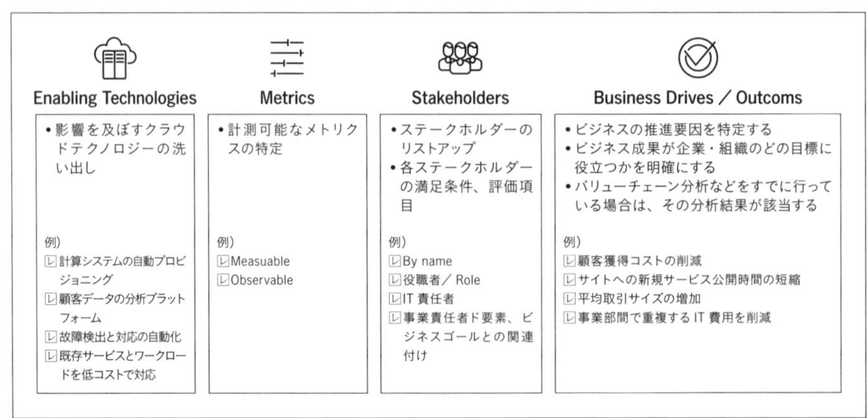

図12-5-2 クラウド推進組織の活動方針

2. 価値定義

クラウド推進組織の果たす役割と、解決すべき課題もしくは達成すべき目標を定義します。1つのやり方としてインセプションデッキを使う方法があります。インセプションデッキは10個の問いに答えていくことでプロジェクトの方向性を定義するツールで、特にアジャイルプロジェクトでプロジェクトの全体像を定義するときに用いられています。クラウド推進組織の活動定義としては、10個のすべての問いに答えてもよいのですが、特に、**図12-5-3**にある色付けした項目に着目するとよいでしょう。

我々はなぜここにいるのか
エレベーターピッチを作る
パッケージデザインを作る
やらないことリストを作る
ご近所さんを探せ
解決策を描く
夜も眠れなくなるような問題は何だろう？
期間を見極める
何を諦めるのかはっきりさせる
何がどれだけ必要なのか

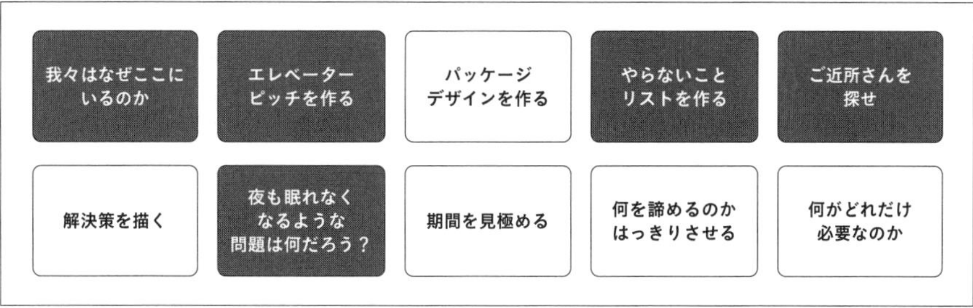

図12-5-3 インセプションデッキを使ったCCoE活動定義

たとえば、「我々はなぜここにいるのか」では、クラウド推進組織が必要な背景やゴールを、「エレベーターピッチ」ではそのクラウド推進組織の特徴を端的に説明するとしたら何なのかを定義します。「やらないことリスト」を作るでは、クラウド推進組織としてやるべきことやらないことを定義し、「ご近所さんを探せ」では、クラウド推進組織をとりまくステークホルダーとその責務を明確にします。また、「夜も眠れなくなる問題」については、たとえば活動予算が確保できない可能性があるなど、クラウド推進組織を進めていくにあたっての将来的なリスクについて確認していきます。

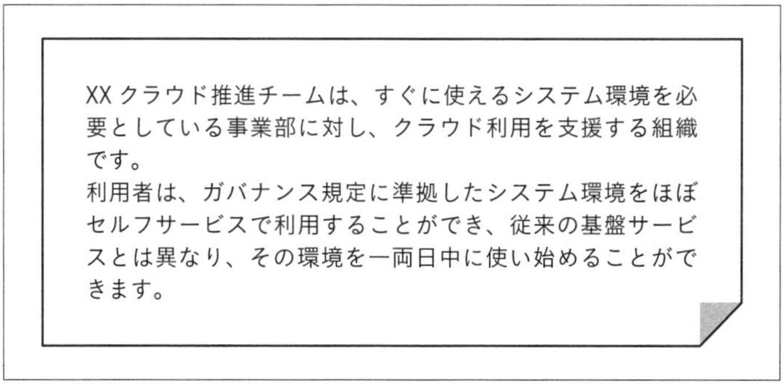

XXクラウド推進チームは、すぐに使えるシステム環境を必要としている事業部に対し、クラウド利用を支援する組織です。
利用者は、ガバナンス規定に準拠したシステム環境をほぼセルフサービスで利用することができ、従来の基盤サービスとは異なり、その環境を一両日中に使い始めることができます。

図12-5-4
エレベーターピッチの例

進め方としては、クラウド推進組織メンバーを集めてブレストのような形でディスカッションをしていきます。ポストイットやホワイトボードを使って進めるとよいでしょう。そして、それらのディスカッション結果をまとめていきます。このような形でクラウド推進組織が提供するサービスやプロダクトの特徴を整理することで、何を用意していくべきかをメンバー内でしっかりと共有します。

3. タスクと担当者の定義

価値定義のステップでクラウド推進組織が担うべきスコープが確認できました。それを具体的なタスクレベルに落としていきます。

タスクを考える上での土台としては、「#12-03　クラウド推進組織の役割と活動例」で挙げた7つの大項目およびタスクが参考になるでしょう。これらをより具体的に、タスクによってはより細分化して、作業レベルに落とし込みます。

このときに大事なことは、前述の7つの大項目のすべてをカバーしようと考えず、自社にとって必須のものは何か、自社のビジネスゴールに影響するものはどれかを考え、必要な作業を絞り込むことです。

上のステップ「2. 価値定義」で「やらないことリスト」を作成したと思います。クラウド推進組織が担うべき作業やタスクを絞り込むことで、自社の目標達成や課題解決にフォーカスした組織としてより価値が高まります。また着手すべき項目を絞り込むことで、第一歩を踏み出しやすくし、「小さく初めて大きく育てる」クラウド的なアプローチを取りやすくなります。これは他社のクラウド推進組織との差別化につながります。

タスクの洗い出しができたら、それぞれの担当者を決めていきましょう。そのタスクを実行するためにはどういった人材が必要か、その人材はどういったスキルを持っている必要があるか、どれくらいの作業量で何人ぐらい必要か、など、自社の人材ケイパビリティをイメージしながら、役割に担当者を割り当てていきます。社内に人材データベースがあれば、ぜひ活用しましょう。最終的には、**図12-5-5**のようなRACIマトリクスが完成します。

CCoEに関わるRACI Matrix Ver1.0

R - Responsible｜実行 A - Accountable｜管理・責任者 C - Consulted｜協業・照会 I - Informed｜報告（事後）	CCoE							Other Team（既存組織）						
								システム部						
↓ CCoE役割_活動/タスク	リーダー	財務・コスト管理担当	人材育成担当	標準化担当	インフラ担当	運用担当	セキュリティ担当	システム企画課	システム開発課	システム基盤課	システム企画課（運用）	統括・部長	財務経理課	ユーザ部門
Cloud Business Office														
アーキテクチャ・マネジメント														
クラウド設計に関するガイド	A			R	R				C	C	C			
クラウド運用に関するガイド	A			R		R			C	C	C			
クラウドセキュリティに関するガイド	A			R			R	C	C	C	C			
プロダクト・マネジメント														
統合基盤の計画・管理									I	R,A	C		I	
OA周りの計画・管理									C	R,A	C		I	C
CCoE活動（統合基盤・統合運用以外）の計画・報告	R,A	C		C	C	C	C	I	I	I	I			
クラウド利用推進														
クラウド利用方針ガイド（マルチクラウドの場合）	A			R										
クラウドサービス選定支援	A			R	R	R	R	C						
クラウド移行ロードマップ策定支援（Gr1）	C								R,A	R,A	C			
クラウド移行ロードマップ策定支援（Gr2）	C								R,A	C	C			

図12-5-5　RACIマトリクス

4. コア人材育成計画

必要な作業と必要な人材は決まりましたが、現有メンバーのスキルセットと比較するとギャップがあることに気付くのではないでしょうか。クラウドオペレーションエンジニアが必要だがクラウドの運用経験がない、クラウドインフラエンジニアが必要だがCI/CD自動化の経験がないなど。足りないスキルはトレーニングにより強化します。クラウド推進組織メンバーのための人材育成計画を作成しましょう。
まずは定義した組織の役割と現有メンバーのスキルギャップを測定し、必要な強化エリアを特定します。次に、ギャップの大きさに応じて段階的なラーニングパスを作成します。たとえば、既製のクラスルーム研修やeLearningなど体系的な基礎力の獲得、外部コンサルタントによる自社固有のカスタムトレーニングによる応用力の獲得、実際のプロジェクトでの実務経験（OJT / on the job training）による実践力の定着、といった具合で、各メンバーのスキルレベルに応じてトレーニングの種類を使い分けます。
こうして、何人のメンバーに対して、どのレベルのトレーニングを、いつ実施して、いつまでに期待するスキルレベルに到達したいか、をトレーニングプランとしてまとめます。また作成した人材育成計画は、スポンサーの承認を得ておきましょう。外部研修の受講や外部コンサルタントによる指導を受けるにあたり、予算が必要となるためです。クラウド推進組織自体をスキルアップさせるための教育費は、クラウド推進に必要な投資と考え、計画的に予算執行していくことが重要です。

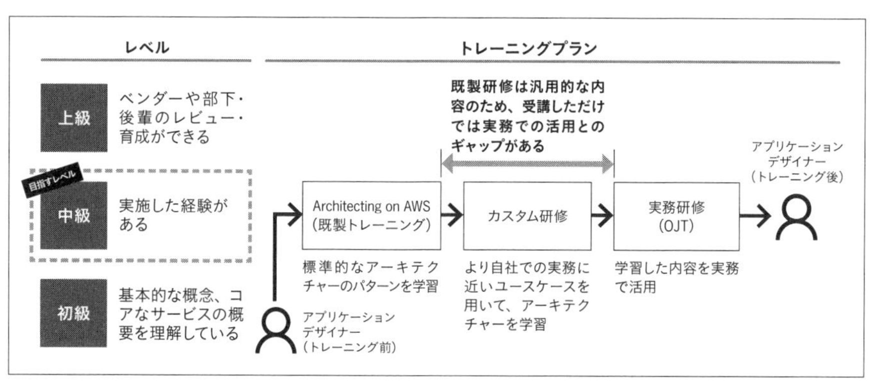

図12-5-6　トレーニングプラン

5. 組織の設立宣言

クラウド推進組織の体制図を作成するために、具体的な人物のアサインを検討します。おそらく既存メンバーだけではスキルも工数も足りないのではないでしょうか。中長期的には人材育成計画によりメンバーが育ってきますが、短期的には周囲の助けが必要です。社内の人材データベースを活用して、他部署から優秀な人材を誘う、異動してもらう、引き抜くなど、メンバー確保のやり方はさまざまです。しかし、どの方法も一筋縄ではいかないでしょう。どの部署も優秀な人材を手放したくないはずで、クラウド推進組織に提供したくないはずです。

そこで、**エグゼクティブスポンサーシップ**の登場です。クラウド推進組織プロジェクトのオーナー・スポンサーであるエグゼクティブの力を利用して、人材を集めましょう。エグゼクティブのクラウド導入に対する本気度もここで確認できるかもしれません。それでも、なお人材がすべて揃うとは限りません。その場合は、不完全ながらもできるところから着手して、次第にメンバーを増やしながら活動を大きくしていくことも1つの策です。

メンバー確保と並行して、クラウド推進組織の活動計画とロードマップを作成します。達成すべき目標をブレイクダウンし、マイルストーンを置きます。各マイルストーンの達成に必要なタスクや作業量と、クラウド推進組織のスキルや体力を鑑みて、作業の優先付けと時間軸を設定し、ロードマップを作成します。作成した活動計画書は、エグゼクティブの承認を経て、正式に発行されます。その際に、活動の予算も確保しておくことが重要です。特に立ち上げ当初は、外部の専門家の助けを求める場面も多いでしょう。そういった活動に必要な外部委託費、トレーニング費など、活動計画に組み込んでおくことが重要です。そして最後に、エグゼクティブの承認を得たことをもって、設立宣言とします。

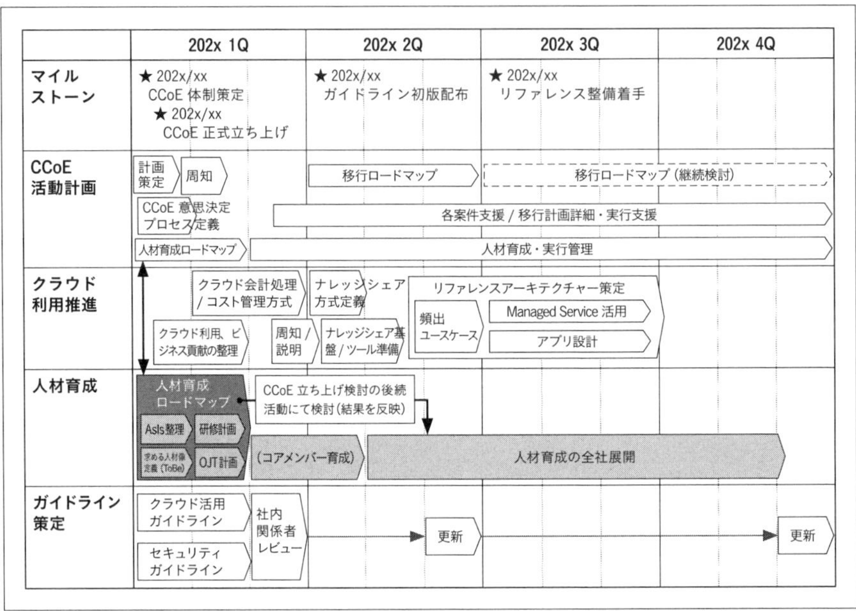

図12-5-7　ロードマップの例

#12-06 クラウド推進組織の進化

クラウド利用の第一歩は**小さく始めて大きく育てること**です。クラウド推進組織の立ち上げにおいても同様で、最初は小さな組織や少人数でのスタートで構いません。場合によっては既存業務と兼務でアサインされる場合もあるでしょう。活動を通して、徐々にタスクや作業量が増え、兼務から専任になり、メンバーが追加され、クラウド推進組織として拡大していきます。クラウド推進組織を構成する職種としては、リーダーシップ、インフラエンジニア、セキュリティエンジニア、オペレーションエンジニア、アプリケーションエンジニアがいます。
リーダーシップは、クラウド推進組織のリード役として、クラウド推進活動の価値定義やロードマップ策定、エグゼクティブ連携に責任を持つ、いわばプロダクトマネージャーのような位置付けです。加えて、クラウド利用の技術的な方向性についても権限をもつリードアーキテクトでもあります。
インフラエンジニアは、クラウドインフラの共通サービスと企業のデータセンターの連携を構築したり、インフラスタックやテンプレートなどのインフラアセットのエンジニアリングを担当します。セキュリティエンジニアは、クラウド環境におけるセキュリティ基準やコンプライアンスに準拠した標準ルールやアセットを開発し、提供します。
オペレーションエンジニアは、クラウド上にアプリを実装するための実装支援、具体的には、コードリポジトリ、CI/CD環境などの共通機能を提供します。オペレーションの健全性にも責任をもち、メトリクス監視、キャパシティー管理、ログ管理、課金管理、タグ管理など、標準運用に関わるルールや共通機能を提供します。
アプリケーションエンジニアは、アプリケーションの移行やクラウド上での開発に対し、アドバイザーとしての役割を担います。開発部門と密に連携し、現場のニーズを吸い上げ、現場に求められているナレッジ、アセット、共通部品といった再利用性の高いコンテンツを開発、提供します。

クラウド導入の段階（Stage of Adoption、Chapter 11参照）に沿って見てみると、初期の段階、「プロジェクト」ステージでは、リーダーシップメンバーとインフラメンバーが組織を立ち上げ、クラウド技術の習得を進めるとともに、クラウド推進組織の価値定義やロードマップを策定します。
「基礎固め」ステージでは、オンプレミスデータセンターとクラウドの専用線接続や各種クラウド利用のためのガイドライン、セキュリティ規定の策定などが必要となります。セキュリティエンジニアを早期に巻き込み、セキュリティ部門とのルール策定に着手します。
「大規模移行」ステージでは、たくさんのアプリケーションシステムやワークロードがクラウドに移行してきます。共通機能としての運用基盤やオペレーション環境が必要となりますので、オペレーションエンジニアが活躍します。
「最適化」ステージでは、アプリケーションエンジニアの参画によって、アプリを含めたクラウド最適化を進めていくことになります。

「プロジェクト」ステージや「基礎固め」ステージの初期段階における設立当初はバーチャル組織（既存業務との兼務）で始めることもあります。次第に正式組織化し、メンバーも専任型にしていくことで、段階的に立ち上げることが可能です。また、アプローチとして、最初は規範的、つまり指示型で現場のプロジェクトを引っ張っていくようなアプローチがよく、現場にスキルが蓄積されていく過程の中で徐々に助言的なアプローチにしていくとよいとされています。

社内のユーザーのクラウド技術力やリテラシーの向上にあわせて、徐々に権限を委譲して、後方支援に移っていきます。最終的には、社内のユーザーが自立して、クラウド推進組織の助けがなくともクラウドを使いこなせる段階になれば、クラウド推進組織も作業項目を縮小し、メンバーや作業量も減らしていくことになります。

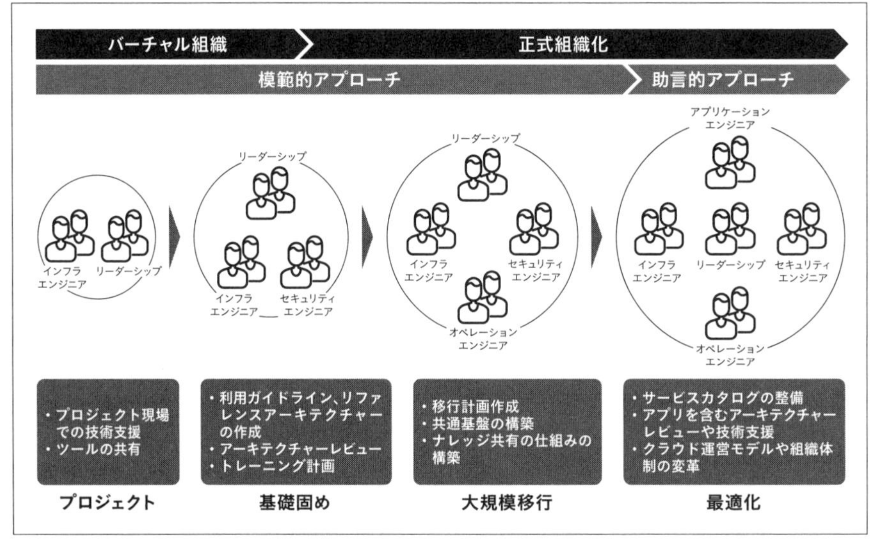

図12-5-8 クラウド推進組織の進化

クラウド推進組織のさらに次の取り組みとしては、組織変革に踏み込むことです。企業がデジタルトランスフォーメーションを成功させるには、大きな組織変革を避けては通れません。クラウド推進組織は、単に自社のクラウド活用を推進するにとどまらず、デジタルトランスフォーメーション実現のための組織変革にまで及びます。

AWSのホワイトペーパー「Laying the Foundation: Setting Up Your Environment for Cost Optimization（基盤を築く：コスト最適化のための環境整備）」*1では、クラウド推進組織のTenetsとして、次の項目が記載されています。クラウド推進組織は組織変革に取り組みます。会社のカルチャーや社員のマインドセットを含め変化を受け入れる姿勢をもち、会社にとってのビジネスアウトカム（ITではなくビジネスの成果）の達成を目標とすることが、クラウド推進組織の最終形態といえるでしょう。

＊1　Laying the Foundation: Setting Up Your Environment for Cost Optimization
https://docs.aws.amazon.com/whitepapers/latest/cost-optimization-laying-the-foundation/introduction.html?did=wp_card&trk=wp_card

- クラウド推進組織の構造は、企業や組織の変化に応じて進化および変化します
- クラウドをクラウド推進組織のプロダクト（サービス）として扱い、アプリケーションチームをユーザーと見立ててクラウド化を支援します
- クラウド推進組織が行うすべてのことに自社の企業文化を取り入れます
- 企業や組織のチェンジマネジメントはビジネス変革の中心です。意図的かつマトを絞ったチェンジマネジメントを行い企業文化と規範を変革します
- 変化が当たり前のマインドセットを身につけましょう。アプリケーション、ITシステム、ビジネス方針、いずれも変化するものと予測します
- ビジネス成果を達成するために、どのような役割の社員が必要か、それはクラウド推進組織の運用モデルによって決まります

#12-07 まとめ

企業のクラウド導入において、クラウド推進組織は欠かせない存在です。
オンプレミスからクラウドへの変化は、単にIT技術面での変化にとどまらず、企業のルールや管理プロセス、セキュリティにも変化をもたらします。企業にとってのクラウド導入は、最終的にはビジネスアウトカム（ビジネス上のベネフィット）を生み出すためのものです。クラウド推進組織は、ITとしてのクラウド利用だけでなく、ビジネス成果を達成するためのクラウド利用にゴールを置いて取り組みます。
ルールやプロセス、ビジネスゴール、社内カルチャーなど、企業ごとに千差万別であり、クラウド導入は自社に適した形で進めなければなりません。そのためには自社に適したクラウド推進組織を設立する必要があります。あらためて自社の強み・弱みを振り返り、自社にとって実現すべきゴールは何かを整理して、自社にあったチーム作りを実施してください。

本章では、クラウド導入を加速し、ビジネス成果を達成するためのクラウド推進組織について説明しました。クラウド推進組織がいかに重要で、新しくパワフルな組織かご理解いただけたのではないでしょうか。マネジメントのみなさまにとっては、クラウド推進組織の設立は覚悟のいるマネジメントディシジョンであることも理解いただけたかと存じます。本章が、みなさまのクラウド推進組織の活動に役立つことができれば幸いです。

PART 3

[実践編]

戦略立案と
組織体制

#13 クラウド人材の育成

#13-01 エンタープライズ企業が抱えるIT技術力の問題

2000年代以降、多くのエンタープライズ企業は積極的な**ITアウトソーシング**を進め、IT技術力を外部パートナーに依存してきました。ITはビジネス競争力ではなくコストと考えられてきました。IT技術者を社内に抱えなくてよい、外部のSIベンダーにITの専門家がいる、餅は餅屋に任せるのが最良だ、自分たちはビジネスにフォーカスするんだ、という考え方が主流でした。
外部パートナーと内製社員のそれぞれの強みを組み合わせた構造は、当初は狙い通りの効果につながるかと思われました。しかしながら、外部委託パートナーに依存した構造が十数年と続く間に、社内のIT技術者は世代交代が進み、昔のIT技術を使いこなせていた世代、社内のIT運用を熟知していた世代はリタイアし、いまや社内のIT技術は空洞化してしまった企業も多いのではないでしょうか。

#13-02 コントロールを取り戻す

では、これからのクラウド時代においてもこの流れは続くのでしょうか。外部ベンダー依存のIT構造でクラウド技術を使いこなせるようになるのでしょうか。
社内システムなど変化が少なく、企業のビジネス差別化につながらないIT領域は、クラウド時代でも外部パートナーの協力をうまく活用できる部分です。しかし、ビジネスの本業を支えるITシステムや、新規ビジネス創出、市場やユーザーニーズの変化が激しい領域では、**ビジネスと密着して変化に素早く対応できるIT**が求められます。
たとえば、従来の外部ITベンダーへの請負型の構造では、見積もり・受発注・契約といった手続きがビジネスのスピードを阻害してしまいます。また、自社のビジネス競争力を発揮できる領域では、優れたIT技術力と迅速で柔軟な対応が求められるため、**ビジネスとITは距離を縮め**、1つのビジネス構造として組織化されます。ビジネス部隊の中心で活躍するIT技術者が求められ、それは自社のビジネスを熟知した社内の技術者でなければ務まりません。
クラウド時代では、特にクラウドを活用してビジネス競争力を高める場面においては、クラウド技術者を内部に抱えていることが成功の鍵であり、その技術者の質と量が企業の競争力に直結します。

空洞化してしまったIT技術力を取り戻すことは簡単なことではありませんが、一部の企業では、IT技術者の内製化に向けて人材と組織の変革に着手しており、すでにその成果が出始めている事例もあります。

ある製造業の企業は、モノからサービスへビジネスモデルを転換していく上で、市場のニーズに素早く反応できるスピードが求められていました。しかし従来の請負型のIT構造では、要件定義、設計、構築、テスト、リリースといった一連のウォーターフォールのプロセスとなるため、時間がかかってしまいます。また内製化を進めようにも社内の技術者の数もスキルも不足している状況でした。そこでこの企業は、既存の開発ベンダーとのプロジェクト体制を見直し、システム開発を請負委託から準委任に切り替えました。すべてを自社のIT技術者で内製化してまかなうのではなく、技術力と人員はベンダーの支援を受けつつ、自社の技術者と外部パートナーが一体となって開発を進められる体制を作ったのです。これを**ITの準内製化**と呼んでいます。

外部パートナーには、自社の技術者に近い立ち位置でビジネスと密接して開発を進めてもらい、かつ共同体制を通してスキルやナレッジのトランスファーを期待します。もちろん自社の技術者のスキルアップやマインドチェンジも必要で、社員への教育投資と人材育成を進めています。

社内にクラウド技術をリードできる社員を増やし、リーダー技術者を中心に外部パートナーを取り込んでチーム化することで、ビジネスの変化をリードできる組織へと変えていきました。結果、市場やビジネスの要求に応じて、数多くのサービスを迅速にリリースできるようになりました。

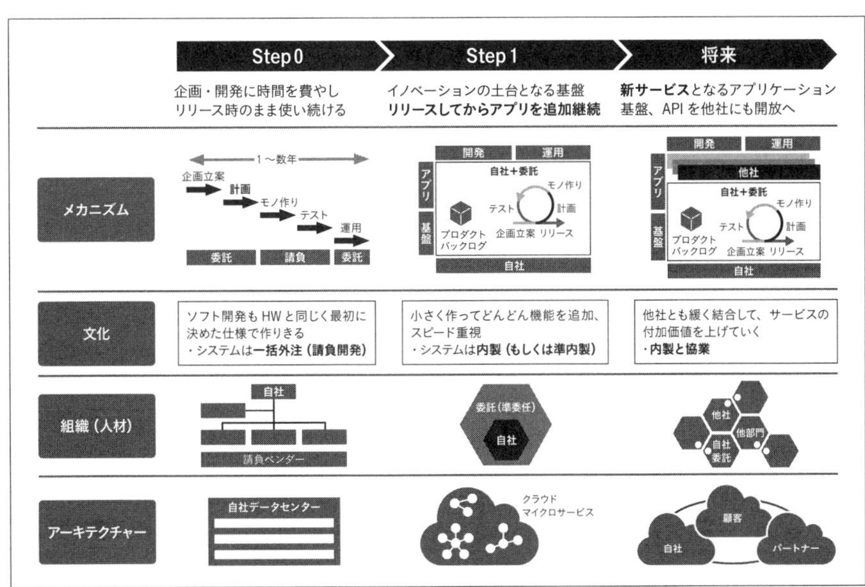

図13-2-1　ITの準内製化の流れ

クラウド時代の人材育成は、単にクラウドの知識がある、クラウドで設計できるといった技術スキルだけではありません。クラウドを活用してビジネス成果につなげられる人材でなければなりません。ビジネススピードに対応できるようIT構造やプロセスといった**メカニズム**を変え、市場ニーズをもとに新規ビジネス開発をリードするマインドセットや文化を醸成し、プロセスに合わせた小回りのきく**組織**や、柔軟性の高い**アーキテクチャー**を設計できる人材が必要になります。

このように、ビジネス変化の早い時代においては、変化に対応できるクラウド技術者を社内に育成していくこと、そして外部パートナーとより対等な関係で協力しあい、ビジネスのスピードに対応できる組織に変えていくことが重要です。これが、クラウド時代に求められる**ITコントロールを取り戻す**ということです。

#13-03 クラウド時代に求められる人材とは

これからの企業で求められるのは、クラウド技術を活用してデジタルトランスフォーメーションをリードできる人材です。
Chapter 12で紹介したクラウド推進組織も、クラウド技術のエキスパート集団として組織変革やカルチャー変革にも影響し、ひいてはビジネス変革をもたらす人材の集まりです。
継続的にイノベーションを起こす企業になるためには、社員一人ひとりが考え方、やり方、道具を変え、カルチャーの変革につなげていくことが必要です。そして、この領域においては、トライ＆エラーは避けて通れないため「**Fail Fast, Learn Fast (早く失敗して、早く学べ)**」を実現すべく、自社でスピーディに意思決定し、行動を起こせる体制を整えることができるかが成否を分けるポイントです。
内製化や準内製化 (請負型ではなく準委任型のパートナー協業) といったビジネス主導の体制を取り戻すために、自社人材の技術力の復権は欠かせません。クラウド変革のタイミングは、自社にITとビジネスのコントロールを取り戻す、まさに絶好の機会なのです。

では、クラウド人材に必要な素養はクラウド技術力だけでしょうか。クラウド技術は、ビジネス変革や組織変革を起こすための**道具**でしかありません。ビジネスにスピードが求められ、変化を予測しづらい時代には、俊敏性・拡張性・柔軟性を持ったITリソースが求められます。それを提供できるのがクラウドサービスです。クラウド人材は、その道具を使いこなすための**やり方**も身につけておく必要があります。
新しいビジネスのタネやアイデアをいち早くプロダクトにして市場にリリースできるやり方、市場の反応やユーザーからのフィードバックをもとに高速に機能改善や機能追加ができるやり方、継続的にサービスや製品を向上できるやり方が必要です。
アジャイル的なプロジェクト開発手法を使いこなせること、サービスや製品の成長を測定する指標を定めてユーザーのフィードバックからビジネス状況を測定できるリーンスタートアップな考え方も身につけなければなりません。
そして、最も大きなマインドチェンジを求められるのが、サービス開発や製品開発に対する**考え方**です。何よりもユーザーのニーズを満たすようなユーザー中心の考え方が必要です。アジャイル的なやり方では、機能を絞って短期間でリリースすることが可能です。将来の不確定な市場やユーザーニーズを予測する必要はなく、いま目の前にいる市場やユーザーの声を聞き、開発の優先を決めることができます。そしてリリースした機能やサービスをユーザーに使用してもらい、そのフィードバックをもとに、さらなる機能追加や改修を繰り返すことで、市場やユーザーのニーズの変化に追随することができます。

このように、道具としてのクラウドテクノロジー、変化に追随するためのアジャイルアプローチ、そして、ユーザーのニーズを満たすユーザー中心設計の考え方、これら3つを備えた人材が求められています。

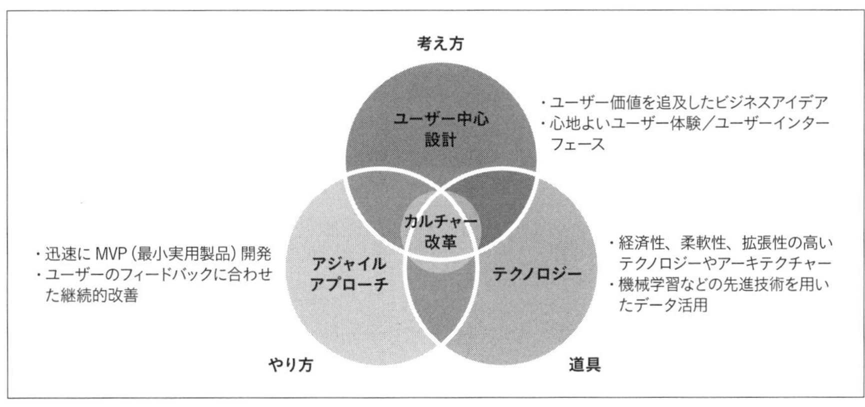

図13-3-1　クラウド人材に求められるもの

#13-04　人材育成の3つの要素

では、クラウド時代に求められる人材は、どのように育成すればよいのでしょうか。道具、やり方、考え方の3つの観点がバランス良く身についていることが重要です。それぞれについて、従来のITとの違いを中心に、育成のポイントを見ていきます。

道具としての技術力

クラウド技術の学習は、大きく2つの層に分けて考えることができます。1つはオンプレミスとは対照的な**クラウドシステムアーキテクチャーの考え方**です。クラウドを使う上での基本的な考え方であり、クラウド技術を習得する上での根っことなる知識です。もう1つは継続的に進化する**クラウドサービスや機能の知識**です。これは技術者の専門領域やビジネス領域によって求められる技術が異なったり、また新しい機能やサービスを取り込んで日々アップデートされる知識です。木の枝や葉っぱのように、どんどん分岐して広がるイメージです。

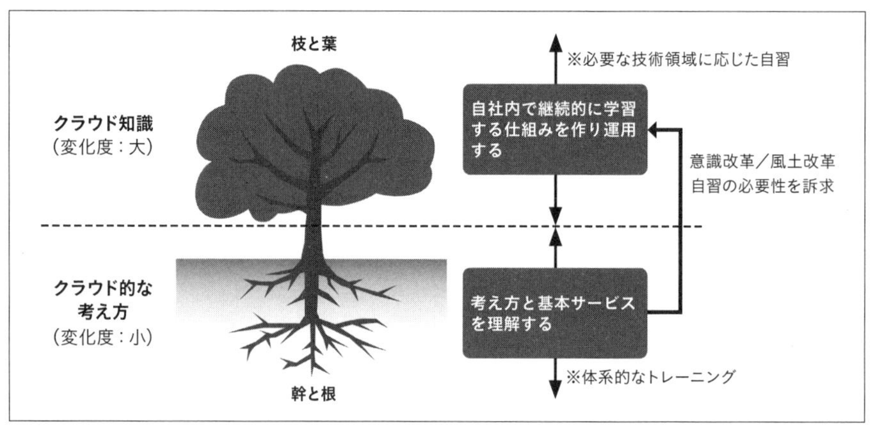

図13-4-1　学習すべきクラウド技術

根っこの部分にあたるクラウドアーキテクチャーの基本的な考え方とは、たとえばAWSではクラウドアーキテクチャーの設計ポイントとして、11の設計原則があります。

1. スケーラビリティを確保する
2. 環境を自動化する
3. 使い捨て可能なリソースを使用する
4. コンポーネントを疎結合にする
5. サーバーではなくサービスで設計する
6. 適切なデータベースソリューションを選択する
7. 単一障害点を排除する
8. コストを最適化する
9. キャッシュを使用する
10. すべてのレイヤーでセキュリティを確保する
11. 増加するデータを管理する

これらは、クラウド上にシステムを構築する上では、モバイルアプリであれ基幹システムであれデータ分析システムであれ、共通する考え方であり、クラウドの性能をうまく引き出すための基本思想です。
こういった基礎の考え方は、クラスルームトレーニングや技術講義を受けたり、デモやハンズオンで体感することで、体系的に身につけることができる部分です。社内の技術者のスキル転換を進める上で、計画的な教育予算として確保し、体系的なカリキュラムを立てることで、基礎固めと底上げが可能です。AWSやAWSトレーニングパートナーではクラウドアーキテクティングの技術を身につける有償トレーニングを提供しています。新人教育やIT人材のトレーニング計画に組み込んで予算化しておくとよいでしょう。

葉っぱの部分にあたるクラウドサービスや機能の知識は多岐に渡ります。技術者にとってより専門的な領域であり、深く使いこなせることで自身の専門性や価値につながる領域です。

従来のITでは技術の賞味期限が長く、IT技術者は一度身につけた技術で数年間は活躍できました。しかしクラウド時代はクラウドサービスが継続的に進化するため、IT技術者も継続的なトレーニングが求められます。技術者自らが、自分に必要なクラウド技術を選択し、自発的に学習する姿勢が求められます。

AWSでは多くの学習コンテンツが無料で提供されており、学習コストの面でも従来よりハードルが下がっています。またAWSアカウントを開設すれば、実機や実環境でクラウド技術に触れることができます。学習意欲の高い技術者にとっては、クラウドは格好のスキルアップの場所といえます。

AWSではコンピューティング、ストレージ、データベース、ネットワーク、アナリティクス、ロボット工学、機械学習／人工知能（AI）、IoT、モバイル、セキュリティ、ハイブリッドクラウド、仮想および拡張現実（VRとAR）、メディア、アプリケーション開発・デプロイメント・管理など、幅広い技術領域があります。すべての領域において専門家であり続けることは困難です。自身の担当するシステムやビジネスで求められる領域にフォーカスして知識や経験を増やしていくのがよいでしょう。ある特定の領域でのエキスパートとしてポジションを確立し、その領域の最新機能やトレンドを常にアップデートしていくことで、クラウド技術力を維持向上することができます。さらには技術の範囲を2つ目3つ目の専門領域に広げていくことで、社内におけるシニアクラウドアーキテクトとしてキャリアパスを実現することができます。

AWSコンサルティング部門での技術者育成の例

技術面でのスキルアップの例として、筆者の所属するAWSのコンサルティング部門における技術者の育成を紹介します。

当部門の技術者は、その専門性に応じてロールが分かれています。その分野はソリューション別になっており、たとえば、マイグレーション、ビッグデータ、アプリケーション、マシンラーニング、セキュリティなど、自身の専門分野が明確になっています。自身の領域で専門性を磨き、より高度な技術知識を身につけ、企業への技術支援デリバリーを通じて実践的な経験値を高めていきます。その領域におけるリードエンジニアとして他の模範となり後進の育成、チーム全体のスキル底上げに貢献するようになります。やがてシニアレベルの技術者、さらにはプリンシパルレベルへと専門性を高めていきます。

このように、自身の専門性を追求するスキルアップの道がある一方で、専門領域を広げて**自身のスキルの幅を拡張する**道もあります。

当部門にはv-teamという技術領域ごとのバーチャルチームがあり、シニアレベルの技術者は自分が専門とする領域のv-teamをリードしています。v-teamは、セカンドスキル、サードスキルを身につけたい技術者にも役立つ仕組みになっています。技術者は人事組織の枠を超えて、自分の興味ある分野のv-teamに所属することが認められています。

普段は自分の専門領域でデリバリーを行いつつ、並行してセカンドスキルの知識習得やデリバリーのお手伝いに参加することができます。これにより自身のコアスキルを維持しつつ、セカンドスキルの経験を積んでいきます。v-teamでは、互いに最新技術やトレンド情報などを共有しあい知見を深めたり、プロジェクトの技術支援に入ったり、また実際の支援で得られたノウハウやナレッジをアセット化して内部共有する活動を行っています。

こうして自ら手を挙げて新しい領域に取り組み、互いを高め合う仕組みを導入しています。AmazonのLeadership Principleの１つに「Learn and Be Curious」（常に学び、自分自身を向上させ続けます。新たな可能性に好奇心を持ち、探求します）があり、それを実践できる仕組みになっています。

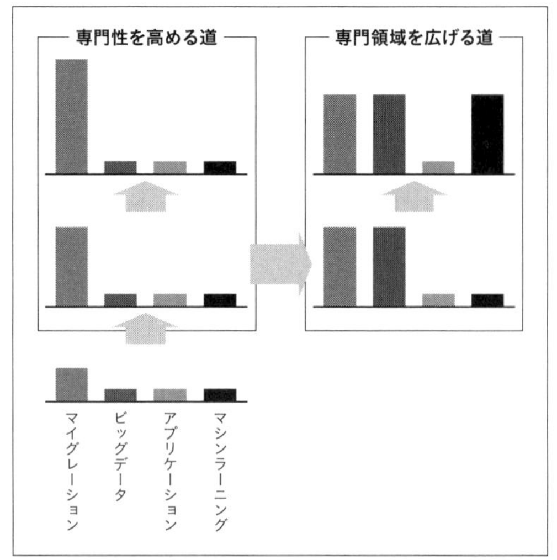

図13-4-2 専門性を高める道と、専門領域を広げる道

変化に対応できるやり方

クラウド技術の柔軟性をフルに活用してビジネススピードを加速するためには、従来のITプロセスを見直さなければなりません。企業のITプロセスも変化に対応できる仕組みに変えていく必要があります。それがアジャイル型のアプローチです。アジャイル開発の詳細はChapter 5に譲りますが、アジャイル型の変化に強いチームを作る上で、以下のようなスキルを持った人材が必要となります。

アジャイル型プロダクトチームの例

- ビジネスプロデューサー
- プロダクトオーナー
- スクラムマスター
- UXデザイナー
- システムアーキテクト
- DevOpsエンジニア
- データサイエンティスト
- セキュリティエンジニア

これらの人材を育成するには、一般的なアジャイルプロジェクトを学習するための座学や研修を受講することと、実際のプロジェクトでOJTを通じて実践力を養うことの両方が必要です。OJTでは外部のアジャイルコーチに指導を受けながらプロジェクト経験を積み重ねることが可能です。

一方でUXデザイナーやデータサイエンティストを社内で育成するのはハードルが高いかもしれません。中途採用を検討する、あるいは外部コンサルタントの助けを借りることも選択肢です。
最初からフルセットのチームを作ることは難しいかもしれませんが、まずは小規模なチームから始め、プロジェクトサイズやカバレッジの拡大とともに徐々にチームを大きくできればよいでしょう。また外部パートナーの協力を得る場合にも請負型でスコープを切り出して外部依存する方法ではなく、準委任型でチームの一員として招き入れ、そのスキルやノウハウを伝授してもらうような方法で、自走を目指した人材育成計画を立てることが重要です。

アジャイル的なアプローチに変えていく上で、開発プロセスやチーム構成の変更に加えて、もう1つ重要なのは**技術者のマインドセットの変更**です。横断的な組織やチームで多様性をいかして取り組めるマインド、市場からのフィードバックを測定して変化に対応できるマインド、リスクをコントロールして失敗を恐れず時にはやり直せるマインドです。こうしたマインドは、技術者個人の素養によるところよりも、所属する組織や企業体そのもののカルチャーや風土、トップエグゼクティブの方針に大きく影響されます。ビジネス変革を担う自社の社員や技術者のマインドチェンジを成功させるためには、トップエグゼクティブ自身が変革に対して正しい理解をもち、ビジネスやITにおけるアジャイル的なアプローチにコミットすることが重要です。

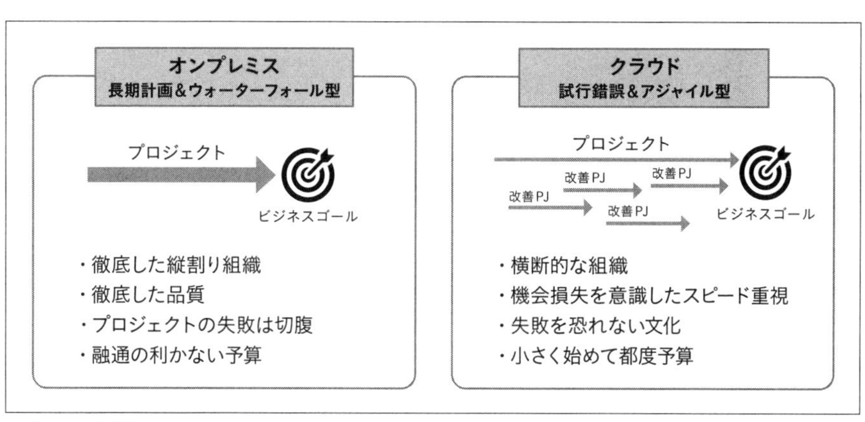

図13-4-3 技術者のマインドセットの変更

ユーザー価値を起点とした考え方

アジャイル型のアプローチでは、どのように機能やサービスを決めていけばよいのでしょうか。それがユーザー価値を起点とした考え方です。

たとえばAmazonを例に見てみましょう。Amazonが掲げるビジョンは「地球上で最もお客様[*1]を大切にする企業であること」であり、16 Leadership Principles の1つ目のCustomer Obsessionでは次のように述べています。

＊1 Amazonのビジョンからの引用部分以外の箇所では「ユーザー」と表現しています。

「リーダーはお客様を起点に考え行動します。お客様から信頼を獲得し、維持していくために全力を尽くします。リーダーは競合にも注意は払いますが、何よりもお客様を中心に考えることにこだわります」
Amazonでは、ユーザーにフォーカスすることがイノベーションの根源となっています。「お客様を起点に考え行動する」は、メンタルモデルであると同時に、Amazonのあらゆる仕事の中心にユーザーを据えるイノベーションメカニズムでもあります。ユーザーを起点に考え行動することには、ユーザー自身、ユーザーが直面している根深い問題、およびユーザーの長期的なニーズについて深く考えて、イノベーションプロセスを開始することが含まれます。
イノベーションへの取り組みの中心にユーザーを据えることで、孤立してイノベーションを行わないようにするとともに、自己満足のためのテクノロジーやサービスを構築することを避けられます。そして、これらのニーズの背後にある事情と状況を深く掘り下げることで、ユーザーのために発明する際に、何がユーザーを驚かせ喜ばせるかについて、より適切に反応し予測することができます。

AmazonのWorking Backwards

ユーザーを起点として考える方法として、Amazonの「Working Backwards」という手法を紹介します。何か新しいことをやってみたい、面白いアイデアを思いついた、というとき、Amazonではまず Internal Working Backwards Press Release というプレスリリースを書くことから始めます。
プレスリリースといっても、これは社内用ですので、実際に会社として外に向けて発表するものではありません。この過程で、未来を想像し、ユーザーにどう反応し、感じてもらいたいかを想像します。
プレスリリースを書くことは、実際にリソースを使い開発に取りかかるまでに、ユーザー中心に考えることに集中し、「対象となるユーザーは誰か」「彼らは何を必要としているのか」を明らかにするためです。Working Backwardsでは、５つの質問に答えることから始めます。プロジェクトを始める際に、これらの質問を考えることで、ユーザーに新しい体験をしていただけるか思考することができます。

1. ユーザーは誰ですか？
2. ユーザーの課題、あるいはオポチュニティーは何ですか？
3. ユーザーにとって最も重要なベネフィットは何ですか？
4. ユーザーのニーズやウォンツをどのように知りましたか？
5. ユーザーはどのようなユーザー体験を得られますか？

これら5つの質問を吟味していくことで、カスタマーニーズにフォーカスし、ビジネスアイデアをより具体的にイメージすることができます。そこから、このビジネスアイデアについてのプレスリリースを文章で記述します。
プレスリリースは、ユーザー中心の言語を使用して、新製品、サービス、または機能を説明した1ページの文章です。気をつける点として、カスタマーのニーズにフォーカスする、リアルなユーザーの声を集める、専門用語を避けてシンプルに記述する、具体的で明確かつ定量的に表現する、下書きやレビューを何度も繰り返す、ことです。

次に、FAQを作成します。市場やユーザーから新サービスについての問い合わせや質問を予測し、その質問に対して具体的なイメージを添えて回答します。FAQを作成する際は、PRをサポートするための詳細とデータを提供する、聞かれたくない難しい質問を入れる、Customer（ユーザー向け）FAQとStakeholder（ステークホルダー向け）FAQの2種類を用意する、ことです。
こうしてプレスリリースとFAQを通じて熟考されたアイデアは、今すぐにリリースしたくなるような期待に溢れたものとなります。
最後に、ビジュアルでユーザー体験を表現します。アイデアの成熟度を高めつつ、ビジュアルの忠実度を上げていきます。ビジュアルにすることで、よりユーザーが得られる価値を具体的にイメージすることができるようになります。

一番の目的は、この機能、商品、サービスがどういうもので、なぜそれがユーザーにとって必要なのか、を簡潔に描くことです。ユーザーがどんな人たちで、何を必要としているのかを理解していないと、ユーザーの問題を解決したり、喜ばせることはできません。そこが分かっていないと、私たちは頻繁に後戻りしたり、やり直したりしなくてはなりません。一度プレスリリースを準備すれば、自分が何をやっていて、なぜユーザーにとって必要なのかについての計画書をもったことになります。それを読みさえすれば、社内の誰もがあなたのアイデアを理解できるようになります。

#13-05 まとめ

この章ではクラウド人材の育成について説明してきました。クラウド人材とは、企業のデジタルトランスフォーメーションを実践できる人材であり、そのためには、単にITテクノロジーとしてのクラウド知識を有しているだけでなく、変化の激しい市場やユーザーニーズに柔軟に対応できる開発手法やアプローチを使いこなせること、さらには、自社のコアコンピタンスやビジネス競争力を熟知してユーザーを起点に新しいサービスやビジネス変革を考えられること、これら3つの要素を兼ね備えた人材こそが今後のエンタープライズ企業に求められる人材です。
こうした人材は、請負先の外部委託パートナーに頼るのではなく、自社の内部にいることが重要です。どれだけ多くのクラウド人材を育成できるか、それら付加価値の高い人材が活躍できる環境を提供できるかは、これからの企業の競争力に直結してきます。ビジネス変革のスピードを加速します。こうした人材の育成は、年度末の残予算でやれる範囲の小規模な投資ではなく、組織変革のロードマップに沿って計画的な予算を確保し、目標立てて素早く実行することが重要です。本章が、みなさまのクラウド人材育成計画に役立つことができれば幸いです。

参考：「デジタルトランスフォーメーションの妨げとなっているのは、スキル不足の労働力ですか？」https://aws.amazon.com/jp/executive-insights/content/is-your-under-skilled-workforce-holding-you-back-from-digital-transformation/?nc1=h_ls

#14

AWS利用における セキュリティ標準の策定

#14-01 セキュリティ標準とセキュリティガイドライン

この章では、企業においてAWSを利用する際に標準的に求められるセキュリティ対応内容を策定する際の進め方をご説明します。

Chapter 4「AWSにおけるセキュリティ概要」では責任共有モデルを始め、AWS利用において考慮すべきセキュリティ観点と企業に求められるセキュリティ対応力を確認してきました。このセキュリティ対応が不十分な場合、求められるセキュリティレベルとの乖離が生じる可能性があります。結果として、オンプレミス環境からクラウドへのシステム移行が認められないといったことも考えられます。

このような事態を避けるために、**どのようなセキュリティ機能をどの程度実装するのか**を明確化し、組織内でセキュリティ標準としてユーザーにあらかじめガイドするアプローチが考えられます。さらに、このセキュリティ標準の運用により組織のセキュリティ対応力の向上を目指すことができます。

すでにAWS利用におけるセキュリティ標準を検討済みの企業では、セキュリティ標準を「セキュリティガイドライン」として展開している場合があります。たとえば、Chapter 11で確認したCAF (Cloud Adoption Framework) を参考に作成されているガイドラインでは、**図14-1-1**のように構成されています。本章では**セキュリティ標準を設計方針**として位置付け、**設計方針について読み手のスキルに応じて必要な解説などを加えて言語化したドキュメント**をセキュリティガイドラインとします。

カテゴリ	項目例	カテゴリ	項目例
IDとアクセス許可の管理	・IDとアクセス許可の管理方針 ・ユーザーの識別と認証 ・IAMロールの利用 ・アクセス権限管理 ・最小権限の実現方針	脅威の検出	・外部／内部脅威の検出方針 ・ログ取得 ・ログの保護と保管 ・ログ監査 ・AWSアカウントにおける設定監査
インフラストラクチャ保護	・インフラストラクチャ保護方針 ・AWSアカウント設計 ・VPCとサブネット設計 ・ネットワークアクセス制御 ・外部脅威への対応（インバウンド／アウトバウンド）	脆弱性の管理	・脆弱性への対応方針 ・脆弱性情報の確認 ・セキュリティパッチの適用 ・マルウェア対策
データ保護	・データ機密区分の定義と対応方針 ・リソースへのアクセス制御 ・保管データの暗号化 ・通信データの暗号化 ・暗号化・複合に用いる鍵の管理	インシデントレスポンス	・AWS環境におけるインシデント対応方針 ・インシデント発生時の通知フロー ・インシデント調査時のアカウント／環境 ・インシデント発生時の記録・保護手段 ・インシデントからの復旧

図14-1-1 AWSセキュリティガイドラインの構成例

これらのセキュリティ標準やAWSセキュリティガイドラインの多くは**図14-1-2**に示すように既存のオンプレミス環境のセキュリティ標準やセキュリティフレームワークなど

をインプットにして作成されます。以降では、全社視点でAWSのセキュリティ標準を策定する際の進め方について、筆者が携わった事例に基づいてご紹介します。

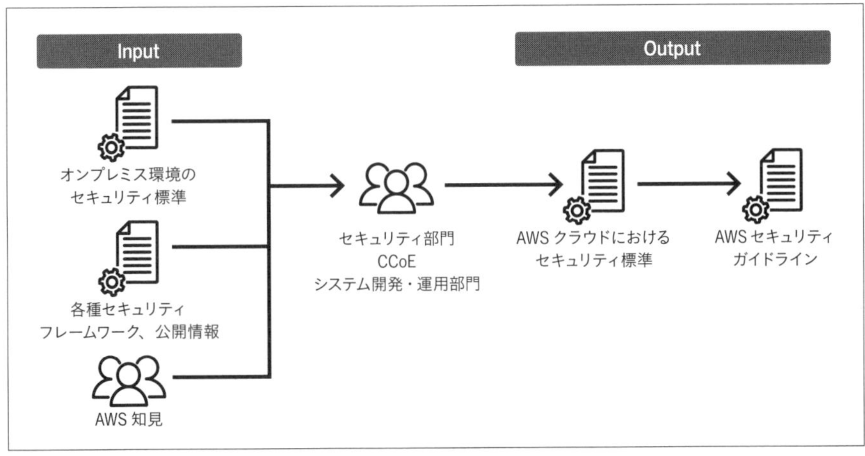

図14-1-2 AWSセキュリティ標準・セキュリティガイドライン策定の流れ

#14-02 AWS利用における セキュリティ標準策定の動機

オンプレミス環境でエンドユーザー向けにサービスを提供してきた企業では、組織内外からのセキュリティ上の脅威に対し、システム設計や運用のセキュリティ要件を定めていることと思います。そのため、クラウド導入の過程であるクラウドジャーニーの初期段階では既存のセキュリティ要件を踏襲することになるでしょう。

しかしながら、Chapter 4「AWSにおけるセキュリティ概要」で確認したように、クラウドにはオンプレミス環境と共通する特徴もあれば異なる特徴もあるので、**既存のセキュリティ要件の踏襲だけではうまくいかない**ことがあります。実際、筆者が携わった複数の企業では、オンプレミス環境のセキュリティ要件をクラウド環境においても同様に開発部門に求めてきた結果、次に挙げる課題が生じていました。

- クラウド事業者とユーザーの責任分界が明確ではなく、自社で対応すべき要件の識別に時間がかかっている
- オンプレミス環境を前提とした要件があり、クラウドでは実現が難しい。また、クラウド環境を考慮した要件が不足している
- クラウドに関するスキルレベルに依存して要件への対応精度が変わっている

これは開発部門だけの課題にとどまらず、セキュリティ要件への対応を監査する部門においても監査基準を持てず、要件への対応度合いを確認できないという課題をもたらすことになります。このような状況改善のため、AWSの利用を踏まえたセキュリティ標準が求められます。

#14-03 AWS利用における セキュリティ標準策定の主体

ところでこのようなセキュリティ標準は誰が作成すべきでしょうか。セキュリティという側面からはセキュリティ部門、クラウド利用という側面からはクラウド推進組織であるCCoE (Cloud Center of Excellence) やシステム開発・運用部門が考えられます。
筆者の体験では、**すべての組織の協力が不可欠**であると考えています。セキュリティ部門は、現行のセキュリティポリシーや標準を把握しており、要件への充足度を判断できる立場です。CCoEはAWSのサービスや機能の特徴を理解し、実際の運用を含めて設計方針をアドバイスできる立場だと考えられます。また、システム開発・運用部門は実装や運用の難易度を評価できます。どの視点が欠けても、実用性のあるセキュリティ標準の策定には至りません。
どの組織が主体となって作業を進めてもよいと考えますが、ガバナンスを効かせるためにセキュリティ部門またはCCoEが主体となるケースが多い印象です。いずれにしても、関係者が内容を評価し、合意形成して組織に展開できるセキュリティ標準にすることが重要です。

#14-04 AWS利用における セキュリティ標準策定の流れ

AWS利用におけるセキュリティ標準策定のために画一化されたプロセスはありません。ただ、セキュリティの基本となるリスクマネジメントの手法と**AWSが提示している各種フレームワークなど**を用いることで、アウトプットとなるセキュリティ標準やガイドラインを作成し運用している企業は複数存在します。以下では**図14-4-1**に示したセキュリティ標準策定の進め方の概観をステップごとにご紹介します。

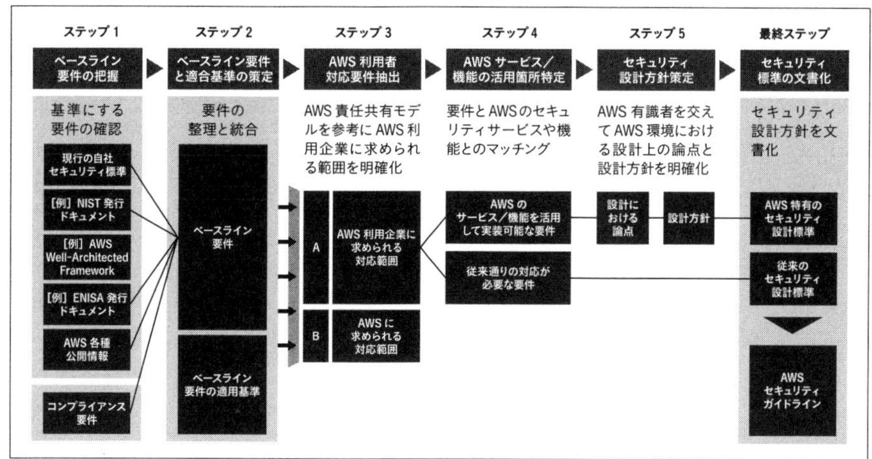

図14-4-1 セキュリティ標準策定の流れ

#14-05 ステップ1 セキュリティ要件の把握

そもそも企業におけるセキュリティ要件はどのように策定するのでしょうか。
AWSクラウドのようなサイバー空間におけるセキュリティ対応の目的は一般的に、データやシステムなどの情報資産を保護することにあります。この情報資産の保護のために、通常、**脅威モデリング**を行うことになります。脅威モデリングは、リスクアセスメントの活動に位置付けられ、情報漏洩などの脅威が生じる可能性を評価してリスクを定義し、セキュリティ要件を決定するための試みです。なお、脅威モデリングの手法の1つである**STRIDE**は次の語句の頭文字から付けられており、脅威を想定する際に参考になります。

- ユーザーIDのなりすまし（Spoofing）
- データの改ざん（Tempering）
- ソースの否認（Repudiation）
- 情報漏洩（Information Disclosure）
- サービスの拒否（Denial of Service）
- 特権の昇格（Elevation of Privilege）

このような脅威を踏まえて、セキュリティ要件を決定するアプローチとして、**リスクベースアプローチ**と**ベースラインアプローチ**が利用されます。
リスクベースアプローチでは保護対象の情報システムに対して個別に「重要度」、「脅威」、「脆弱性」などの評価指標の下で、リスク分析を実施して要件を策定します。
ベースラインアプローチでは、ベースラインとして参考になるフレームワークなどを選定します。次に典型的なシステムを想定して、同フレームワークを参照しながら一定の確保すべきセキュリティ対策レベルを設定して要件を確定します。これはほとんど（またはすべて）のシステムが準拠しなければならない最小限の共通要件として利用されます。
リスクベースアプローチはシステム固有のセキュリティ要件を策定する際に、ベースラインアプローチは複数のシステムに共通で適用するセキュリティ標準の作成などの用途に向いていると考えられます。実際のシステムへのセキュリティ対策適用にあたっては、セキュリティ対策が過剰に不足または過剰にならないよう、双方のアプローチを適宜併用することが重要です。
本章では、**ベースラインアプローチ**によるセキュリティ標準の策定手法にフォーカスし、ご説明します。

さて、参考になるベースライン要件として何を参照できるでしょうか。本項ではAWSを利用する企業で度々利用される候補をご紹介します。

オンプレミス環境で利用してきたセキュリティ標準

これまでオンプレミス環境で利用してきたセキュリティ標準があれば、AWS環境においても流用することが考えられます。ただし、次のような要件が含まれている場合は、AWSに合わせた要件のカスタマイズが必要になります。

- **ファイアウォールなどのHW機器の導入を想定したセキュリティ要件**
  AWSのデータセンターへユーザーが所有するファイアウォールなどのHW機器の導入は不可とされています。
- **電子記録媒体（メディア）の廃棄証明の取得**
  AWSは廃棄証明を発行していません。AWSストレージデバイスの破棄プロセスは、第三者の独立監査人によって定期的に確認および評価されています。ユーザーは監査レポートで統制内容を確認できます。
- **データセンターの立ち入り監査要件**
  AWSのデータセンターは多数のユーザーをホストしており、そうしたさまざまなユーザーが第三者による物理的なアクセスに曝されることになってしまうため、ユーザーによるデータセンター訪問を許可していません。ただし、このようなデータセンターに関するユーザーニーズを満たすために、第三者の独立監査人がそのような統制の有無と運用を検証しています。ユーザーは監査レポートで統制内容を確認できます。

上記に加えて、以降で取り上げるフレームワークなどを利用し、クラウド特有のセキュリティ要件を追加することも検討します。

公開されているセキュリティフレームワーク

自社内にセキュリティ標準が存在しない場合や追加の要件を定めたい場合、以下のような公開されているセキュリティフレームワークを参照します。

NIST サイバーセキュリティフレームワーク

米国の国立標準技術研究所(NIST)が公開した「重要インフラにおけるサイバーセキュリティフレームワーク」(Framework for Improving Critical Infrastructure Cybersecurity/通称:CSF)は政府や民間から意見を集めて作成されました。
CSFでは識別、防御、検知、対応、復旧という5つの機能を中心としたセキュリティ要件が提示され、予防的対策だけではなく、発見的統制である「検知」や「対応」に関する内容についても重点が置かれている点が特徴です。CSFは当初、重要インフラの分野を対象としていましたが、今では規模の大小や種別を問わずあらゆる組織で活用、推奨される指針として、世界中の政府や産業界から支持されています。後述する、CSFに関するAWSのホワイトペーパーも提供されています。

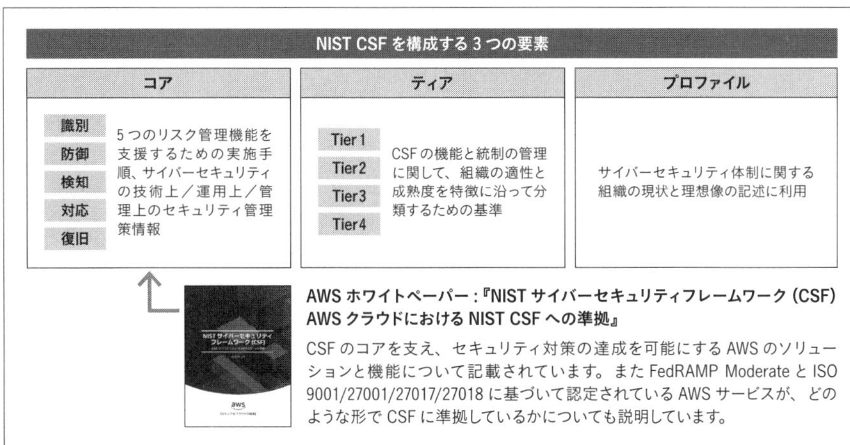

図14-5-1 NIST CSFを構成する要素とAWSによるホワイトペーパーとの関連性

AWS Well-Architected フレームワーク

AWS Well-Architectedフレームワークは、AWS上で高い安全性、性能、障害耐性、効率性を備えたインフラストラクチャを構築する際に役立てることを意図したフレームワークです。このフレームワークは、5つの柱(優れた運用効率、セキュリティ、信頼性、パフォーマンス効率、コストの最適化)で構成され、セキュリティの柱では、情報とシステムの保護に焦点を当てています。主なトピックには、データの機密性と整合性、権限管理における権限の特定と管理、システムの保護、セキュリティイベントを検出する制御の確立などが含まれています。

AWSはユーザーのセキュリティを最も重要なことと捉えており、Well-Architected フレームワークだけではなく、セキュリティに関する各種情報をWebサイトやホワイトペーパー、ブログ、re:Inventなどのイベントなどでご案内しています。
特に、繰り返し強調されている代表的なクラウド特有の管理項目の例として次の内容があります。セキュリティ標準策定において取り込むべき重要な検討項目です。

AWSアカウントのルートユーザーの認証情報の保護

AWSアカウントを開設する際に登録したメールアドレスとパスワードを持つルートユーザーは最も強力な権限を持ちます。このユーザーの利用において多要素認証を適用したり、アクセスキーの発行を制限します。

AWSマネジメントコンソール利用時の認証強化

AWSマネジメントコンソールは、あらゆるAWSリソースの管理を行うための最初のインターフェースとなるため、オンプレミス環境におけるデータセンターの入口に相当します。ログイン時の認証に多要素認証を適用することを検討します。

AWSアカウント内のセキュリティ設定の適切な維持・管理

重要な情報の誤った公開や第三者による不正アクセスなどへの対策として、システムの運用開始時や設定変更時には、セキュリティ設定が適切に維持されていることを設定確認ツールなどにて確認します。

欧州ネットワークセキュリティ庁(ENISA)「クラウドコンピューティング:情報セキュリティに関わる利点、リスクおよび推奨事項」

欧州ネットワークセキュリティ庁(ENISA)の「クラウドコンピューティング:情報セキュリティに関わる利点、リスクおよび推奨事項」(2009)はクラウド利用時に考慮すべきリスクとして、全35個の内容を挙げています。前述した、AWSマネジメントコンソールに該当するクラウド管理用インターフェースへの不正アクセスのリスクについて取り上げられています。オンプレミス環境のセキュリティ標準で不足していたクラウド特有の追加項目を検討する際に参考になります。

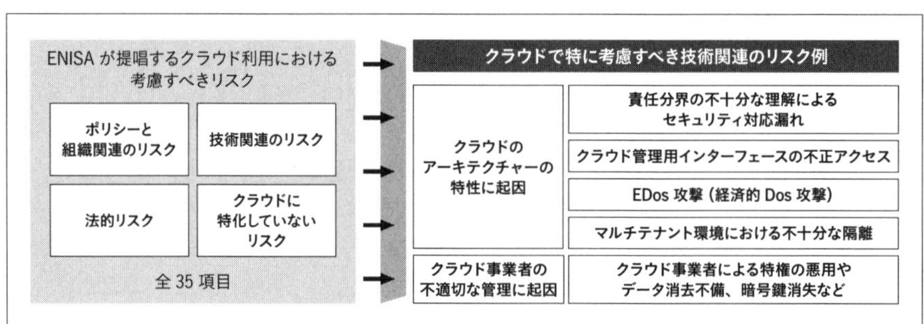

図14-5-2 ENISAが提示するクラウドで特に考慮すべき技術関連のリスク例

法律や規則などで規定されるコンプライアンス要件

企業はコンプライアンスへの対応が求められています。日本の「個人情報の保護に関する法律」や欧州連合の「一般データ保護規則（GDPR）」など、取り扱うデータの種類やサービスの提供地域によって適用される法律や規則があります。
また、クレジットカード情報の取り扱いに関するPayment Card Industry Data Security Standard（PCI DSS）や財団法人金融情報システムセンター（FISC）により金融機関などの自主基準として策定された金融機関などコンピュータシステムの安全対策基準・解説書（FISC安全対策基準・解説書）など、業界特有で利用されている規制もあります。
2018年3月に公表されたFISC安全対策基準・解説書 第9版では、「統制」の基準として新たに「クラウドサービスの利用」に関する項目が設けられるなど、クラウド利用における要件を確認することができます。

#14-06 ステップ2 ベースライン要件と適用基準の策定

ステップ2では、ステップ1で取り上げた参考情報からベースライン要件の候補を抽出します。各フレームワークから抽出した要件には、表現は違えど求められている要件は同一な場合もあるでしょう。オンプレミス環境のセキュリティ標準がある場合は、組織内で展開しやすいよう、抽出した要件を適宜カテゴライズして整合性を取ります。そのような既存の標準がない場合には各種フレームワークのカテゴリを参考にします。

たとえば、**図14-1-1**で挙げたガイドラインの構成における「IDとアクセス許可の管理」に関して、オンプレミス環境の自社セキュリティ要件やAWSベストプラクティスなどを踏まえて要件を整理、統合した例が**図14-6-1**です。

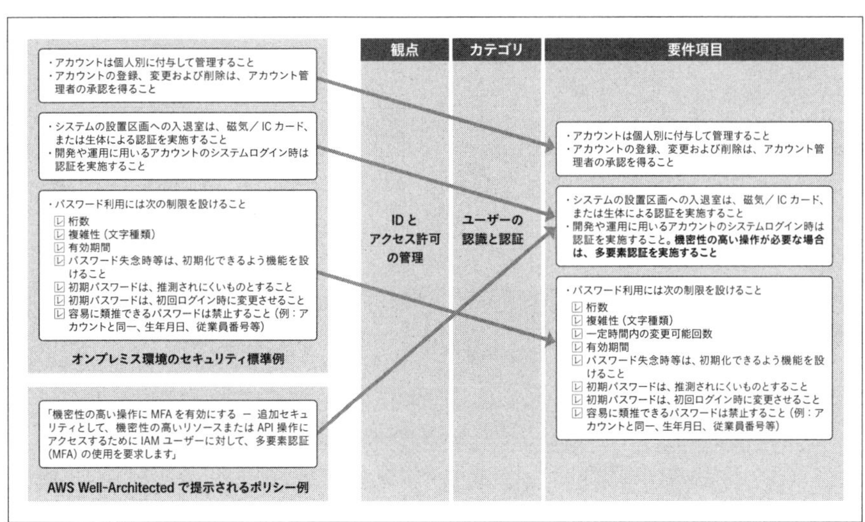

図14-6-1　セキュリティ要件の整理と統合のイメージ

ところで、このようにさまざまな観点で抽出した要件への対応を、すべてのシステムに求めることは現実的には多くの困難を伴います。たとえば、開発環境で重要なデータの取り扱いがない場合、データの暗号化を求めない場合があります。一方で開発環境においても不正アクセスのリスクを考慮し、多要素認証を求める場合が考えられます。ベースラインとした要件について、**図14-6-2**のような観点でシステムの形態ごとに適用基準を定めると、過度なセキュリティ要件を課す必要がなく実際の運用を行いやすくなります。リスクベースアプローチの考え方を取り入れているとも言えるでしょう。

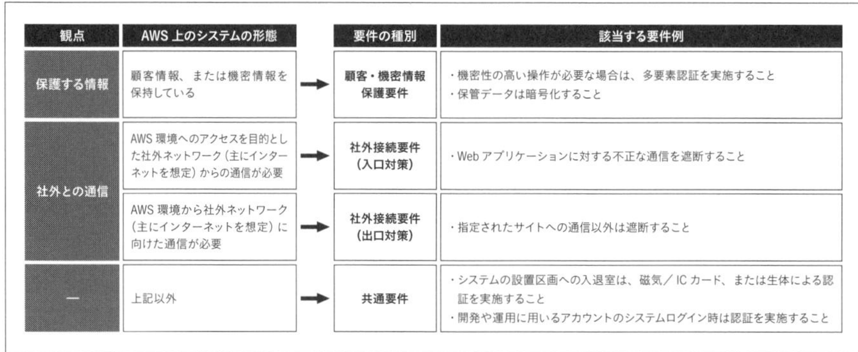

図14-6-2　ベースライン要件の適用基準の例

#14-07 ステップ3 責任共有モデルに基づく対応要件の絞り込み

AWSクラウドでは、ホストオペレーティングシステムと仮想化レイヤーから、サービスが運用されている施設の物理的なセキュリティに至るまでの要素をAWSが運用、管理、および制御することから、ユーザーの運用上の負担を軽減するために役立ちます。
Chapter 4でご紹介した責任共有モデルのもと、ベースライン要件をAWSとユーザーの対応主体ごとに**図14-7-1**のように分類します。これにより自社が取り組むべき要件が明確になります。

カテゴリ	ベースライン要件	対応主体
IDとアクセス許可の管理	・アカウントは個人別に付与して管理すること ・アカウントの登録、変更および削除は、アカウント管理者の承認を得ること	自社
	・システムの設置区画への入退室は、磁気／ICカード、または生体による認証を実施すること	AWS
	・開発や運用に用いるアカウントのシステムログイン時は認証を実施すること	自社
	・機密性の高い操作が必要な場合は、多要素認証を実施すること	自社

図14-7-1　ベースライン要件への対応主体分類

#14-08 ステップ4 AWSサービス・機能を活用できる箇所の特定

ステップ3で明確になった自社が対応すべきベースライン要件について、AWSのセキュリティ関連のサービス・機能の活用可否を判断していきます。この作業は、従来のセキュリティ対応を効率化するだけではなく、より効果的に実現する可能性をもたらします。その際に、AWSが公開するセキュリティ情報やAWSの有識者からのアドバイスが役立ちます。特に、前述のCSFについては、CSFへの準拠を目指す組織のために、ガイダンスとなる資料としてホワイトペーパーとワークブックが公開されています[*1]。この資料はAWSのサービスやリソースがCSFにどのように対応するのかを説明しています。
このような情報を参考に**図14-8-1**のようにベースライン要件に活用できるAWSのサービスや機能をマッピングした形態で、検討結果を整理します。

カテゴリ	ベースライン要件	対応主体	活用できるAWSサービス・機能
IDとアクセス許可の管理	・アカウントは個人別に付与して管理すること	自社	AWS IAM ／ AWS Single Sign-On (SSO)
	・アカウントの登録、変更および削除は、アカウント管理者の承認を得ること	自社	―
	・システムの設置区画への入退室は、磁気／ICカード、または生体による認証を実施すること	AWS	―
	・開発や運用に用いるアカウントのシステムログイン時は認証を実施すること	自社	AWS IAM ／ AWS Single Sign-On (SSO)
	・機密性の高い操作が必要な場合は、多要素認証を実施すること	自社	AWS IAM ／ AWS Single Sign-On (SSO)

図14-8-1 ベースライン要件に対するAWSのサービス・機能のマッピング例

#14-09 ステップ5 セキュリティ設計方針の策定

活用できるAWSのサービス・機能を明確にした後、それらをどのように実装すべきか、設計方針を考えていきます。
これはリスクマネジメントにおけるリスクへの対応を検討する作業の位置付けとなります。この設計方針の定義内容が「**標準**」に該当します。セキュリティ上の脅威に基づく要件へ対応ができるよう、設計方針を実装や運用の難易度を見据えて慎重に策定していきます。

＊1 「AWSクラウドにおけるNISTサイバーセキュリティフレームワークへの準拠 - 日本語のホワイトペーパーを公開しました」https://aws.amazon.com/jp/blogs/news/updated-whitepaper-now-available-aligning-to-the-nist-cybersecurity-framework-in-the-aws-cloud/

この策定作業ではさまざまな論点が浮かび上がります。たとえば、セキュリティ標準として、AWSマネジメントコンソールの認証ではIAMを利用するのか、AWS Single Sign-On (SSO) を利用するのかを検討し、設計方針を決めます。セキュリティ標準の策定作業は、このような論点の洗い出しと設計方針策定の繰り返しが大部分を占めます。

先に示した**図14-8-1**に設計方針を追記したイメージを**図14-9-1**に示しました。

カテゴリ	ベースライン要件	対応主体	活用できるAWSサービス・機能	AWSクラウドにおける設計方針(AWS環境特有の箇所を記載)
IDとアクセス許可の管理	・アカウントは個人別に付与して管理すること	自社	AWS IAM AWS Single Sign-On(SSO)	IAM、AWS SSOユーザーアカウントは個人別に付与して管理する
	・アカウントの登録、変更および削除は、アカウント管理者の承認を得ること	自社	―	IAM、SSOユーザーの登録、変更および削除は、クラウド統制部門に依頼する
	・システムの設置区画への入退室は、磁気／ICカード、または生体による認証を実施すること	AWS	―	―
	・開発や運用に用いるアカウントのシステムログイン時は認証を実施すること	自社	AWS IAM AWS Single Sign-On(SSO)	AWSマネジメントコンソールの認証では基本的にAWS SSOを利用する
	・機密性の高い操作が必要な場合は、多要素認証を実施すること	自社	AWS IAM AWS Single Sign-On(SSO)	AWSマネジメントコンソールで機密性の高い操作を実施するユーザーにMFAデバイスを割り当て、多要素認証を実施する

図14-9-1　ベースライン要件に対するAWSサービス・機能の設計方針例

#14-10 最終ステップ セキュリティ標準の文書化

設計方針に関する一連の検討を終えた後、セキュリティ標準として社内に展開するために文書化作業を行います。セキュリティ要件として求める実装対象は、実際にはAWSのリソースだけではなく、OSやアプリケーションなど複数想定されるため、それらへの対応が忘れられないようにケアすることが重要です。
一方で情報量が過多になると、システム設計・開発者に読まれない可能性があります。どのような粒度と情報量で展開すると、目的を達成し、メンテナンスがしやすいのかを検討します。以下に文書化のアプローチと運用上の考慮点をご紹介します。

セキュリティ標準の文書化アプローチ

既存ドキュメントにAWS環境固有の対応事項を追記

既存ドキュメントにAWS利用のセキュリティ標準内容を追記するアプローチが考えられます。ドキュメントのイメージ例は**図14-10-1**のようになります。「AWS環境における補足事項」として追記しています。
たとえば、従来はオンプレミス環境におけるOSやアプリケーションのアカウントが想定されていたことに対し、AWS利用ではAWSのIAMやSSOのユーザーアカウントがあることを明確にする効果があります。このような文書化アプローチは既存のセキュリティ要件の実装対象に対し、クラウド環境の実装の見落としを防ぐ効果を期待できます。既存の要件との整合性も取りやすく、情報量も抑えられます。

従来から用いられてきたセキュリティ要件項目			AWS環境固有のセキュリティ対応事項を追記		
			AWS環境における補足事項		
カテゴリ	セキュリティ要件	要件に対する補足事項	対応主体	活用できるAWSサービス・機能	AWSクラウドにおける設計方針（AWS環境特有の箇所を記載）
IDとアクセス許可の管理	・アカウントは個人別に付与して管理すること	OS・SW、構築したアプリケーションなどのすべてのアカウントを対象に含めること	自社	AWS IAM AWS Single Sign-On (SSO)	IAM、AWS SSOユーザーアカウントは個人別に付与して管理する
	・アカウントの登録、変更および削除は、アカウント管理者の承認を得ること	同上	自社	—	IAM、SSOユーザーの登録、変更および削除は、クラウド統制部門に依頼する
	・システムの設置区画への入退室は、磁気／ICカード、または生体による認証を実施すること		AWS	—	—
	・開発や運用に用いるアカウントのシステムログイン時は認証を実施すること	OS・SW、構築したアプリケーションなどのすべてのアカウントを対象に含めること（再掲）	自社	AWS IAM AWS Single Sign-On (SSO)	AWSマネジメントコンソールの認証では基本的にAWS SSOを利用する
	・機密性の高い操作が必要な場合は、多要素認証を実施すること	同上	自社	AWS IAM AWS Single Sign-On (SSO)	AWSマネジメントコンソールで機密性の高い操作を実施するユーザーにMFAデバイスを割り当て、多要素認証を実施する

図14-10-1 AWS環境固有の対応事項の追記イメージ

新規ドキュメントとしてAWS環境固有の対応事項を記載

AWS利用のセキュリティ標準を記載するアプローチでは、設計方針だけではなくAWSのサービスや機能の解説を含めながら、新規にAWSセキュリティガイドラインとしてまとめる場合があります。これにより、AWS環境において特に考慮すべきセキュリティ対応のポイントやその実装方法が明確になります。

また、対象読者のスキルレベルに合わせて構成することで、AWSへの理解度を深め、スキル開発に役立てられる側面もあります。一方で、情報量が多くなるほか、既存ドキュメントとの重複が考えられ、メンテナンスの効率性が落ちる場合があります。**図14-10-2**は、このようなガイドラインをまとめる際のフォーマットの一例です。

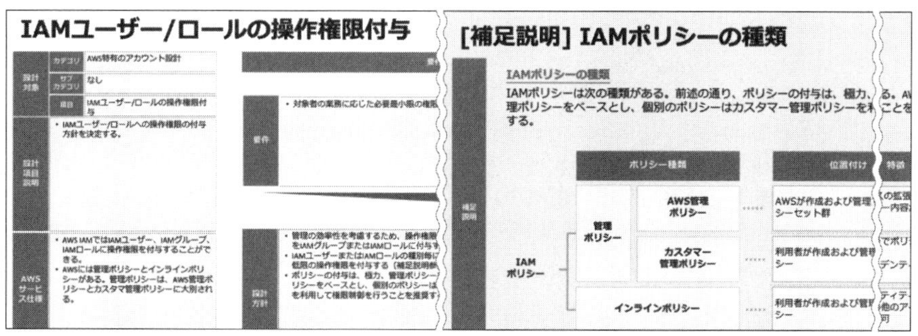

図14-10-2 AWS利用時の対応事項を記載したセキュリティガイドライン（左）と補足資料（右）のフォーマット例

セキュリティ標準の運用における考慮事項

AWS利用におけるセキュリティ標準の策定に携わってきた立場から、実際に組織内に展開し運用する際に考慮しておくべき事項をご説明します。これらの考慮が行われていない場合、せっかく策定したセキュリティ標準が活用されない、更新されない事態に陥り実効性を損なう可能性があります。

主管部門の明確化

AWS利用におけるセキュリティ標準の主管部門を明確にします。セキュリティ標準の位置付けから、主管がセキュリティ部門の場合もあれば、クラウド推進組織の場合もあるでしょう。重要なことは、セキュリティ標準として参照され、組織内に継続的にガバナンスを効かせられるかどうかです。

自動化への取り組み

セキュリティ標準の策定は、要件に応じて多くの設計方針を策定する取り組みです。そしてその設計方針を参照して実装するのは開発者です。開発者のセキュリティ対応負荷を削減し、サービス開発にフォーカスするためには、セキュリティ設計の実装を自動化する取り組みが重要です。セキュリティの初期設定やモニタリング、設定不備時の修復操作の自動化など、AWSにおいて自動化できる内容は多岐に渡ります。どのような内容を自動化することが効果的かを考え、自動化の実装に取り組むことが重要です。

継続的なメンテナンス

AWSのサービスや機能の開発スピードは早く、セキュリティ標準に記載した内容は時が経てば陳腐化する前提でメンテナンス方針を明確にします。メンテナンスを行うメンバー、頻度を確定します。また、メンテナンス作業の実施と効果を組織におけるKPIとして設定し、その作業にあたったメンバーが評価されるようにします。

#14-11 まとめ

本章では全社視点でAWSのセキュリティ標準を策定する際の進め方の事例をご紹介しました。このようなセキュリティ標準の作成によって、オンプレミス環境からのシステム移行の円滑化やセキュリティの設計に費やす労力や時間の削減が期待でき、一定以上のセキュリティ対策の実装と維持に寄与します。また、セキュリティ標準をドキュメント化し、セキュリティガイドラインとして整備することで、システム開発者・運用者のセキュリティ対応スキルの向上にも役立つことでしょう。さらにこれらの内容を継続的にアップデートすることで、組織内で活用され、新たなセキュリティ上の脅威への対応が効率的かつ効果的にできるようになります。

Column 7つのセキュリティ設計原則と活用できるサービス

本文中でご紹介したステップ5における設計方針の策定では、AWSのサービスや機能に関する知見が求められます。その際に参考になるAWS Well-Architected フレームワーク[*2]で示されている**7つの設計原則**[*3]と活用できるサービスを本コラムでご紹介します。

強力なID管理基盤の実装

承認および認証されたユーザーとコンポーネントが、意図した方法でのみリソースにアクセスできるようにします。ユーザーへの権限の割り当てでは、最小権限の原則を実装し[*4]、職務の分離を実現して、各AWSリソースの利用において適切な認証を行います。AWSの権限管理は、主にAWS Identity and Access Management (IAM) サービスによってサポートされており、これによってAWSのサービスとリソースに対するユーザーとコンポーネントのアクセスを制御できます。IAMでは、リソースの表示、作成、編集、削除など、リソースに対して実行できるオペレーション単位に権限を付与することができます。権限の割り当ての粒度はシステムの現実性との兼ね合いで決定します。また、認証情報の管理においては、IAMユーザーのアクセスキーなど特定の認証情報を長期に渡って利用しないようにします。

トレーサビリティの実現

利用中の環境に対するアクションと変更を監視し、アラートや監査のアクションができるようにします。ログとメトリクスの収集をシステムに統合して、自動的に調査しアクションを実行します。たとえば、AWSマネジメントコンソール上の操作などのアクティビティを記録するAWS CloudTrailや、ログデータの検索と分析が可能なAmazon CloudWatch Logs、Amazon EventBridgeとの連携によるアラート機能の利用が該当します。また、AWS Configの利用によりAWSリソースの設定履歴を取得します。

＊2 AWS Well-Architected Framework https://wa.aws.amazon.com/wellarchitected/2020-07-02T19-33-23/wat.pillar.security.ja.html

＊3 「AWS クラウド導入フレームワーク セキュリティの視点」https://d1.awsstatic.com/whitepapers/ja_JP/AWS_CAF_Security_Perspective.pdf

＊4 参考：「最小権限実現への4ステップアプローチ」https://aws.amazon.com/jp/blogs/news/systematic-approach-for-least-privileges-jp/

全レイヤーでセキュリティを適用する

全レイヤーを対象に複数のセキュリティコントロールを使用して多層防御アプローチを適用します。

このようなアプローチに関連した概念として、近年、「ゼロトラスト」が注目されています。ゼロトラストでは、データソースやアプリケーションのコンポーネント、マイクロサービスなどすべてのリソースがお互いのアクセスについて、リアルタイムで常に認証と認可を求め検証します。
伝統的なネットワークセキュリティの設計では、企業内ネットワーク内のすべてのものは信頼され、企業内ネットワーク外のものは信頼できないものとみなされてきました。ゼロトラストでは、このような境界に依存したセキュリティ対応だけでは、近年のサイバー攻撃などには耐えられない点を考慮し、内部のコンポーネントであっても、お互いのアクセスの認証および認可を求めます。AWSクラウドでは、サービスのAPIコマンド発行に際し、コマンドに認証情報を付加する署名が必要であり、この対応が以前から行われてきました。このような対応を踏まえつつ、すべてのレイヤーで複数のセキュリティコントロールを多層的に実装するアプローチが重要になります[*5]。

セキュリティのベストプラクティスを自動化

サイバー攻撃などの外部の脅威や操作ミス、誤設定などの内部脅威に対するセキュリティ要件は、昨今、多岐に渡るだけではなく大量になり、人手による自主的な対応だけでは限界を迎えています。可能な限り、自動化されたセキュリティ対応のメカニズムを構築することが有用でしょう。AWSアカウント環境が増大した際にもセキュリティ設定の自動化により、スケーラビリティを確保することが可能になります。また、開発チームはセキュリティ対応ではなく、ビジネスに不可欠な他の作業に集中できるようになります。このために活用できるAWSのセキュリティサービスをご紹介します。

AWS Organizationsによる複数のAWS環境の統制自動化

AWSのセキュリティサービスでは、AWS Organizationsが各AWSアカウント環境をグルーピングする機能を提供し、そのグループごとの強制的な操作制御やセキュリティ機能の自動有効化を実現します。その際、ベストプラクティスとなるセキュリティ設定をコード化したテンプレートを活用することでより速く、より確実に適用することが可能です。このような仕組みを実現することにより、AWSアカウントの開設直後から一定のセキュリティ要件を満たした運用を開始できます。

AWS Control Towerによる予防的・発見的コントロール

AWS Control TowerとAWS Organizationsなどを合わせて利用することで、AWSがベス

＊5　Zero Trust on AWS　https://aws.amazon.com/jp/security/zero-trust/

トプラクティスとするセキュリティ設定を実装したAWSクラウド環境を自動的に構築できます。ユーザーは個々のユースケースに応じた追加のセキュリティ要件への対応に集中することができるようになります。

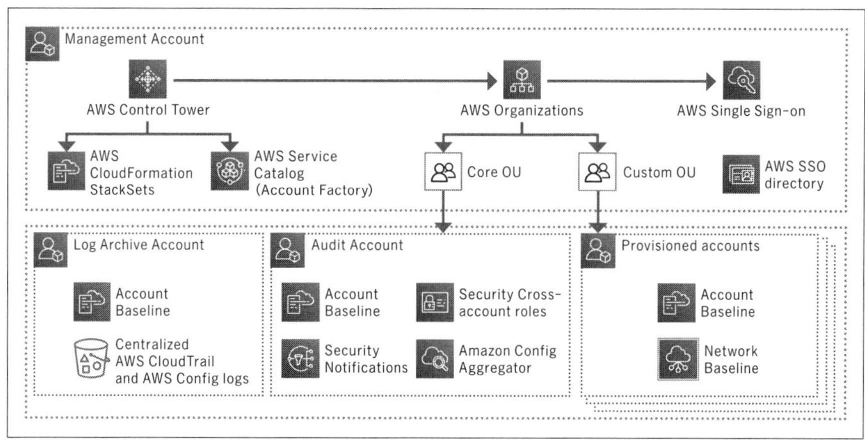

図14-11-1　Control Towerが構成するAWSアカウントの全体像

Control Towerが提供するセキュリティ設定はガードレールとして位置付けられています。道路のガードレールは重大な事故を防ぐために設置されていますが、車の進行を妨げることはありません。ガードレールと呼ぶセキュリティ対策は、道路標識のような規制をたくさん設けて準拠させるようなブロッカー型のセキュリティ対策ではありません。クラウドの開発者の自由度の確保や運用の効率化を考慮し、クラウド利用という「道」をできるだけ阻害しない範囲で操作を制御し、異常な活動やその兆候を「検知」する仕組みを合わせて用意することでセキュリティを維持することを目指します。完璧に実施することが現実的に難しい「防御」という予防的対策を補完するための対応になります。Control Towerが提供するガードレールでは次の予防的および発見的コントロールが提供されます。

予防的コントロール

予防的ガードレールにより、個々のAWSアカウントにおいてポリシー違反につながるアクションが禁止されるため、コンプライアンスを維持できます。AWS Organizationsの一部であるサービスコントロールポリシー(SCP)を使用して実装されます。

発見的コントロール

発見的ガードレールにより、ポリシー違反など、アカウント内のリソースの非準拠が検出され、ダッシュボードからアラートが提供されます。

伝送中および保管中のデータの保護

すべてのデータが等しい価値を持っているとは限りません。企業が取り扱うデータはその機密性で分類されます。すべてのデータを同じ粒度で保護するためには大きなコストと時間がかかります。そのため、データの機密性のレベルに応じて、保護要件を定めることになります。保護要件に応じてデータの保管場所を決定し、提供サービスにおけるデータフローを明らかにし、要件に対する実装手段を検討します。データへのアクセス制御の実装技術の1つにデータの暗号化があります。

AWSには、保存中および伝送中のデータを暗号化する手段が複数あります。AWS Certificate ManagerがSecure Sockets Layer/Transport Layer Security (SSL/TLS)証明書のプロビジョニング、管理、デプロイを簡単にし、ネットワーク通信の暗号化に役立ちます。また、暗号化鍵の管理機能を提供するAWS Key Management Service (KMS)は、AWSサービスと連携し保管中のデータの暗号化に活用できます。

データから人の手を排除

データに直接アクセスしたり、手動で処理する必要を減らし、システムの自動的な処理に置き換えます。これにより、機密性の高いデータを扱う際の誤処理、変更、ヒューマンエラーのリスクを軽減します。
たとえばAWSクラウドでは、データ保管時に暗号化処理をデフォルトで行う、認証情報のローテーションを自動化するなどが該当します。

セキュリティイベントへ備える

組織の要件に合わせたインシデント管理および調査のポリシーとプロセスを導入し、インシデントに備えます。インシデント対応シミュレーションを実行し、自動化されたツールを使用して、検出、調査、復旧のスピードを上げます。

AWSではAWSアカウント内における異常なアクティビティの監視をサポートするサービスとして、Amazon GuardDutyを提供しています。GuardDutyはFindingsとして検知したイベント情報を表示します。そのイベントの頻度やイベント前後のアクセスなどの詳細な調査のためにAmazon Detectiveを活用できます。Amazon Detectiveは、Amazon GuardDutyやAWS Security HubなどのAWSセキュリティサービスやAWSパートナーのセキュリティ製品と統合されており、これらのサービスで特定された潜在的な脅威の検出結果を素早く調べることができます。

#15 / 移行計画策定と標準化の進め方

#15-01 既存システムの移行をどう考えるか

企業においてクラウド活用を考える際に、避けては通れないテーマが「**既存のシステムをどのように扱うのか**」ということです。たとえば事業部主導で、社内にすでに存在するシステムとは独立した、それだけで完結するようなシステムを開発する場合はこの限りではありません。しかしながら、多くの場合はおそらくオンプレミスで稼働するシステムで利用されているソフトウェアやハードウェアの保守期限切れや、データセンターの契約期間満了などを理由として、何らかの対応を迫られることになるでしょう。もちろん、オンプレミス環境でリプレースを行うことも選択肢の1つですが、本書を手に取った読者の皆さんは、きっとクラウドに移行することを選択肢として捉えているのではないでしょうか。

一言に「クラウドに移行しよう」といっても、実際に検討作業を進めてみると調査すべき事項や検討すべき課題が想像以上に多く存在しており、どこから手を付けてよいのか途方に暮れてしまうといったケースはまれではありません。ですが、心配は無用です。AWSはオンプレミスに存在するシステム群をクラウドに移行したいと考えたときに、どのように調査・検討を行い、計画を立案するとよいのかについてのベストプラクティスをまとめています。この章では、どのようにして現状把握を行い、それに基づいて移行計画に落とし込んでいくのか、の一例をご紹介します。もちろん、ここでご紹介するやり方は唯一絶対の解ではありません。それぞれの企業や、担当者ごとに確立されたやり方を持っている場合は、それも有効なやり方です。その場合は、自分たちの方法論と、本書の内容を照らし合わせた上で、取り込むべき内容がないかという観点で考えていただくことで、より低リスクで確実な移行を実現することにつながるはずです。

#15-02 本章における「移行」とは

「移行」という言葉が指し示す意味は、多岐に渡ります。ある人は、サポート期限が切れたミドルウェアをバージョンアップして継続サポートを受けられるように対応することを移行と表現するかもしれません。またある人は、あるデータセンターから別のデータセンターへのシステムの引っ越しを移行と表現するかもしれません。もちろん、オンプレミスで稼働するシステムのアーキテクチャーを見直し、クラウドのメリットが最大限発揮できるように設計を変更することを移行と表現する人もいるでしょう。

この章では、「**企業がすでに運用しているシステム群の基盤として、包括的にクラウドを**

採用していくための一連の取り組み」を指して「移行」と表現していきます。別の表現で表すなら、さまざまな企業システムの基盤をクラウドに変えていく一連の活動、ということになります。個々のシステムに着目して、依存関係や制約条件、技術的な特性を考慮してどのような方法でクラウドに移行するかという方法論も重要な概念です[*1]。
ですが、本章ではその前段階として存在する企業のIT戦略としてのクラウド活動のための方向付けをどのように行うか、という点に着目していきます。そのため、ここで扱う「移行」は、**戦略策定から、場合によっては数年に及ぶ個々のシステムの移行プロジェクトの実施までを包括的に指し示している**と考えてください。いわば、ITの変革といっても過言ではないかもしれません。従って、「移行」が完了すると、その企業のシステム群の多くはクラウド上で稼働するようになっており、オンプレミスでは得られなかったさまざまなメリットを享受できる状態になっていることになります。

移行によって引き起こされる組織の変化

本書ですでに触れているように、既存のアプリケーションやIT資産をAWSクラウドに移行することは、組織がビジネスを行う方法を改革する1つのきっかけとなります。これによって、今までよりもスピード感を持って新しい製品やサービスを開発したり、高い信頼性を獲得したり、コストを削減するといった企業活動の改善に役立てることが可能です。
本章で扱う「移行」は企業のシステム群全体に対するITの変革を指しますから、短期的なプロジェクトの範囲にはとどまりません。**個別のシステムの移行プロジェクトを反復する一連の取り組み**となります。組織やチームは個別のプロジェクトを通じて、新しいスキルやプロセス、ツールなどの経験を獲得することで進化を遂げ、次のプロジェクトをより安全かつ効率的に実行できるようになっていきます。

一般論としてはそうだとしても、自分が所属する組織がクラウド移行を通じてどのように変化するのか、変化が必要になるのかをイメージしづらい場合もあるでしょう。企業によって組織構造やそれぞれの責任範囲が異なるので、それは自然なことです。こういった疑問を持った場合は、AWS Cloud Adoption Framework (AWS CAF) [*2]を利用するとよいでしょう。AWSは、さまざまなユーザーがクラウドを活用していく過程を支援する経験をもっています。CAFはその知見をフレームワークにまとめたもので、クラウドの採用によって組織の仕事の進め方や役割がどのように変化するかを理解する助けになります。CAFに基づいて目指していく将来の姿を想定することで、自分たちの組織にとって不足しており変化が求められる要素と、すでに達成できていることが整理され、将来を見通すベースラインを形作ることができます[*3]。

＊1　そのため、Chapter 18「システム移行とデータ移行」で詳しくご紹介します。

＊2　https://aws.amazon.com/jp/professional-services/CAF/

＊3　CAFの活用方法についてはChapter 11「ビジネス目標に基づくクラウド活用戦略策定」で説明しています。読み飛ばした方はぜひ立ち返って確認してみてください。

ビジネス目標と動機付け

クラウドへの移行は、それ自体が目的になることはありません。何らかのビジネス目標があり、それを達成するための手段がクラウドへの移行です。移行について検討する場合は、まず最初にどういったビジネス目標を達成するためにクラウドへの移行を行うのかを明確に定めておく必要があります。

組織が置かれた状況によって、クラウド移行を通じて達成したいビジネス目標は異なりますが、**俊敏性の向上**を大きな目的とするケースが多いようです。
AWSではコンピューティングやストレージといったインフラストラクチャのサービスを始め、データ分析や機械学習と言ったさまざまなサービスを提供しており、何か新しいアイデアが生まれたらこれらのサービスを活用することによって、最短数分でそのアイデアを実装し、本当に有益なアイデアなのかを試すことが可能になります。
その他のビジネス目標としては、**生産性の向上**やデータセンターの統合・合理化による**コスト削減**、無秩序に増えてしまった**インフラストラクチャの整理統合**、ビジネスを**デジタル化**するための取り組みを加速するための準備を行う、といったものが一般的です。典型的なビジネス目標をまとめると、以下の5つの類型に分類できます。

1. **ビジネスの俊敏性向上** … 変化する市場の状況に迅速に対応する能力を向上させる。システム構築の自動化や、モニタリングの高度化、自動回復機能の活用、DevOpsモデルの採用などによって、新しい市場への展開スピードの加速や、オペレーションの柔軟性向上を狙う
2. **労働生産性の改善** … より効率的にサービスを市場投入できるようにする。AWSが用意するサービスを活用することにより、データセンターの管理などコア業務ではない作業に時間を費やすことなく、ビジネスの差別化により多くの労力を割くことが可能になる。過去のユーザー事例からは、大規模な移行により30-50%程度の労働生産性向上が期待できるとされる
3. **オペレーションの回復性** … システム運用や業務運用に問題が生じた際に、迅速に復旧できるようにする。これによってITシステムにおけるリスク要因と、その対応コストを削減することが可能。AWSが世界中に展開するインフラストラクチャを活用することで、システムの重要度に合わせた可用性を担保し、同時にパフォーマンス向上やセキュリティの強化を図る
4. **コスト回避** … 不要なコストを発生させにくい環境を構築する。ハードウェアの保守期限切れに伴うリプレースやソフトウェアメンテナンスの対応頻度を下げたり、対応自体を不要にしたりすることができれば、システムのライフサイクル全体における総所有コスト（TCO）削減につながる
5. **運用コスト** … インフラストラクチャ運用のためのコスト削減を図る。AWSが提供する安価なインフラストラクチャを利用したり、需要に対して過大な投資をしたりすることを回避したり、ITの運用費用を透明化することによって運用コストを削減する

ビジネス目標が定義できたら、次は動機付けが必要です。クラウドへの移行には、それに必要な技術の習得を求められるのに加えて、多かれ少なかれ**企業の文化・プロセスの変革**が求められる部分があります。これはどういうことでしょうか？

典型的な企業では、インフラストラクチャの構築・維持管理に責任を持つインフラチームと、アプリケーション開発に責任を持つアプリケーションチームで役割が分担されています。この役割分担はオンプレミス環境を前提にすると合理的なものですが、クラウドを前提に考えると自ずと役割分担のあり方が変容します。
AWSではAPI/CLI/マネジメントコンソールを利用して、即座に必要なインフラをプロビジョニングすることができますし、必要な構成を自動的に構築する仕組みを設けることも容易です。そうなると、アプリケーションチームは**必要なインフラを自分たちで決定**して、**自分たちでプロビジョニングする**ことが効率化につながります。一方で、インフラチームはインフラ自体の維持管理というよりは、**システム全体の健全性担保やサービス品質向上**など、従来とは異なる領域が主たる任務になっていくことがあります。

これはあくまでも一例に過ぎませんが、何らかの変化を生むことは間違いありません。人間は変化を嫌う生き物と言われています。ですが、変化を恐れるばかりでは現状を変えることはできませんから、自分たちが目指すビジネス目標の実現のために変化を遂げなければならないという動機付けが必要です。
組織の文化はクラウド活用の度合いや程度に影響を及ぼしますし、クラウドを活用することは組織の文化に影響を及ぼします。クラウドを推進する立場にある人は、文化の変化が起こりえることを認識するとともに、その変化が自社にとって望ましいものであるのかそうではないのかを見極め、変化を促進する、あるいは軌道修正するといったアクションが必要になります。

#15-03 移行戦略の立案

移行に伴うビジネス目標が定義でき、組織に対する動機付けを行ったら、具体的な移行戦略の策定を始めましょう。一般的に、企業の広範なクラウド移行は、次に示す3つの段階で実行されます。これらの段階に沿って、どういった活動が必要になるのかを見ていきましょう。

1. 評価（アセスメント）
2. 移行計画立案（モビライズ）
3. 移行 / 運用（マイグレーションとモダナイズ）

評価フェーズ

評価フェーズでは**現状把握**を行います。どういった既存システムが存在し、ビジネスにおいてどういう役割を担っているのかを洗い出します。その上で、システムのアーキテクチャーはどうなっているか、アプリケーションはどのように設定されているか、運用時の性能情報はどうなっているか、といった情報を整理します。
システムごとの情報が整理できた段階で、次に行うべきは**依存関係の明確化**です。企業で運用されているシステムは、相互にシステム間連携を行うことによる依存関係が存在することが多く、これらを整理することは移行戦略を立案するために不可欠であるとともに、システム運用の品質改善にも大きく寄与します。
システム間の依存関係の洗い出しは、一般には大変な作業です。システムの設計書から読み取れる場合はそれを整理するのが最良のやり方ですが、設計書が存在しない場合や記述が不十分な場合もあるでしょう。そういった場合は、New Relic[*4]をはじめとする実情から依存関係を抽出することを支援するサードパーティーツールを利用することも選択肢の1つです。

AWSでは、評価のフェーズで利用できる3つのメカニズムを提供しています。図中の中央に位置するAWS Migration Evaluator、AWS Migration Readiness Assessment、AWS Migration Hubがそれにあたります。

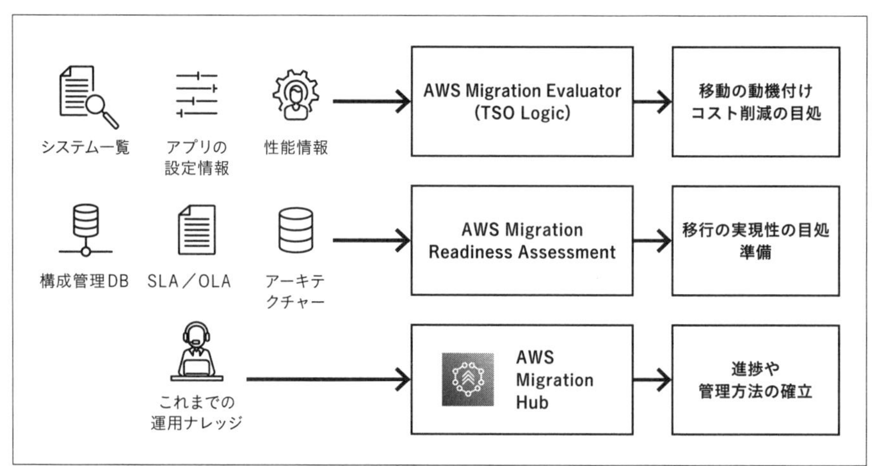

図15-3-1 現状のIT状況と利用可能なツール例

AWS Migration Evaluator[*5]はローカル管理者権限が利用可能なWindows Server 2012R2以降のサーバーで稼働する無償のツールで、VMWare、Hyper-Vベースの仮想化基盤や、ベアメタルサーバー[*6]、Microsoft SQL Serverから情報を収集し既存環境のインベントリやリソース使用状況を収集します。手元にインベントリやリソース利用状況に関する情報がある場合は、それを利用することも可能です。これらのデータに基づいてインサイトを提供するとともに、AWS移行時のコスト削減シナリオを提示してくれます。これによってビジネス面での合理性を整理することが容易になります。

＊4 https://newrelic.com/jp/products/application-monitoring

＊5 https://aws.amazon.com/jp/migration-evaluator/

＊6 VMWareやHyper-Vなどの仮想化ソフトウェアを導入せず、物理サーバーに直接OSをインストールして利用しているサーバー

AWS Migration Readiness Assessment (MRA)[*7]はAWSのソリューションアーキテクトやProfessional Serviceのコンサルタントと連携しながら進めるアセスメントプロセスで、AWS CAFに基づいて移行準備状況を客観的に評価することを目的とします。約70の質問に回答することを通じて、クラウドへの移行における潜在的な阻害要因を発見し、具体的なアクションプランを立案することができます。

AWS Migration Hub[*8]はシステム移行の進行状況を集中管理するためのツールです。利用可能な移行ツールの候補を提示するとともに、さまざまなシステムが現時点でどういった移行状況にあるのかを可視化することが可能です。

現状が把握できたら、それぞれのシステムについての移行アプローチを検討する移行計画立案フェーズに進みましょう。

移行計画立案フェーズと7つのR

移行計画立案フェーズでは、それぞれのシステムに対してどう対処するのかを判断していきます。対処方法には以下の7つの選択肢があり、AWSでは頭文字を取って7つのRと呼んでいます。

1. **リロケート (Relocate)** - 既存環境がVMWareベースである場合に、VMWare Cloud on AWSを活用し既存仮想マシン群をそのまま引っ越す
2. **リホスト (Rehost)** - 既存アプリケーションに変更を加えず、既存のサーバー群をAmazon Elastic Compute Cloud (EC2) に単純移行する
3. **リプラットフォーム (Replatform)** - OSやデータベースのバージョンアップや、Amazon Relational Database Service (RDS) の利用など、若干の変更や最適化を行う
4. **リファクタリング (Refactor)** - クラウドが提供する機能を充分に活用するため、アプリケーションの設計を変更し最適化を行う
5. **再購入 (Repurchase)** - 既存システムと同様の機能を提供するSaaS (Software as a Service) に移行するアプローチ。たとえば自分たちで運用していたCRMシステムをSalesforce.comに移行する、など。
6. **リタイア (Retire)** - 利用されていないか、今後利用しないことを決定したアプリケーションを廃止する、あるいは他のシステムに統合する
7. **保持 (Retain)** - 必要ではあるが移行の前に大きなリファクタリングが必要、などの理由で移行を保留し現状を維持する

この7つのRを模式的に表すと次ページの**図15-3-2**のようになります。

＊7　https://docs.aws.amazon.com/ja_jp/whitepapers/latest/aws-migration-whitepaper/assessing-migration-readiness.html

＊8　https://aws.amazon.com/jp/migration-hub/

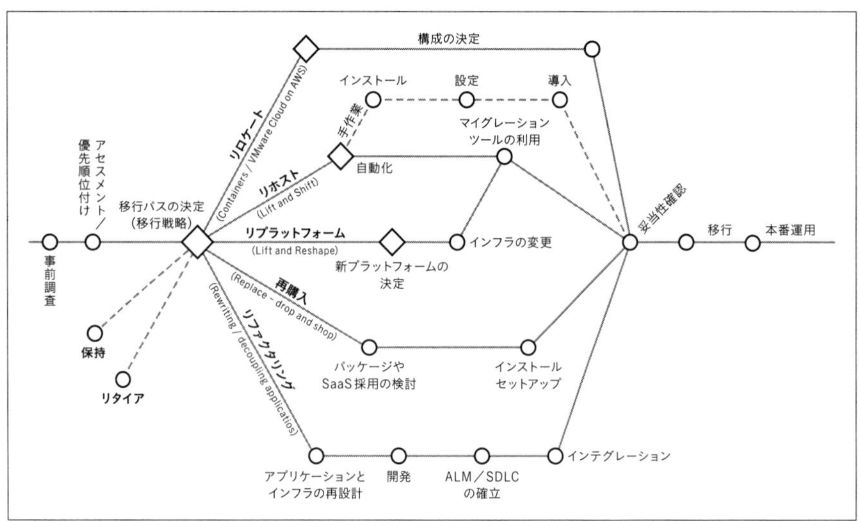

図15-3-2 7つのR

これらの選択肢は、現状分析の結果に基づいてシステムごとに判断を行う必要があります。また、難易度やシステムの重要度などを加味して総合的に優先順位を決定することになるでしょう。注意すべき点は、移行に際して変更する要素が多くなればなるほど、複雑性は増大する一方で、**最適化を推し進めるチャンスも大きくなる**ということです。最適化が進めば進むほど、俊敏性の向上や運用負荷軽減、コスト効率の向上などクラウドのメリットが大きくなっていきます。移行プロジェクトの難易度という観点だけで判断すると、すべてリホストするという判断になりかねません。当初設定したビジネス目標の達成のために、最適な選択肢を選ぶことが重要です。自社の競争力に直結するシステムはより積極的にリファクタリングを、負荷が安定しており機能追加や変更が少ないシステムはリホストをする、などシステムの性質とビジネス目標の双方を視野に入れて判断するようにしてください。

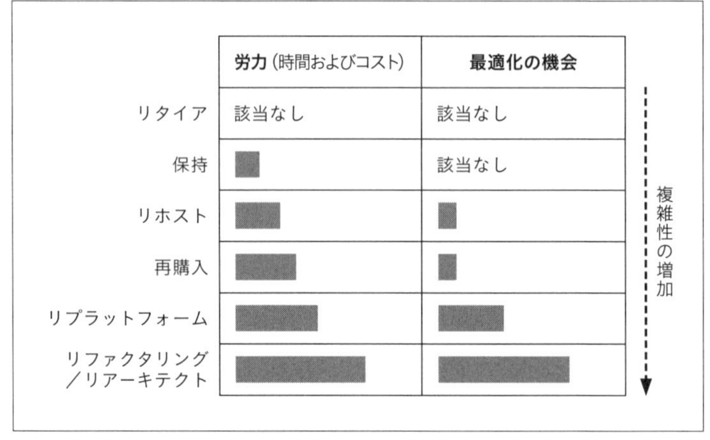

	労力(時間およびコスト)	**最適化の機会**
リタイア	該当なし	該当なし
保持		該当なし
リホスト		
再購入		
リプラットフォーム		
リファクタリング／リアーキテクト		

図15-3-3 複雑性が増加すると、最適化の機会も大きくなる

それぞれのシステムを7つのRにマッピングすることができたら、次に検討すべきは作業を行う時期の検討です。作業時期の計画には、さまざまな制約条件が存在します。自社のエンジニアチームのリソース状況や、SIerなどの外部リソースを利用する場合は委託先のリソース状況も考慮に入れる必要があります。また、ビジネス面を考えると、システムによっては一刻も早くクラウド化による俊敏性の向上や運用負荷軽減を図らなければいけないケースもあるでしょう。もちろん、既存システムで利用しているハードウェア・ソフトウェアの保守期限や、場合によってはデータセンターの契約期間を考慮して、各システムの作業を時間軸に割り当てていきましょう。

移行/運用フェーズ

システムごとに7つのRのどれにマッピングするのかが定まり、実施時期を固めることができたら、実際のプロジェクトを実行していくことになります。一般的にすべてのシステムを同時並行で作業することは不可能ですから、あるシステムの作業が完了したら次のシステムに着手する、という形でプロジェクトを反復して実行することになります。この過程を通じて、クラウドに対する知識・経験の蓄積や組織の文化の変革が行われていきます。個々のシステムの移行とモダナイズマイグレーションとモダナイゼーションについては、全体の戦略策定とはまた違った知見やツールが必要になりますので、この後の章で詳しく解説していきます[*9]。

#15-04 標準化

組織としてのクラウドへの移行は、さまざまなシステムについての移行プロジェクトが反復されるものです。それぞれのプロジェクトを効率的に推進するとともに、企業として必要なITガバナンスを担保するために有益なのが標準化です。この考え方は、既存のIT資産をクラウドに移行する場合に限らず、新規システムをクラウドに構築する場合にも有用なものです。

なぜ標準化を行うのか

組織の中にはさまざまなシステムがあり、システムごとに開発者が分かれていたり、外部に委託をしていることも多いでしょう。それによって複数のクラウド利用プロジェクトを並行して実行することが可能になります。しかし、それぞれのプロジェクトにおいて毎回似たような項目の設計をしたり調査したりするのは、時間の面でもコストの面で

＊9　Chapter 18「システム移行とデータ移行」、Chapter 19「モダナイゼーションの進め方」

も効率的ではありません。また、各プロジェクトやチームに対して組織として守るべきことが伝えられていないと、セキュリティや信頼性の観点で差が生じてしまうことが考えられます。こういった問題を避けるためには、各プロジェクトが満たすべきルールや基準を定め、自社としての標準を策定しておくことが必要です。

何を標準として定義するのか

企業におけるクラウド利用の標準化を議論する際に、最も難しい決断が「どこまでを標準として規定し、どこからをプロジェクトチームに委ねるのか」です。言い換えると、プロジェクトチームにどの程度の自由度を与えるのかという問題です。この問いに対する解は、企業によって大きく異なってきます。対象とするシステムの性質や、プロジェクトチームがどういった人員によって構成されているのかによっても最適解が変わってくるためです。

例1：一定期間しか利用しないキャンペーン用Webサイトを社内のAWS経験豊富なエンジニアで開発する場合

利用期間が短いシステムや独立度の高いシステムを自分たちで作る場合、過度な標準化は足かせになります。多くの組織では、個人情報やセキュリティに関するポリシーを持っていますので、そのポリシーがきちんと適用され運用されることを担保するだけでよいかもしれません。このようなケースでは、クラウドにおける標準化のポイントは、セキュリティを確保するための最小限のルールに絞るのがよいでしょう。たとえば、AWSアカウントの管理、AWSの各種リソースの変更権限の管理、AWSの各種リソース変更におけるログ取得、AWSのリソースにアクセスできるユーザーの管理、AWS上に構築されたリソースへのアクセス管理、他の環境と接続する場合のネットワーク接続のルールなどが考えられます。

例2：長期間利用する基幹系システムを外部に委託して開発する場合

一方で長期間利用する基幹系システムを外部に委託して開発する場合には、**品質の均質化**が大きなテーマになります。複数のシステムの開発をそれぞれ別の会社に委託して、リリース後は自分たちで運用する場合を想像するとわかりやすいはずです。
たとえば、標準化を行わず自由度を高くしてしまうと、あるシステムの監視はAmazon CloudWatchで行っているのに、別のシステムの監視は商用の監視ソリューションで行われている、といったケースが発生しえます。また、AWSのマネージドサービスを利用し効率的に設計されたシステムがある一方で、必要性が薄いのにも関わらず仮想サーバーに自分たちでミドルウェアをインストールしているようなシステムが生まれ運用効率が悪化するといった事態も考えられます。あるいは、運用担当者が対応できる範囲を超える大量のAWSサービスが組み込まれてしまうといったこともあり得ます。こういったケースを防ぐための標準化では、先の例と比較してより詳細な定義が必要です。
すなわち、たとえば次のようにプロジェクトチームの自由度を制限することが求められます。

・セキュリティに関する標準化（例1と同様です）
・システム全体の構成を規定する
・ネットワーク構成を規定する
・利用可能なAWSサービスを規定する
・バックアップや監視方式など運用にまつわる設計を規定する

標準化の進め方

では、実際に標準化を行う場合はどのように進めるのがよいのでしょうか。一般的には下記のような5つのフェーズで実行します。

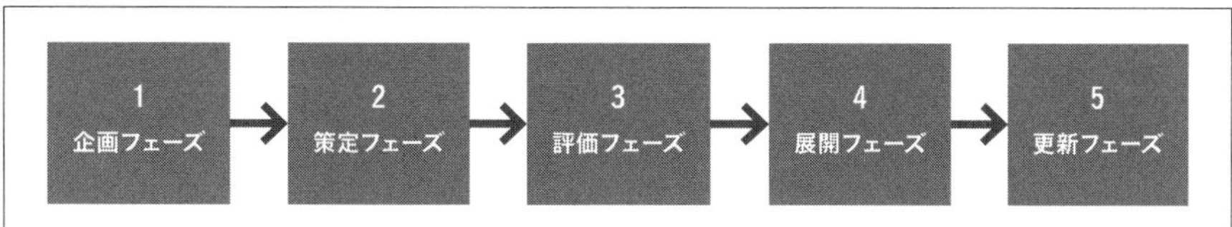

図15-4-1 標準化を進める5つのフェーズ

1. **企画フェーズ** … 標準化の目的を明確にした上で、対象範囲を明確に定義します。目的が明確でないと本来不要な範囲までをルール化し柔軟性を失わせてしまったり、本来必要なルールが漏れてしまう可能性があります。組織内でインフラに関するルールがある場合はそれを下敷きにしつつ、利用者から挙げられる課題や要望を元に判断します。なお、標準化には労力やコストがかかりますので、必要と思われる体制やそれに対するコスト、所要時間を概算レベルで明らかにしておきましょう。
2. **策定フェーズ** … 企画フェーズで決めた範囲を詳細化してきます。既存環境の詳細な情報や、システムが満たすべきサービスレベル、利用している技術などの情報が必要です。このフェーズは、クラウドのサービス仕様を調べてまとめるという作業ではないことに注意してください。実際に環境を構築して妥当性を検証したり、性能測定を行ったりという実証実験の要素が必要です。
3. **評価フェーズ** … 策定フェーズで定義したルールが運用可能か、要求を満たしているかを評価します。たとえば試行的にクラウドを利用するプロジェクトがあればそれに対して標準を適用し、フィットするかどうか、改善点がないかを判断します。あるいは、システム開発の担当者や外部の委託先企業に提示し、フィードバックを求める手もあります。
4. **展開フェーズ** … 評価フェーズで問題なしという結論に至れば、実際に展開し利用することになります。目的は各プロジェクトで策定した標準を利用してもらうことなので、説明資料を作成して配布するだけでは不十分なケースがほとんどでしょう。利用者を招いて説明会を実施したり、質問会を設けるなど実際に活用されるように促し、支援することが必要です。この場で寄せられる質問は重要なフィードバックになりますので、記録しておき改善に利用します。新たにシステム開発を外部に委託する場合や、提案依頼書（RFP）を提示して見積もりを取得する場合に、委託先に提示しておくとこの内容を前提にした提案を受けられるはずです。

5. **更新フェーズ** … 定期的に策定した標準・ルールを見直して、改訂を行います。多くの場合は半年に一度の頻度でチェックを行い、改訂の要否を判断することがベストです。そのためには、新たなサービスや機能の登場、それに伴うベストプラクティスの変化に対してアンテナを張っておく必要があります。

注意しなければいけないのは、**時間をかけすぎずに必要最小限の範囲について素早くルール作りを行うこと**と、**必要に応じて適宜見直しを行うこと**です。クラウドは進化が極めて速いサービスです。標準化に時間をかけて完璧なものを作りたい気持ちになるかもしれませんが、時間をかけて作り上げたときにはすでに実情とは合わないルールになってしまっている可能性があります。
また、新たにシステムの開発や運用を効率化するサービスがリリースされることもありますので、こういったケースに対応するためにはルールを不動のものと位置付けてしまうのではなく、必要に応じて見直しが行われる、生きたルールとして取り扱う必要があります。一般的には**1.**から**5.**までのフェーズを3ヶ月程度で、遅くとも半年で終わらせるのが目安です。

標準化のサンプル

いくつかの標準化の例を見てみましょう。

セキュリティに関する標準化

セキュリティは多くの組織にとって守るべき最優先の課題の1つです。したがってクラウド標準化を進める際にも、セキュリティ面について検討が必要です。組織や標準化の範囲によってどこまでどのような内容を定義するかは異なりますが、標準を定めておくことで複数のチームが個別にプロジェクトを進めるような場合においても、組織が守るべきセキュリティの基準を担保することが容易になります。セキュリティの標準化は極めて重要なトピックですので、本書のChapter 14「AWS利用におけるセキュリティ標準の策定」で詳しくご紹介します。

利用してよいサービスの標準化

特に大きな組織においては、利用するAWSのサービスを限定し、構成パターンの標準を作ることは、均質化・コスト削減の観点で大きな効果があります。初期段階では利用可能なサービスを厳しく限定していたとしても、開発メンバーの経験が蓄積されたり、組織内でAWSの導入実績が増えていくにつれて、徐々に利用するサービスを増やしていくのはよいアイデアです。

ある企業での例ですが、当初は以下の表に挙げるサービスのみに利用を限定するルールを策定しました(運用系サービスは除いています)。

- Amazon EC2
- Amazon S3
- Amazon Rerational Database Service (RDS)
- Amazon Elastic Load Balancing (ELB)
- Auto Scaling

一見すると厳しすぎるようにも感じますが、それには理由があります。この企業ではAWS利用経験のあるエンジニアがほとんどおらず、また、クラウドを運用する部門がAWSのリソースをユーザーに払い出す形態をとっていたため、運用・保守に対応できるよう手を広げすぎないように制御する必要があったのです。この企業ではその後一定のタイミングで評価の終わったサービスを標準に追加しており、今ではより幅広いサービスを利用できるルールに更新されています。

一方で、自社サービスを運営する企業で、自分たちで開発と運用を行っているようなケースにおいては、AWSの利用サービスを限定するというのはあまり多くはありません。これは、自社サービスの開発を効率化し競争力を高めるためには幅広い選択肢が必要になるためです。こういった企業では内部のエンジニアはAWSのスキルを持っていることが多く、取り組むべき課題に対して最適なサービスを自力で選定し活用することができます。この場合は、開発チームに高い自由度を与えることがよいやり方となります。おそらく、セキュリティに関する要求事項だけをルール化し，それを満たすことを求めるスタイルが最適でしょう。

#15-05 まとめ

この章では、移行とそれを効率的に実行するための標準化について紹介してきました。移行という言葉は、さまざまな粒度の意味合いを含んでいますが、ここでは「企業がすでに運用しているシステム群の基盤として、包括的にクラウドを採用していくための一連の取り組み」を指しています。
単一のシステムにとどまらず、さまざまなシステムのクラウド化を進めるためには、まず最初に個々のシステムの現状を把握する必要があります。その上で、それぞれのシステムについての方針を「7つのR」のいずれかから選択する形で計画を策定し、システムごとにプロジェクトという形でシステム移行を推進していくことになります。各プロジェクトを効率的に進めるための工夫が標準化で、これを行っておくことで各プロジェクトでの重複を回避しつつ、企業として必要なガバナンスを維持することにつながります。

さて、全社としてのクラウド移行や、個々のシステム移行プロジェクトを推進するために重要なリソースというと、なにを思い浮かべるでしょうか？ さまざまな答えがあり得ますが、どの企業においても人材は必ずと言ってよいほど重要な要素になります。
また、クラウド利用を推進する組織が必要になるかもしれません。クラウド活用組織の設立と、人材の育成についてはChapter 12と13で触れていますので、内容を思い出してみてください。

PART 4

[実践編]

既存システムから
AWSへの移行

#16 現状分析の進め方

#16-01 なぜ現状分析が必要か

企業におけるシステムは、その企業における事業やサービスを実現するために開発されます。システムを新たに構築したり、AWSに移行するためには、まず、現状を明らかにし、次にシステムの理想像を定めます。そして、その現状と理想のギャップが、ユーザーにとっての実施すべき事柄になります。つまり、システムを新たに開発したり移行するためには、まず、現状分析をしっかりとすることが重要になります。すなわち、現状分析は、すべての計画の基礎となる部分と言えます。

#16-02 現状分析の最初のステップ

現状分析の最初のステップとしては、**ビジネス目標の確認と、既存システムの状況把握**になります。次の章でTCO分析の方法について記載しますが、その中で既存システムの詳細な現状把握の方法を書いていますので、この章では、全体の概要について触れたいと思います。
また、現状分析には、移行対象の選定も含まれます。移行対象が決まったら、どのような移行方式が選択可能か情報収集し、そして、移行のためのロードマップの策定を行っていきます。また、必要な人材の把握により、不足するスキルを補う人材育成計画の立案も必要です。

ビジネス目標の確認

まず、**ビジネス上の目標**が何かを定める必要があります。目先のコスト削減のみを目標にするのではなく、その組織におけるビジネスの環境変化や、その組織の事業の方向性、どのタイミングで、サービスや業務を実現するIT環境を変化させるかを考えていく必要があります。

既存のシステムの問題点や改善点への対応方法の検討も重要ですが、本来、刻々と変化するビジネス環境において、その都度変化に柔軟に対応できるITというものが望まれていた姿のはずです。

オンプレミスにおいては、長期のビジネス変化を予測して、IT環境の変化を予測し、システム更改の計画を立てていたと思います。しかし、クラウドの時代において、そのような対応は必要なくなっていると考えてよいかもしれません。

長年の経験から、知らず知らずのうちにオンプレ時代の常識を前提に考えてしまう、いわゆる"オンプレ脳"からの脱却が必要です。変化の激しい世の中において、ビジネス環境は常に変化しています。ビジネスの変化に照らし合わせ、自分たちのIT環境をいつ変化させる必要があるのかを明確化してみることが必要です。

既存システムの現状把握で利用可能なAWSのサービス

AWSでは、TCOの観点でユーザーを支援するサービスや情報を提供しています。AWS Migration Evaluatorは、エージェントレスで既存のリソースの状況を把握することが可能であり、移行における効果を測定可能です。また、AWSクラウドエコノミクスセンターで、さまざまなクラウドを活用した場合の経済的な効果を確認できます。

AWS Migration Evaluator

AWS Migration Evaluatorは、AWSクラウドへの移行計画と移行の方向性を決定するために役立つ**移行評価サービス**であり、ユーザーのIT環境を自動的に調査します。
無料のエージェントレスコレクターをインストールして、Windows、Linux、および SQL Serverのフットプリントを監視し、オンプレミス環境の情報を収集します。サーバーの設定、使用率、運用に関わるコスト試算に必要な情報を収集します。あわせて、利用しているソフトウェアの情報から、AWSに移行したときにライセンス費用が含まれたコンピューティングリソースの従量課金のモデルが利用できるかも調査します。これらのオンプレミスの数百の情報を収集し、既存環境を分析します。一定期間間の情報を収集したのち、分析が終了すると、ユーザーの使用パターンをモデル化し、Amazon EC2および Amazon Elastic Block Storeを使用した場合の、最適な利用方法を提示します。
その結果、ユーザーは、さまざまなケースにおいて、AWSにホストした場合の予測コストの概要と、コンピューティングリソースとソフトウェアライセンス別のコスト内訳を確認することができます。その内訳には、オンプレミス環境のさまざまなコンピュータリソースの使用率をもとに緻密に計算された、AWSに移行した場合のコスト予測が含まれます。

すなわち、Migration Evaluatorを利用することで、オンプレミス環境の情報を効率的に収集し、AWSに移行した場合のTCO効果を算出することが可能になります。そして、ユーザーは、現在の状態と将来の状態がわかるため、そのシステムが、ビジネスの目標に合致するかを想定しやすくなります。

- **AWS Migration Evaluator**
  https://aws.amazon.com/jp/migration-evaluator/

AWSクラウドエコノミクスセンター

コスト削減（TCO）だけでなく、スタッフの生産性の向上、セキュリティや可用性などの運用の効率化、ビジネスの俊敏性の向上など、先進的な企業はAWSを利用することで、クラウドの価値を最大化させていきます。さまざまなユーザーがどのようにして、これらの成果を得ているのか、また、調査会社からの評価についての情報を確認することができます。

- **AWS クラウドエコノミクスセンター**
  https://aws.amazon.com/jp/economics/

#16-03 移行対象の特定や、システム化が必要な業務の特定

ここでは、ビジネス目標をもとに、重要となるシステムを見極めていくことが重要です。また、企業においては、システム化されていない業務も対象になる場合があります。経験の豊富な担当者が業務をこなしていてシステム化されていなかったり、スプレッドシートとそのマクロ機能を使って定型的な業務を効率化させようとしているEUC (End User Computing) が利用されている場合もあります。また、新しいビジネスのために、全く新しいシステムが必要になる場合もあるでしょう。

組織全体のビジネスの方向性や目的の把握

企業における中期計画や経営者へのヒアリングから、ビジネス目標が特定できたら、その中で、重要となる組織や、業務、そこに関連するシステム、データ、関係者をリストしていきます。組織が特定できた場合は、その組織の責任者にヒアリングをして、現状のサービスや業務においての課題をヒアリングしてみます。
また、関係者に対して、ヒアリングをしてみることで、ビジネス目標を達成するための課題や、その組織、関係者の思いや期待を明確化させていきます。
加えて、課題から、システム化する場合の要件を想像していき、それが現状のシステムで解決可能なのか、足りない機能は何なのか、他のシステムとの組み合わせで解決できるのか、また、システム上で処理するために何のデータが足りないのかを調査していきます。
これらの活動により、既存のシステムで改修しなければいけない要件と、システム化が必要な業務を特定していきます。
システム化が必要な業務とは、ビジネス目標を達成するために必要なデータを取得できていない業務のことを指す場合が多いと思います。このケースの場合、その業務の担当者にヒアリングをしても、システム化の要件が出てこないことが多いと思います。その

ため、ビジネス目標から俯瞰して、システム化が必要か、必要でないかを見極めていくことが重要になります。これらの作業を通じて移行対象とシステム化が必要な業務をある程度明確化していきます。

業務効率化の観点でのシステム検討

次に、業務の効率化の観点で、移行対象とシステム化が必要な業務の検証を行います。
既存の業務で経験豊富な担当者が業務をこなしている場合、ヒアリングをしても、システム化要件が出てこない場合があります。この場合、他社の事例などを調査して、機械学習やIoTなど新しい技術やソリューションを活用して、既存の業務の実施方法を変えることができないかを検討していきます。このようなときの場合は、ビジネス目標からのブレイクダウンが重要になります。
ビジネス目標には、ある製品やサービスの売上を何倍にしたいと言った目標があるはずです。それを達成しようとした場合に、その業務部門の業務量が何倍になるのかを想定していくことが必要となります。業務を担当する要員を増やすことで、対応できると考える場合もあるでしょう。しかし、その方法においては、人員の育成のためのコストや時間も考慮していく必要があります。その組織の全体の業務の中で、一部の業務をシステム化することで効率化できないかを検討していくことで、ビジネス目標を達成できる可能性がないかを検討していきます。
このケースにおいて、システム化するためには、業務フローを変更していく必要が生じる場合があります。そのときは、実際に業務を担当しているメンバーにヒアリングをして、無駄な業務がないかを確認していきます。業務の中で、ダブルチェックをしている箇所、特定の人に業務が集中している箇所、処理に時間のかかる箇所などを明確にしていき、時間を削減できる箇所を特定していきます。業務ごとに、業務フローを作成し、その中の各タスクにどのぐらいの時間がかかっているか、どのようなシステムを使っているか、そのタスクの実施におけるリスクを特定していきます。
業務フローは、所属している組織が上場企業で、生産管理や在庫管理、販売管理などの会計に関わる業務であるならば、金融商品取引法に基づく内部統制の観点で、業務処理統制を実施するために、業務フローが作成されている場合があるので、その業務フローをベースに、システム化が必要な領域を追記していくことで効率化できるでしょう。
このようにして、業務効率化の視点で、その業務でどこに時間がかかっているのかが明確化できたら、システム化の検討を開始します。業務の効率化が目標になるので、時間のかかる業務をシステムで代替することを目標にします。また、別の観点になりますが、計測できるかどうかもシステム化の目標にできるとよいと思います。これは、効果測定の観点で重要になります。業務効率が上がったことを計測できる仕組みをシステム化の要件として組み込んでおくことがお勧めです。

大規模なシステムではないEUC（エンドユーザーコンピューティング）をシステム化対象に含めて業務を効率化する

EUCについても検討してみましょう。EUCは、一般的に基幹システムを補完する目的で、業務上の機動力を確保するために、業務部門側で開発、運用されるシステムであることが多いと思います。これには、Microsoft Excelなどのスプレッドシート上のマクロや、最近においては、Slackなどのコミュニケーションツール上で構築されるチャットボット、また、業務部門側で契約されたSaaSでの利用もあります。

EUCそのものは機動力を確保することが目的になっているので、そのものが悪いわけではないのですが、下記の2点を考慮する必要があります。

1つは、そこで取り扱うデータの機密性、保管期間など、データそのものが安全に運用できているかの確認が必要です。データそのものの漏洩のリスクがないか、たとえば個人情報を取り扱うEUCにおいては、目的外の利用方法になっていないかの確認をしていく必要があります。

もう1つは、開発されたアプリケーションやマクロなどの開発運用の維持体制が構築できているか、という観点になります。こちらは多くのケースにおいて、ある一人の業務担当者が開発しているかと思います。この業務担当者が退職した場合のリスク、また、その仕組みがメモされていたとしても、特定のスキルが必要で、アプリケーションやマクロの維持や改修が、実は他の人で継続できないこともあるでしょう。

このような2つの観点で問題がある、または、リスクがあると考えられた場合は、システム化の対象に含めた方がよいと考えます。しかし、EUCの目的は業務上の機動力の確保なので、この機動力を損なわないようなシステム化が必要になります。継続的な機能改善が容易なコンパクトなシステム化要求にしたり、YAGNI（You are not going to need it）の考え方に基づき、本当に必要な機能のみを短期間でリリースして、必要になるたびに、機能を追加できるような開発手法を取り入れられるシステム化をすることが重要になります。SaaSの活用もよい考えになるでしょう。

顧客体験を変える新しいサービスを支えるシステム

最後に、新しいビジネスのために必要なシステムについても考えてみたいと思います。

新しいビジネスは、顧客ドリブンで考えていくことが基本になると思います。企業側が出したいものを出すというプロダクトアウトの考え方ではなく、そのプロダクトないしソリューションが世の中に出たときに、どのような顧客にリーチされ、それらの顧客の何の体験をよくするのかを考えていくことが重要です。

経営者やビジネスオーナーに、ビジネス目標のヒアリングをすると、企業としての収益の話になることが多いように感じるかもしれません。そして、それは、顧客体験の向上の話が含まれてないように感じるときがあるかもしれません。しかし、筆者の経験上、多くは、そのようなことはなく、限られた打ち合わせの時間で、収益としてのゴールを示しているだけであることが多いと思います。そして、経営者やビジネスオーナーの言葉には、そのための方法、すなわち、顧客体験の向上ができる良いプロダクトや良いサービスを生み出してもらいたい、という期待が込められているものなのです。

そこで、打ち合わせの回数を増やしたり、サービスのプロトタイプを短期間で作って評価をもらうなどして、経営者やビジネスオーナーの本音を探っていきます。そして、既存のサービスを利用しているユーザーの状況を調査し、どのような顧客体験の改善が何なのかを見極めていきます。
システム化の検討においては、顧客体験がどのように変わるかはとても重要です。昨今、新しいビジネスにおいて、ITは必要なものであり、そのプロダクトやサービスの利用者である顧客は、何らかのアプリケーション（モバイルアプリを含む）や、Webサービスが、最初に触れるインターフェースになります。この最初のインターフェースに触れた瞬間に、顧客はそのプロダクトやサービスが、気に入るか気に入らないかの最初の判定をしてしまいます。サービスサイエンスの世界における「真実の瞬間」がここにあります。顧客は、アプリケーションに触れた数分の間でそのサービスやプロダクトが、自分にとって良い体験になるのかを判断してしまい、使うか使わないかを判断してしまいます。そのため、新しいビジネスのためには、顧客体験を考慮したシステム化の検討が重要になります。
そして、せっかく新しいシステムを構築する機会なので、アーキテクチャーやデータモデルの設計、新しい技術の取り込みなど、積極的に取り入れてみましょう。業務フローを明確化していき、システム化要件を特定するところはこれまでのシステム開発と違いはありません。

これらの作業により、全体として、システムの一覧や、対象となるシステムの候補が決まったら、それをリスト化しておきます。これらのシステム化の効果については、次の章で記載するTCO分析の手法に基づき、効果を測定します。

#16-04 移行方法の概要策定

移行方法の策定においては、アーキテクチャー検討と、ロードマップ策定があります。この章の中では、概要だけを提示し、のちの章で詳細を説明します。

アーキテクチャー検討

システム化対象が決まったら、次にアーキテクチャーの検討を行います。新規で構築するシステムにおいては、データモデルや、アプリケーションの特性、規模、拡大するニーズに基づいて、アーキテクチャーを検討したり、既存のSaaSが活用できないかの調査をしていきます。システムインテグレーターの提案を受けたり、専門家の意見を確認していくと、最新のテクノロジーを活用したシステム化検討ができるかもしれません。

既存システムのアーキテクチャーの検討においては、7Rの手法を使います。Chapter 15でも掲載していますが、再掲載します。

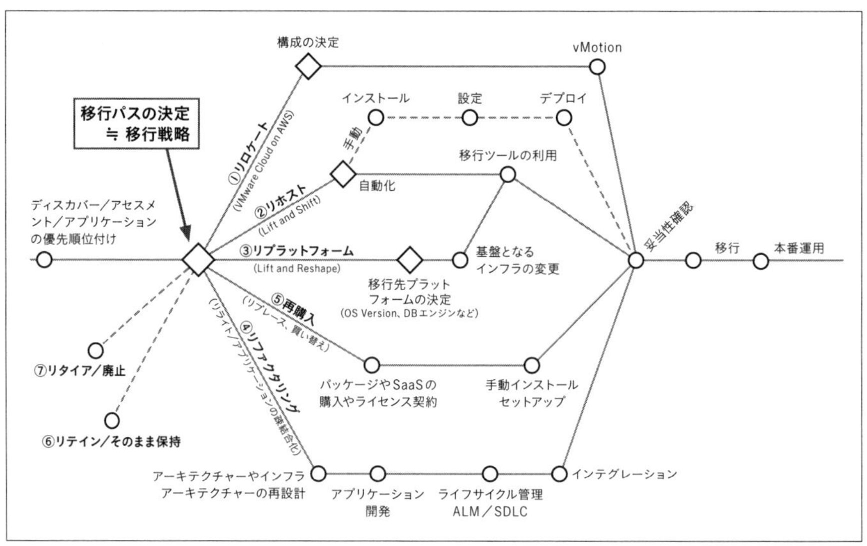

図16-4-1　AWSの7R

① **リロケート (Relocate)** … 既存環境がVMWareベースである場合に、VMWare Cloud on AWSを活用し既存仮想マシン群をそのまま引っ越す
② **リホスト (Rehost)** … 既存アプリケーションに変更を加えず、既存のサーバー群をAmazon Elastic Compute Cloud (EC2) に単純移行する
③ **リプラットフォーム (Replatform)** … OSやデータベースのバージョンアップや、Amazon Relational Database Service (RDS) の利用など、若干の変更や最適化を行う
④ **リファクタリング (Refactor)** … クラウドが提供する機能を充分に活用するため、アプリケーションの設計を変更し最適化を行う
⑤ **再購入 (Repurchase)** … 既存システムと同様の機能を提供するSaaS (Software as a Service) に移行するアプローチ。たとえば自分たちで運用していたCRMシステムをSalesforce.comに移行する、など。
⑥ **保持 (Retain)** … 必要ではあるが移行の前に大きなリファクタリングが必要、などの理由で移行を保留し現状を維持する
⑦ **リタイア (Retire)** … 利用されていないか、今後利用しないことを決定したアプリケーションを廃止する、あるいは他のシステムに統合する

次の章でTCOを検討するために、この7Rのうち、既存のシステムごとに、どの「R」の移行方法で既存システムの移行が実施できそうかをある程度決めておきます。TCOの検討結果などから変更することもあるので、ここでは、どのような移行方針にするかの方向性だけ定めておきます。

移行対象のシステムがビジネス上の効果を出していない場合は、廃止 (Retire) を検討します。このとき、他のシステムに必要となる機能を取り込む必要があるかもしれません。保持 (Retain) するシステムは、TCOの章の検討の結果、クラウドへの移行の効果が見込めない場合に採択します。

リロケート（Relocate）や、リホスト（Rehost）は、ビジネス目標を達成するための期間が短く、まず、システムをクラウド化して、コスト効果を改善したいt場合に選択するとよいでしょう。リロケート（Relocate）や、リホスト（Rehost）のどちらを選択すべきかは、VMWareを継続的に利用したいか、それとも、ある程度の移行作業を伴って、Amazon EC2に移行したいかの目標の違いによって選択するのがよいと考えます。

再購入（Reparchase）は、システムの移行難易度が高い場合、たとえば、元のシステムが基幹業務で、かつ、レガシーシステムを採用していた場合などがそれにあたります。ERPの導入やSaaSの採用により、システム化を進める方式になります。

最後の、リプラットフォーム（Replatform）と、リファクタリング（Refactor）は、アーキテクチャー検討において重要となります。このとき、システム単位で、どの移行方式がよいかの検討をしていくと同時に、他のシステムとの連携関係を整理し、どのような移行方法にすべきかを決めていくことが重要になる場合があります。このときは、各システムやデータソースからデータフローダイアグラムを作成し、データの集中する場所の確認や、システム関連携が密結合となっている箇所がないかを確認していきます。

#16-05 移行方法の概要策定 ——ロードマップ策定

移行対象のシステムとその移行方式の概要が決まったら、システムをいつAWSに移行していくのかを検討していきます。
ロードマップ策定の検討の要素としては、次の通りです。

・システム更改時期の把握と、更改されたシステムがいつ必要か、また、そのための検討はいつまでに着手しなければならないかの把握
・ビジネス目標を達成するために、システム化が必要な時期とその開発期間の想定、検討開始時期
・システム開発や移行するために必要な人的リソース（内部のリソースの調達や育成の期間、外部リソースが調達可能か）
・外部環境や内部環境の変化が発生する確率と、その理解を行うタイミング。
・主要な意思決定者へのレビュータイミング

これらの情報により、システムごと、または、サービス/業務ごとのスケジュールをチャートに記載していきます。また、ロードマップを遂行するにあたってのリスクを検討し、必要なリスク対策案を明記していきます。

ロードマップ案が策定できたら、関係者やビジネスオーナーなどの意思決定者とのレビューを実施し、ロードマップを策定していきます。

#16-06 まとめ

この章では、移行対象のシステムを決めていく方法についての理解をしました。次の章では、移行対象のシステムをAWSに移行することで効果がどのぐらい見込めるのかを検討していきたいと思います。

#17 TCOと費用見積もり

#17-01 TCOの重要性

クラウドは従量課金であるため、オンプレミスとコストの考え方が異なります。本章では、TCO (Total Cost of Ownership, 総所有コスト) をベースにした費用の見積もり方法について紹介します。
オンプレミスの環境からクラウドに移行する場合、コストの比較を事前に行うことが多いでしょう。コストの比較をどのように行うべきなのか、概要を説明します。

TCOとは？

データセンターまたはコロケーション施設を所有して運用する場合と、クラウドインフラを採用する場合において、詳細かつ慎重に分析して、財務的な比較検討を行う必要があります。
TCOはしばしば、製品やサービスの直接コストと間接コストを見積もり、比較するために使われる財務指標となります。TCOには通常、**ハードウェアリソースの耐用年数(通常は3年または5年)に渡る調達、管理、保守および廃棄の実際のコスト**が含まれています。現在利用可能なハードウェア構成の組み合わせの多さを考えると、実際のコストを把握し、アプリケーションを実行する際の真のコストを表す正確なTCOモデルを考え出すことが難しくなることもあります。

なぜ、TCOが重要なのか？

まず、AWSのコストは、利用するリソースを変化させることで、潤沢なリソース確保のために費用をかけたり、余剰リソースを削除することで費用を削減したりと柔軟に管理可能です。そして、複数の方法でITコストを削減できます。AWSを使用すると、初期資本支出を低額な変動費へと変えることができ、支払いは使用したリソースの分だけですみます。また、AWSのスケールメリットと効率向上により価格は継続的に下がる傾向にあり、複数の価格モデルにより、利用者は可変作業と固定作業のコストを最適化できます。

このため、ある程度の期間を想定したTCOの評価が重要となります。

#17-02 AWSの費用モデル

この項目ではまず、AWSの費用モデルについて特徴的な点をまとめます。

ここまでの章でも何度か説明していますが、あらためてTCOの観点から、AWSの費用モデルを確認してみます。AWSは、短期的にも長期的にもオンプレミスの環境よりコスト効率が優れていると言われています。

たとえばAmazon EC2の場合、オンデマンドインスタンス、リザーブドインスタンス、Savings Plans、スポットインスタンス、Dedicated Hosts、Dedicated Instanceなど、さまざまな購入オプションがあります。これらの選択肢をうまく組み合わせることで、コスト効果を最大化することが可能です。

表17-2-1 Amazon EC2の購入オプションの例

オプション	概要	説明	利用シーン
オンデマンドインスタンス	時間課金方式	長期間の契約や事前の支払いがなく、時間単位で、計算処理能力に対して料金を支払う。アプリケーションの需要に応じて、計算能力を自在に増減可能	使用率の変動が大きいとき
リザーブドインスタンス	あらかじめ利用を約束することによる割引	1年間または3年間予約することで、オンデマンドインスタンスに比べて料金の大幅な割引（最大72%）が受けられる。コミットメントにおいては、リージョンを指定する方法とアベイラビリティーゾーンを指定する方法がある。アベイラビリティーゾーンを指定した場合、キャパシティー予約が可能。また、スタンダードリザーブドインスタンスと、Convertible Reserved Instanceを選択可能であり、インスタンスタイプ選択の柔軟性と割引額に違いがある	あらかじめ必要なリソース量が予見可能で変動が少ないとき
Savings Plans	あらかじめ利用を約束することによる割引	1年間または3年間予約することで、オンデマンドインスタンスに比べて料金の大幅な割引（最大72%）が受けられる。Fargate、Lambdaにも適用可能。Compute Savings Plans、EC2 Instance Savings Plans、Amazon SageMaker Savings Plansの3種類のSavings Plansを提供。キャパシティー予約*1は不可	あらかじめ必要なリソース量が予見可能で変動が少ないとき
スポットインスタンス	入札方式	余剰のAmazon EC2コンピューティングリソースを入札形式で利用できる。通常、スポットインスタンスはオンデマンド価格と比較して割引価格で利用可能	非常に低コストで運用したいとき。開始および終了時間が柔軟なアプリケーションで使うとき
Dedicated Hosts（専有ホスト）	ホストごとの請求	VM、ソケット、または物理コアにバインドされたWindows Server、SQL Server、SUSE Linux Enterprise Server、Red Hat Enterprise Linuxなどのソフトウェアライセンスを利用可能	所有しているソフトウェアライセンスを移行してコストを低減したいとき
Dedicated Instance	インスタンスごとの請求	単一のユーザー専用のハードウェア上のVirtual Private Cloud（VPC）で実行される、Amazon EC2インスタンス	ハードウェアレベルでは物理的に分離したい場合
On-Demand Capacity Reservations	インスタンスごとの請求	特定のアベイラビリティーゾーンで任意の所要時間だけ、Amazon EC2インスタンスのコンピューティング能力を予約可能	Savings Plansまたはリージョンリザーブドインスタンスが提供する請求割引とは関係なく、キャパシティーの予約を作成したい場合

＊1 Amazon EC2リソースの確実な確保のこと。たとえば、大量のAmazon EC2の起動時などにおいて、確実にそのAmazon EC2を起動できるようにすること

Amazon EC2のお得な利用方法

AWSでは、Amazon EC2の購入オプションの例表に示した通り、さまざまな購入方法があります。ここでは概要を説明したいと思います。

利用した分だけの支払い（オンデマンドインスタンス）

Amazon EC2やAmazon RDSのオンデマンドインスタンスでは、長期の契約や最小必要契約、前払いはなく、基本的に1時間単位での支払い（一部LinuxのEC2やRDSであれば秒単位での課金）になります。

シンプルで一貫した透明性のある従量課金制モデルが採用されており、実際に使用したリソースに対してのみ課金されます。

リザーブドインスタンスの活用

リザーブドインスタンス（RI）では、1年ないし3年の前払いを行うことで割引を受けることができます。同等の容量のオンデマンドインスタンスと比較して、最大72%（活用するインスタンスのタイプや前払い金により異なります）の割引を受けることができます。リザーブドインスタンスの購入時にリザーブドインスタンスのスコープを決定します。スコープは、リージョンあるいはゾーンのいずれかになります。どちらを選んでも割引率は変わりませんが、下記の通り、制約条件が異なります。

- **リージョナルリザーブドインスタンス**：リージョン用にリザーブドインスタンスを購入する場合。キャパシティーは予約されません。指定するリージョン内のすべてのアベイラビリティーゾーンにおけるインスタンスの使用に対して、リザーブドインスタンス割引が適用されます。
- **ゾーンリザーブドインスタンス**：特定のアベイラビリティーゾーン用にリザーブドインスタンスを購入する場合。指定されたアベイラビリティーゾーンでキャパシティーが予約されます。インスタンスサイズの柔軟性はなく、指定されたインスタンスタイプとサイズにおけるインスタンスの使用に対してのみ適用されます。

さらに、リザーブドインスタンスの提供クラスにおいて、スタンダードまたはコンバーチブルを選択可能です。スタンダードリザーブドインスタンスは、コンバーチブルリザーブドインスタンスよりも大幅な割引が受けられますが、期間内で、インスタンスファミリー、インスタンスタイプ、プラットフォーム、スコープやテナンシーなどの新しい属性の別のコンバーチブルリザーブドインスタンスに交換することができます。従って、あらかじめ利用するリソースが決まっている場合は、スタンダードリザーブドインスタンスを選択し、将来を見据え、適宜変更したり、最新のインスタンスタイプを選択していきたい場合は、コンバーチブルリザーブドインスタンスを選択する方がよいでしょう。

Savings Plansの活用

リザーブドインスタンスで割引が受けられることが理解いただけたでしょうか。しかし、より柔軟なリソースの変化に基づき、柔軟な割引を受けたい場合は、Savings Plansを選択することになります。Savings Plansは、1年または3年の期間で特定の使用量を契約する代わりに、オンデマンド料金と比較して低料金を実現する柔軟な料金モデルです。

Compute Savings Plans、EC2 Instance Savings Plans、Amazon SageMaker Savings Plansの3種類の Savings Plansを提供しています。Compute Savings Plansは、Amazon EC2、AWS Lambda、および、AWS Fargate全体の使用量に適用されます。EC2 Instance Savings Plans

は EC2の使用量に適用され、Amazon SageMaker Savings Plans は Amazon SageMakerの使用量に適用されます。
たとえば、Compute Savings Planの場合、新しいインスタンスタイプを利用するか、Fargate、または、AWS Lambdaを使用するようにアプリケーションを最新化すると、より低い料金が自動的に適用されます。Savings Plans は AWSの使用において節約するときに、とても簡単な方法になります。AWS Cost Explorer を使用して、簡単なステップで Savings Plans を利用できます。要件に応じて Savings Plansをカスタマイズし、カートに追加してプランを購入できます。

スポットインスタンス
スポットインスタンスでは、AWSのリソースの使用状況により、価格が変動する体系になっており、潤沢な在庫がある場合は、正規のオンデマンドインスタンスの価格の最大90%割引の金額でAmazon EC2を利用することが可能です。スポットインスタンスは、ステートレス、耐障害性、または柔軟性を備えたさまざまなアプリケーションでの利用がよいでしょう。ビッグデータ、コンテナ化されたワークロード、CI/CD、ウェブサービス、ハイパフォーマンスコンピューティング（HPC）、テストおよび開発ワークロードが該当します。スポットインスタンスは、Auto Scaling、EMR、ECS、CloudFormation、Data Pipeline、AWS Batch といった AWS のサービスと緊密に統合されています。

大量利用時の割引
ストレージとデータ転送については、AWSは階層化された価格モデルを用意しています。ストレージやデータ転送を使用すればするほど、1GB当たりの料金は低くなります。さらに、固有の要件を持つ容量が大きいプロジェクト用にボリューム割引とカスタム料金表が用意されています。

#17-03 AWSの見積もり方法

ここから、実際にAWSを利用する際のコストの見積もりのポイントについて説明していきます。
まず、AWSでは見積もりをするためのツールやプログラムを提供していますので、それを紹介したいと思います。

AWS Pricing Calculator

AWSサービスごとの、AWSでのユースケースベースでのコストの見積もりを作成できます。ソリューションを構築する前に、それをモデル化し、見積もりの背景にある価格と計算を調べ、ニーズを満たす利用可能なインスタンスタイプと購入条件を見つけることができます。これにより、AWSの使用について十分な情報に基づいた決定を下すことができます。AWSの使用量をもとに、コストを計画し、どのようなインスタンスを活用すればよいのか、どのようなサービスを組み合わせてばよいのかを試しながら、必要なコストを検討するのに役立ちます。

AWS Pricing Calculatorは、AWSを使用したことがないユーザーと、AWSの使用を再編成または拡張したいユーザーの両方に役立ちます。とても使いやすいツールなので、クラウドやAWSの経験がなくても、簡単に見積もりを作成できます。
そして、たとえば、Amazon EC2の場合、オンデマンド、リザーブド、または、両方の料金モデルを組み合わせて、Amazon EC2 ワークロードの最低のコスト見積もりを作成できます。Savings Plansを活用した場合の見積もりも作成することができます。また、Amazon EC2だけでなく、AWSのサービスのうち、100以上のサービスに対応しており、AWSサービスを組み合わせたシステム全体の見積もりを作成し、さまざまな購入オプションに基づく比較や検討ができます。

・ **AWS Pricing Calculator**
  https://calculator.aws/

TCO分析の進め方

TCO分析では、Webアプリケーションを既存のインフラストラクチャで実行するときの、真のコストを考えていく必要があります。ここからは、TCO 分析の進め方について確認してみたいと思います。

Step1. 現状の固定資産、無形資産、経費の棚卸

ここから先のステップでは、現状のオンプレミスのIT環境をAWSに移行する場合について考えてみたいと思います。
現状のIT環境には、次のようなコストがかかっているでしょう。対してAWSでは、たとえばAmazon EC2の従量課金の費用の中に、次に示すコストの多くが含まれています。
既存のオンプレミスの費用とAWSの費用を比べるためには、次に示すようなオンプレミスでかかっていたITコストのすべてを洗い出し、オンプレミスで使っている総コストを洗い出す必要があります。

ハードウェア資産

サーバーやストレージ、ネットワーク機器としてのスイッチングハブや、ロードバランサー、セキュリティ対策のためのIPS/IDSやファイアウォールなどがあります。そして、保守、サポート費用も必要になっているはずです。有形の固定資産として計上されています。また、コア数、メモリ量、ディスク量を把握します。

ソフトウェア資産

OSのライセンス費用や、Windows環境におけるクライアントアクセスライセンス、ミドルウェアのライセンス、ウイルス対策などのセキュリティ対応ソフトウェア、運用監視ソフトウェアの費用などがあります。これらソフトウェアの保守、サポート費用も必要になっているはずです。

一般的に、ソフトウェア資産は無形固定資産として計上されており、耐用年数前に除却する場合は、除却費用を計上する必要があります。

データセンター資産

サーバーやネットワーク機器を設置するためには、設置場所として、データセンターを保有するか借りる必要があります。ここでは、ラックの月額費用や、空調費用、電源費用、回線費用、LAN ケーブルなどの消耗品などの費用が発生しています。そして、障害時の一時対応費用といったスポットサービスや、保守費用も発生しているはずです。

運用費用（障害対応や、パッチあての人件費を含む）

24時間365日や、日中帯など、システムにおいては、何らかのサービス時間が決まっていると思いますが、定常運用の人件費・委託費、ある確率で発生する障害発生時のスポット作業の人件費・委託費が発生しています。外部に委託していなくても、その組織内の貴重なIT技術者、上司、経営陣の稼働が発生してしまいます。

また、既存のシステムで、本来は必要なパッチあてやOSのバージョンアップなどが必要にもかかわらず、実施していなかったりしていないかの確認も必要です。境界防御を過信して、本来必要なセキュリティ対策を実施していない場合があります。本来実施すべき作業の費用も考慮することがよいでしょう。

システム更改などのイベント対応工数（費用）

オンプレミスのIT環境では3年から5年でハードウェアが寿命を迎えるため、システム更改のプロジェクトが起こります。ハードウェアを再見積もりし、システムを移行するために、自組織およびベンダーの工数を使い、一大プロジェクトとして対応します。ここでは、調査費、稟議作成・承認のための人件費、見積もりのための人件費、ベンダー選定のための人件費、ベンダーへの委託費、コンサルティング費、プロジェクト管理費など、多くの費用が必要となります。

DR設備（資産）、障害発生時の対応工数（費用）

「障害が全く発生しないシステムというものは絶対にない」と考えた方がよいです。「Design for Failure」は、障害を前提にシステムをデザインすべきという考え方です。障害発生確率、障害対策工数、社内/ 社外への通知、DR（Disaster Recovery、災害復旧）構成の必要性有無などの検討の費用が必要です。

ユーザーサポートのシステム（資産）、工数（費用）

ユーザーからITに関しての問い合わせがあった場合、開発環境でテストを実施したり、パッチを開発することがあるでしょう。これらの開発工数の費用が掛かっています。

セキュリティ対策設備（資産）・工数（費用）

データセンターを強固なセキュリティにするための費用、そして、監査のための費用、日々のセキュリティインシデントに対応する工数を算出しておくことが必要です。

Step2. ライフサイクルイベントの把握

システムを運用していると下記のような一定期間で発生するイベントがあります。これらを把握し、AWS化することで、どうコストが変化するか確認してみることで、適切なTCO を把握できます。

アプリケーションの展開（システム・サービスによって頻度は異なる）

開発したアプリケーションを本番環境に展開する頻度は、どのぐらいでしょうか？ 多くのエンドユーザーを抱えているシステムでは、ユーザーの希望や満足度を高めるために、かなり短いサイクルでアプリケーションを展開しているかもしれません。

展開のための開発環境の構築や、展開のための手動の作業、テストの工数が発生していることもあると思います。既存環境でどのぐらいのコストをかけているのか、展開・テストが自動化された場合のコストについて把握をしておく必要があります。

AWSを採用した場合は、あらかじめ同様の環境で十分なテストを行うことに加え、アプリケーション展開の自動化により、展開をより効率的にすることも可能になります。

バックアップ（日次、週次など）

既存環境のバックアップの仕組み、頻度の把握を行い、バックアップソフトウェアやバックアップシステムといったバックアップに関わるコストを把握します。また、バックアップが何らかの理由で失敗した場合に発生する作業工数やその頻度を把握してみると、より正確にコストを把握できます。

AWSを採用した場合、ディスクのスナップショットをとることや、OSや設定済みアプリケーションを一式にしてイメージ化することが可能であり、AWSならではのバックアップ方式を検討することでコストの削減が可能な場合があります。

バックアップデータをAmazon S3に置くことで、耐久性99.999999999％のストレージを非常に低コストで運用することができます。Amazon S3のライフサイクルポリシーを活用し、たとえば、90日経ったものは、低頻度アクセスストレージクラス（標準-IA）に自動的に移動し、450日経ったものは、Amazon Glacierストレージクラスに自動的に移行して、コストを低減させることが可能です。このように可用性、耐久性、アクセス頻度などの要件に合わせた適切なストレージクラスを選択することが、バックアップコストの効率化につながります。

またS3 Intelligent-Tieringは、未知のアクセスパターンや、アクセスパターンが変化し、学習が困難なデータを対象としたS3ストレージクラスです。アクセスパターンが変化したときに2つのアクセス階層（高頻度および低頻度）の間でオブジェクトを移動することで、自動的にコストを削減します。

表17-3-1 Amazon S3 のストレージクラスとライフサイクルの考え方

ストレージクラス	標準	標準 -IA	1ゾーン -IA	S3 Glacier	S3 Glacier Deep Archive
ライフサイクル上の利用シーン	直近のバックアップデータ	30日後などアクセス頻度が少なくなるバックアップデータ	高可用性が求められないバックアップデータ	データのアーカイブ	定期監査終了後の長期保管データ
設計上の耐久性	99.999999999％	99.999999999％	99.999999999％	99.999999999％	99.999999999％
設計上の可用性	99.99％	99.9％	99.5％	99.99%	99.99%
可用性 SLA	99.9％	99％	99％	99.9%	99.9%
最小オブジェクトサイズ	該当なし	128KB	128KB	40KB	40KB
最小ストレージ期間	該当なし	30日間	30日間	90日間	180日間
取り出し料金	該当なし	取り出しGBあたり	取り出しGBあたり	取り出しGBあたり	取り出しGBあたり
最初の取り出しにかかる時間	ミリ秒	ミリ秒	ミリ秒	時間（分または時間）を選択	時間（分）を選択
ストレージクラス	オブジェクトレベル	オブジェクトレベル	オブジェクトレベル	オブジェクトレベル	オブジェクトレベル

パッチ適用（日次、週次、月次、四半期ごとなど）

オンプレミスにおいて、パッチを適用する範囲は多岐に渡ります。仮想環境を実現するハイパーバイザーや、OS、データベースサーバー、各種ミドルウェアになります。

これらのパッチ適用はとてもセンシティブに扱われていると思います。たとえば、ハイパーバイザーのパッチ適用は、同等環境を準備し、万が一、パッチ提供に失敗した際に、リカバリできるように、代替機の用意と、入念な調査、計画、検証を行っていると思います。これらの対応コストは、状況により変化することも多く、削減したいと考えている組織は多いでしょう。

AWSを採用した場合、一部のパッチ適用はAWSによって行われます。

たとえば、Amazon EC2の場合はハイパーバイザーなどのパッチは、AWSにて行われます。また、インスタンス起動時に最新のパッチが適用されたOSイメージを選択できます。ただしインスタンス起動後のOS の最新パッチ適用はユーザーにて行う必要があります。Amazon RDSの場合はデータベースエンジンのパッチ、OSのパッチなど、AWSでパッチ適用を行います。AWS Lambdaなどマネージドサービスの利用においてはパッチ適用の心配がなくなります。また、AWS を利用した環境では、従量課金のメリットを活かし、パッチを適用するための検証環境も柔軟に構築可能です。しかし、パッチ適用などの一部をユーザーが実施したいという場合もあると思います。その場合は、2021年11月に発表された、Amazon RDS Customでは、データベース管理タスクと操作を自動化すると同時に、データベース管理者がデータベース環境とオペレーティングシステムにアクセスしてカスタマイズすることもできます。

資産の棚卸 (月次、半期ごと、年次など)

大きな組織では、会計報告のための資産の棚卸を定期的に大きなコストをかけて実施しているでしょう。購入したソフトウェア資産やハードウェア資産の所在、ユーザー数を確認し、資産を管理する工数が必要なはずです。

AWSを採用した場合、AWSで動作させているリソースは、その組織の資産ではないため、資産の棚卸は不要になります。もちろん、コマンドラインツールやマネジメントコンソールから、動作させているリソースの確認をすることもできます。

システム監査対応 (半期、年次など)

会社法ならびに金融商品取引法に基づく内部統制の対応のため、多くのシステムは定期的に監査対応があるでしょう。内部統制では、システムの計画から設計、運用に至るプロセスにおいて、適切な統制環境が構築できているかを確認します。経営者や、監査部門、経営管理部門、外部監査人、IT担当などが、多くのコストをかけて対応を行っています。

AWSを採用した場合、システムにおける基盤部分において、AWSが対応しているSOC1、SOC2、SOC3、ISO27001などの外部監査の結果を取得することで、監査業務の省力化が図れる可能性があります。また、AWS CloudTrailを使って、誰が、いつどのリソースに変更を加えたのか把握することが容易になりますし、AWS Configで変更管理を行うこともできます。

システム更改 (3年～5年ごと)

一般的に、ハードウェアは3年から5年の耐用年数であり、それにあわせて、固定資産としての除却期間も同じく設定されています。すなわち、3年から5年でシステムは構築し直されます。

システム更改は、大きなプロジェクトとなることもあり、計画、見積もり、稟議、要件定義、設計、構築、テスト、リリースといった工程で、複数の人が動き、数ヶ月から1年といった大きな工数と期間を要する場合もあるでしょう。
仮想化された環境を保有していたとしても、ストレージの増設・更改や、ハイパーバイザーを動作させるハードウェアの更改作業、ネットワーク機器の交換など、多くの費用と工数が必要になります。

AWSを採用した場合、性能が不足したときなど、単純な更改の作業は、ほんの数分から10分程度で終了します。作業は、コマンドラインまたは、マネジメントコンソールを使用することで簡単に行えます。そして、常に、最新の技術によるインスタンスが利用できます。

Step3. 現状のトラフィック、リソース使用状況などの調査

AWSは柔軟にリソースを変更可能なコンピューティング環境です。オンプレミスにおいては、長期においての性能予測と必要リソースの確保が必要ですが、AWSの場合、いつでも変更が可能なため、利用状況にあわせて増減を行うことが可能です。

このため、下記のような既存システムのリソース使用状況を把握し、AWSに移行した場合に必要なリソースを算出しておくことで、コストを削減可能です。

- **CPU使用率**：平均使用率とピーク使用率を把握します。ピーク時においても使用率に余裕があるようであれば、平均CPU使用率をベースに、より安価なAmazon EC2のインスタンスを選定することが可能です。
- **メモリ使用率**：メモリの最大使用率を元に削減可能かを確認します。一般的なアプリケーションにおいては、メモリ量に関して、あまり大胆に削減しない方がよいでしょう。
- **ディスク使用率の観点**：現在の使用率、直近半年か1年間の増分を想定し、必要なディスク容量を算出します。不足した場合もオンラインで拡張することが可能です。
- **サーバーの使用率の観点**：利用時間帯が、1ヶ月間のうち70%を超えており、リソースの変更が1年間に渡って変更の可能性がない場合は、1年間のリザーブドインスタンスを選択することでコストの削減が可能です。

Step4. アーキテクチャーの選択

ライセンスモデル、オープンソースの活用検討

既存環境で利用しているソフトウェアのライセンスが、動作させるハードウェアを固定していると、柔軟なリソース変更を行えない場合があります。クラウドの従量課金に適したソフトウェアライセンスを提供している事業者や、オープンソースを採用することで、AWSのメリットを最大限に活かすことが可能です。

AWS Marketplace経由で、AWSでの利用に適した従量課金型のソフトウェアライセンスを提供している事業者もいます。

AWSならではのコスト削減方法

Amazon EC2を使って、既存の環境を最小限の変更で移行することも可能です。その場合はAWS Server Migration ServiceもしくはVM Import/Exportを利用し、既存のVMWare環境などから移行できます。また、データベース環境をAmazon RDS環境に移行することで、データベースアドミニストレーターの工数を削減することも可能です。Amazon RDSでは、環境構築や、データベースバックアップ、冗長化構成のサポートが可能です。

また、AWS Lambdaなどを利用し、サーバーレスの環境を構築することで、IT環境のインフラ費用や工数を大幅に削減できる可能性もあります。

課金モデルの選択

前述のとおり、Amazon EC2の場合、オンデマンドインスタンス以外に、リザーブドインスタンス、スポットインスタンス、Savings Plansを選択できます。Amazon RDSの場合においても、オンデマンドインスタンスとリザーブドインスタンスを選択できます。

Step5. リスク分析

Step5までで、おおよそ、既存環境のTCOと、AWSを採用した場合のTCOを把握できる様になりました。このステップでは、リスクを考えてみたいと思います。AWSは既存の環境をほぼそのまま移行することも可能ですが、構築や運用において、AWSの技術の習得が必要になります。このコストを見込んでおく必要があります。

全くAWSを利用していない組織の場合、PoCによってAWSの利用の勘所を押さえたり、有償のトレーニングコースや、無償のWebinar（オンラインの動画講座）、セルフペースラボを受講して、より効果的な利用方法ができるように準備したほうがよいでしょう*2。

Step6. as-is（現状）とto-be（将来）の比較

ここまでのデータを元に、**表17-3-2**のような将来と現状の比較表を作り、どのぐらいの効果があるか組織内で確認します。この内容で、AWSに移行した場合のTCO目標とします。
as-is とto-be の算出は、Step7で、効果測定を行うためにも必要となります。

＊2　AWSのセミナー、トレーニング情報。https://aws.amazon.com/jp/training/events

表 17-3-2 as-isとto-beを比較するための表

	as-is（現状）	Action	to-be（将来）
システム構成	オンプレミス・仮想環境	アプリケーションの再構築	Amazon EC2 ベース またはサーバーレス環境
コスト・固定費			
コスト・変動費			
可用性			
機密性			
信頼性			
人材・教育			
変更への柔軟性			

Step7. 効果分析・運用時の評価

定期的に、as-isとto-beの表を元に、定期的に効果を確認します。組織としてAWSの習熟度が上がるに従い、自動化できる部分が増え、より大きなTCO効果が生まれてきます。AWSを利用した多くのユーザーはこの効果をとても実感しています。

#17-04 まとめ

この章では、既存環境のTCOとAWSに移行した場合のTCOを比較するための考え方やステップについて紹介しました。単純にAWS の利用料と、既存環境のサーバー購入必要を比較することには意味がなく、IT環境における工数や設備を含めて総コストとして比較することが重要です。AWSに移行することで、自動化や柔軟なリソース変更が可能になることから、さらに効果を生み出すこともできます。

PART 4

[実践編]

既存システムから
AWSへの移行

#18 システム移行とデータ移行

#18-01 システム移行の全体像

このChapter 18では、既存のシステム構成を維持したままクラウドへ移行する方法について技術的な観点から具体的に解説します。移行の対象、パターンは多様ですが、AWSのサービス群を使うことで、従来の制約にとらわれず効率良く移行できることをご理解いただけるでしょう。

まずシステム移行の典型的なパターンを整理し、その上で移行にあたってオンプレミスとクラウドでは移行対象がどう違うのかを整理します。次にクラウド移行作業の前提として重要になるデータ転送経路の種類について解説します。その後、具体的な移行の方法として、サーバー、データベース、データ（ファイル）について、AWSのサービスを活用した移行方法とポイントを解説します。

#18-02 システム移行に伴うシステム停止時間の設定

システムの移行方針を固める最初のステップは、移行作業時に**どれくらいのシステム停止時間が許容されるか**を見極めることです。

システムの移行作業は予期できる計画作業に分類されますので、事前に業務調整を行ったりメンテナンス告知を行うことで作業時間の確保が可能です。とはいうものの、無制限に停止しても構わないシステムは存在しません。現実的に許容されるシステム停止時間の中でシステム移行作業を完遂できるよう計画を立てていくことになります。

一般的に、システム移行作業時に許容されるシステムの停止時間が短ければ短いほど、複雑な作業が必要となったり同時並行での作業実施が必要となったりと難易度が高くなる傾向にあります。システムの性格上やむを得ない場合は仕方がありませんが、まずは計画上のシステム停止時間を必要以上に短くせず、バランスを取った停止時間を設定することが重要です。

#18-03 システム停止可能時間による移行パターン

システム移行時に許容される停止時間が確認できたら、次はシステムをどのように移行するかを考えていきます。

一括移行

まず、周囲から独立した小規模なシステムであったり、利用頻度が低い、他の手段で代替可能などの理由で長期の停止が許容されるシステムを考えます。

このような場合は**システム全体を一度停止して一気に移行**してしまうことが可能です。この方法の利点は、データの整合性が明確に担保されることです。既存システムのサービスを停止すれば、データが変更されることはありません。これがデータの静止点となり、この状態のデータをクラウドに転送すれば自ずと整合性を保ったデータ移行ができます。

このとき考慮が必要なのは移行すべきデータの容量とデータ転送時間がどの程度になるかということです。移行作業時間全体に対してデータ移行に要する時間の割合が少ない場合は問題ありませんが、移行対象データ量に対して転送に利用できるネットワーク帯域が小さい場合は、データ転送時間が移行作業時間の大部分を占めることになるケースも考えられます。

一括移行＋差分移行

許容されるシステム停止時間が短く、サービス停止期間中にすべてのデータを移行できない場合は、移行作業を**複数のステップに分割**する必要があります。

一般的には、ある時点のユーザーデータを元に新環境を先に構築しておいて、既存環境の停止後速やかに直前までのユーザーデータを新環境へ連携し、新環境で業務を再開する方法がとられます。このとき、ユーザーデータが大量であれば、事前のスナップショットを時間をかけて転送しつつ、最終差分をコピーする方法が一般的です。この場合は移行元を止めて最終差分を取得、移行先に差分を転送して起動するまでが、必要な停止期間となります。

移行元と移行先のシステムでレプリケーションが可能であれば、事前に時間をかけて移行元と移行先のデータを同期しておき、移行のタイミングで同期を切って、以後は移行先のシステムを利用することで移行が完了します。この場合は移行元システムを止めた段階でほぼデータ転送は終わっており、最終同期を待って移行先を起動するまでが、必要な停止期間となります。

これら一連のデータ転送および切り替え方法は移行するデータの種類によっても変わりますが、AWSでも多様なツールを提供しており、自動化によって移行作業が容易になっています。

大規模システムの分割移行

大規模なシステムでは**システムを構成する機能ごと**に移行対象を分割し、それぞれを徐々に移行していくことがあります。機能ごとに停止タイミング、停止可能な時間を設定し、順次移行します。

ECサイトを例に考えてみましょう。多くのECサイトは『商品マスタ管理』『在庫管理』『商品検索』『ユーザー管理』『受注処理』『請求』『売上分析』といった機能を備えています。1回の移行作業で許容される停止時間にもよりますが、停止時間が短い場合はここで挙げた機能のそれぞれをバラバラに移行する必要が出てくることも考えられます。たとえばエンドユーザーが利用する受注にかかる機能は停止時間を小さくするため、相互に連携する機能を一括して短時間の停止で移行することとし、一方で社内で利用する売上分析機能は停止時間を長く取れるため、過去の分析データも含めて別のタイミングで余裕を持って移行する、といったことが考えられます。

移行にあたっての検討事項

移行作業では**リカバリプランの検討**が必要です。移行先が何らかの理由で正常に稼働しないことは十分に考えられるリスクです。ひとたび切り替えが行われて新システム側でデータが更新された後に、以前の環境に切り戻すには、更新されたデータの差分を旧環境に適用するか、あるいは更新データを破棄してデータを移行前に巻き戻す必要があります。事前にリカバリプランを検討しておき、不測の事態であっても対応できるよう事前の計画を策定しておく必要があります。

複数システムの分割移行などで段階的な移行を行う場合は、移行完了後の最終形のみを意識するのではなく、**部分的に移行が完了した状態でもシステム全体として運用に耐える状態**を維持しなければいけません。運用側にとっては移行途中の一時的な構成であっても、エンドユーザー側から見ると本番のワークロードを実行していることには変わりません。

たとえば、相互に大量のリクエストを行っているシステムが移行途中にオンプレミスとクラウド上の混在環境になったとき、1つひとつのリクエストのレイテンシー増加が小さくとも、積み重なることで大きなレイテンシーとなって現れてしまう可能性があります。移行中の構成を検討し、こういったボトルネックが発生しないかを確認し、緊密に連携しているシステムは同時に移行するような計画が必要です。

システムの規模が大きくなればなるほど、一括での移行は難しくなる傾向にあります。どのようにシステムを分割して、どのような順序で移行するかを検討し、各ステップでどのような影響が出るかを明確化することで移行方針を策定していくアプローチが必要です。

#18-04 クラウド移行で何を移すのか

ここで、クラウドへの移行では具体的に何を移す必要があるのか、オンプレミスへの移行と比較しながら整理します。

システムを構成する基本的な要素はCPUとメモリを中心とする**サーバー（コンピュート）**と、データを保持する**ストレージ**、そしてそれらをつなぐ**ネットワーク**があります。ストレージは格納するデータの種類によってさらに大きく2種類に分けて考えられます。アプリケーションやミドルウェア、OSなどが格納されるシステム領域と、データベースやファイルなどを保持するユーザーデータ領域です。システム領域は基本的にアプリケーションのバージョンアップなど、構成変更時のみ変更されます。ユーザーデータ領域はシステムのトランザクションが発生するごとに、頻繁に変更される特性があります。

オンプレミス間の移行計画では移行に先立って新サーバーやストレージを用意して構築し、そこにデータを投入します。そのため各種機器の調達、ネットワークの構築作業をリードタイムとして計画に組み込む必要がありますが、クラウドへ移行する場合は状況が異なります。クラウドではサーバー自体（コンピュート）を事前に確保して用意する必要はなく、システム領域のデータがあればEC2を使って即座にサーバーを起動できます。

ネットワークの移行について考えます。オンプレミスの場合はルーターやスイッチ、ロードバランサーといった物理機器のスペック選定と機器の調達、そして冗長構成の設計とそのテストが非常に重要です。さらにネットワーク機器はすべての作業の基盤となるため、一度利用し始めると機器の変更や構成変更が難しくなります。そのため、機器が持つ物理的なポート数や将来的に利用可能な性能値を意識しながら、余裕を持って設計設計する必要があります。

一方でAWSではAmazon VPC の設定を行うだけでネットワークを構成できます。また、ネットワークにかかるコストは利用した通信量や時間に依存し、物理的な機材調達を伴いません。そのためロードバランサーやWAFなどを必要に応じて後から追加するなど、設計が進むにつれてネットワーク構成を柔軟に変更することが可能です。従って移行にあたってはAWS上で新たにネットワークの設定を行うだけでよく、何かをオンプレミスから移行することは基本的にありません。

こういったネットワーク構成の柔軟性は機材の存在に左右されるオンプレミスでは得られないメリットです。AWSへの移行ではネットワーク機器そのもののコストがあまり意識されない場合がありますが、本来ネットワークの中核となるルーターやスイッチは高価なものが多く、さらに構築や管理には専門のスキルが必要な領域です。実はネットワークは、クラウド移行で大きくコストメリットが出る部分なのです。

このようにコンピュートやネットワークはクラウド移行において柔軟に変更でき、また作業の時間は小さいものであることがわかります。従ってクラウドへの移行にあたって考慮すべきポイントは、**サーバーのシステム領域**と、**データベースのデータ**、**ファイルとして保持されているデータ**をどのように移動するかということになります。

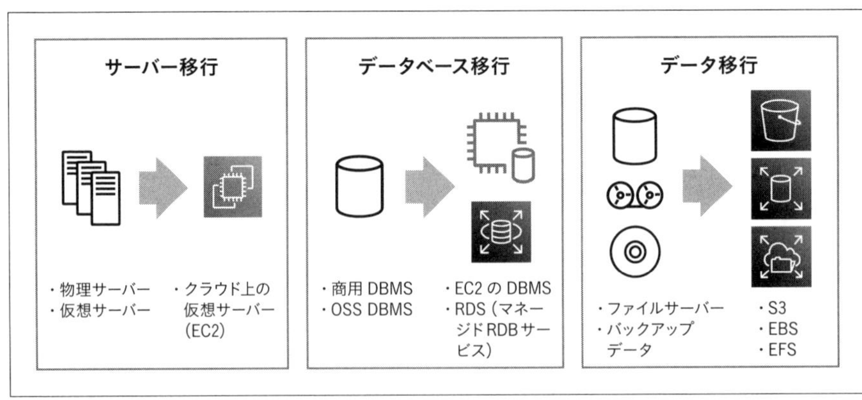

図 18-4-1　クラウド移行のポイントとなる3つの移行対象

これらのサーバー、データベース、データの移行作業をサポートするためAWSでは多様なサービスを提供しています。ここではまず、全体像を示すだけにとどめますが、以後の説明の中で出てきますので、どの部分に位置付けられるのかを**図18-4-2**で振り返って確認してください。

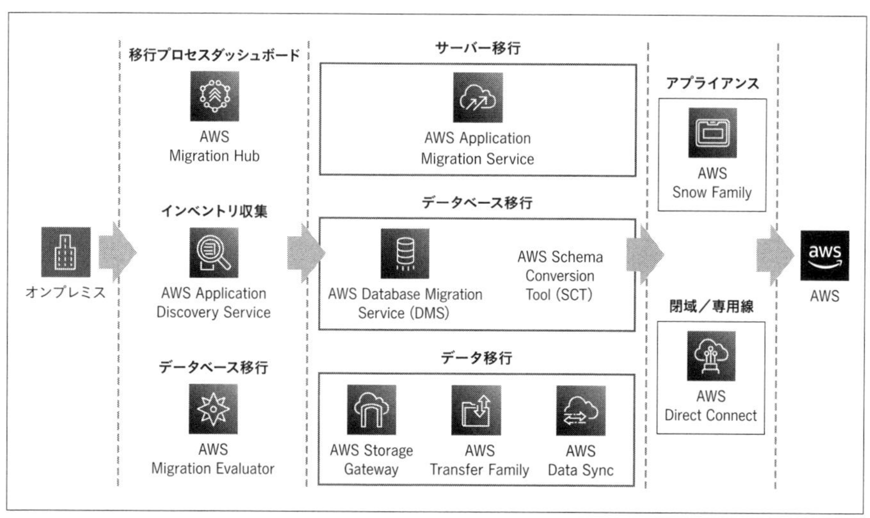

図18-4-2 AWSのマイグレーションサービス

#18-05 データ転送経路の確保

多くの場合で移行には大量のデータ転送を伴います。ここではクラウドへの移行の足回りとして利用するデータ転送経路について考えます。

ネットワーク転送

オンプレミスからのマイグレーションで最初に検討されるのが、AWS Direct Connectを使った**専用線接続**です。オンプレミスから閉域でAWSの環境までを接続することが可能で、契約するWAN回線によってデータ転送用に帯域を確保することでデータの転送に要する時間を予想しやすくすることも可能です。一方で専用線は利用開始までのリードタイムがかかること、利用可能な帯域が増えるとコストが上昇すること、頻繁な帯域の変更が難しいという特徴があります。
マイグレーションでは一時的に大量のデータ転送を行うので、短時間でのデータ転送には広い帯域が必要です。そのため本番用に用意する専用線の帯域では不十分であったり、すでに利用中の専用線ではマイグレーションの通信が他の用途の帯域を圧迫する可能性があることに注意が必要です。こういった場合、帯域や品質を保証しないものの広帯域かつ安価な**インターネット回線を一時的に契約してインターネットVPNを使う**方法が考えられます。この場合オンプレミスにVPNルーターを設置してAWSのVPCとの間でインターネットVPNを構成します。

多くのインターネット回線は閉域の専用線より安価で広帯域を提供しており、仮に新規に用意する場合も比較的短期間で利用可能です。多くは帯域が確保されずベストエフォートである点は注意が必要ですが、一時的な回線としては最も利用しやすいものでしょう。もう1つの注意点としては、インターネット回線の帯域は広くても、VPNルータの処理性能がボトルネックになって転送速度が出ない場合があります。事前に実機検証して、必要なデータ転送スループットが得られることを確認するようにしてください。

物理データ転送

ネットワークを利用して50TBを転送する場合の必要日数

占有率	回線速度			
	1Gbps	500Mbps	300Mbps	150Mbps
25%	19	38	63	126
50%	9	19	32	63
75%	6	13	21	42

図18-5-1　ネットワーク転送に要する時間

データ容量が20TBで仮に1Gbpsのネットワーク回線を使用して効率が30%とした場合、理論上でも転送に1週間程度かかることになります。ネットワークによる転送も可能ではありますが、さらに大量の数十TB規模のデータをAWSに送る場合は**オフラインデバイスであるAmazon Snowballを使ってデータをS3に送る**ことを考えてもよいでしょう。

Snowballはデータ移行およびエッジコンピューティングを可能とするデバイスで、耐タンパー性と暗号化による高いセキュリティを備えています。たとえばSnowball Edgeは80TBのストレージ容量とS3互換のAPIを提供します。マネジメントコンソールからSnowballジョブを作成すると、後日指定した住所にSnowballが届きます。ユーザーはLANやサーバーにSnowballを接続し、データを投入した後でAWSに送り返すことで、最終的にユーザーのS3バケットにデータが配置されます。あとはS3からAWS上に構成したサーバーなどへデータを配置すれば移行が完了します。

大量のデータをAWSへ移行する場合はこのようにSnowballの利用が効果的ですが、移行にかかる全体の時間には注意が必要です。Snowballの発注から到着、Snowballへのデータ転送、発送からAWSへの到着、対象環境へのコピーといった、一連の物理的な作業に要する時間が必要となるため、リードタイムに余裕を持って計画を立てていただくことをお勧めします。本番作業のタイミングで全データを一気に送る前に、一部のデータを使って一連の移行作業の事前検証を行っておくことも不測の事態を避けるために有効です。

#18-06 サーバー移行

サーバー移行の考え方

システムの移行に際して、それを構成するサーバーをどのように移行するかを考えます。

一般的には移行先のクラウド上で**旧サーバーと同等の機能を果たすサーバーを新規構築**する手法を取ることが多いでしょう。これには、移行プロジェクトに際してOSやミドルウェアなどのバージョンアップを同時に行ってしまえるというメリットがあります。

一方でプロジェクトの目的から考えて**既存のサーバー構成を全く変えずに移行**したい場合もあります。各種ソフトウェアのバージョンアップが不要の場合、データセンターの契約期間や物理サーバーの保守期限の関係で一刻も早い移行完了が求められる場合、そして既存サーバーの構成情報やテスト手順が不十分で新規にサーバーを構築することにリスクがある場合などです。こういった場合は既存のサーバーのOSイメージをそのままクラウド上にコピーすることで同じ設定のサーバーを起動することができます。

オンプレミスのサーバーをAWS上で稼働させるには、サーバーのシステム領域イメージを取り出してAWS環境へ転送し、AMI (Amazon Machine Image) の形に変換します。一度AMIができてしまえば、あとは通常のEC2と同じ手順で起動することができます。同じAMIを使って複数のサーバーを立ち上げることも可能です。このとき、サーバーOSにAWSのEC2仮想マシンを正しく認識させるため、移行前に追加でドライバを導入しておく必要があります。移行元のOSバージョンや、移行先のEC2インスタンスタイプによって必要なドライバが異なります。詳細はEC2のドキュメントをご確認ください。

CPUアーキテクチャーの違いに注意

AWS上ではIntelやAMDのCPUを搭載したx86アーキテクチャーのサーバーと、Amazonが開発したコストパフォーマンスに優れたCPU、Gravitonを搭載したARMアーキテクチャーのサーバーが稼働可能です。オンプレミスの多くのサーバーはIntelとその互換であるAMDのCPUが利用されています。これらのサーバーはOSイメージをそのままクラウドへ持っていけば基本的に稼働しますが、CPUアーキテクチャーの異なるGravitonインスタンスでは稼働しません。

Gravitonはコストパフォーマンスに優れたCPUですが、Graviton搭載のEC2インスタンスでアプリケーションを稼働させるためには、ARMベースのOSを使用し、アプリケーションもARMアーキテクチャーに合わせてポーティングしなければいけない場合がありますのでご注意ください。

同様にオンプレミスでSPARCやPOWERなどのCPUで稼働するUNIXサーバー、そしてメインフレーム上で稼働しているシステムも、x86やARMとは互換性のないアーキテクチャーで動いています。
これらのシステムは、クラウド移行に伴ってx86アーキテクチャーで稼働するLinuxなどへポーティングする必要があります。

システムイメージの移行方法

オンプレミスからAWSへのサーバー移行にあたっては、AWSが提供している**AWS Application Migration Service (MGN) を利用することを推奨**しています。MGNはオンプレミスのサーバーに導入したエージェントが、サーバーのディスクイメージをAWS環境上に継続的にレプリケーションするサービスです。移行のタイミングで既存システムを停止してデータの静止点を作り、AWS環境上のデータと同期した時点で同期を切断することで、AWS環境上に静止点のデータを使ったAMIが作成されます。

MGNのエージェントはOS上(Windows Serverや各種Linux)で稼働するため、物理サーバーでも仮想サーバーでも、また仮想サーバーのハイパーバイザーによらず利用可能です。さらに継続的レプリケーションよるデータ転送を行うため、ディスクイメージ転送中も既存システムを止める必要がありません。これによって既存サーバー停止後、短いダウンタイムで移行先のサーバーを起動することが可能です。MGNは複数のサーバー移行を並列して自動的に実施するため、作業担当者の負荷軽減や作業時間の短縮にも効果的です。

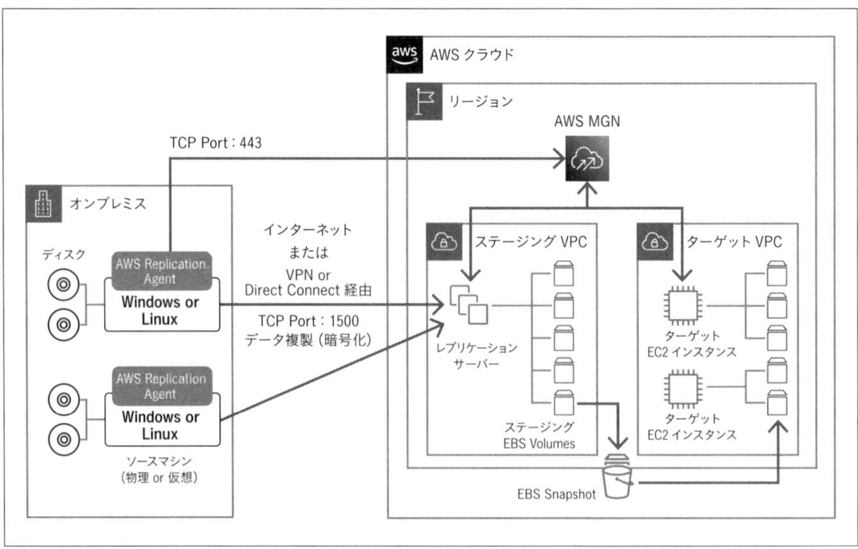

図18-6-1 AWS Application Migration Serviceを使った移行の例

何らかの規制で対象のサーバーにエージェントを導入できないなど、MGNが利用できない場合もあります。この場合は、ハイパーバイザーなどを経由してOSのシステム領域のイメージデータを取り出してS3にアップロードし、AWSの移行ツールであるVM Importを使ってAMIに変換することができます。VM ImportはAWS CLIなどから利用できます。

少ない台数のサーバーであればVM Importを使う方法でもよいのですが、通常はAWS Applicatin Migration Service (MGN) のAgentless replication機能の利用をお勧めします。これはエージェントレスでディスクイメージの作成、転送、AMIへの変換を自動的に行うサービスです。ただ、エージェントベースのMGNとは異なり、ディスクイメージを定期的に作成して転送する仕組み上、差分データをリアルタイムに転送することはできません。エージェントベースのMGNに比べてダウンタイムが長くなりますので、あくまでエージェントが利用できない場合の代替案としてご利用いただくことをお勧めします。

VMware Cloud on AWS を使ったシステム移行

AWSにはオンプレミスで馴染みのあるVMware環境を稼働させるため、VMware Cloud on AWS (VMC) というサービスがあります。これはVMware社が提供するAWS上でVMware SDDCを利用可能にするサービスです。オンプレミスのVMware環境との運用一貫性、シームレスなワークロードの移植性とハイブリッドな運用、ネイティブAWSサービスとの直接アクセスが可能な点がメリットです。VMware Cloud on AWSはEC2 Dedicated Instanceをプラットフォームとして稼働しており、物理的なリソースを管理することなく利用が可能です。

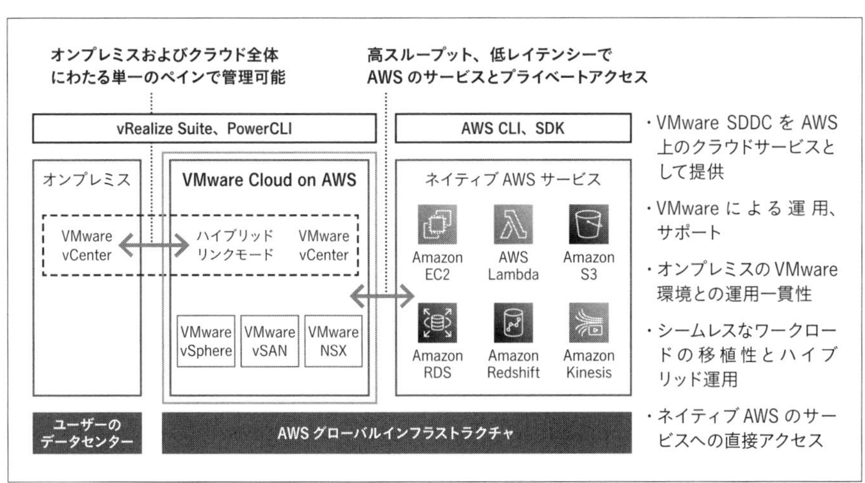

図18-6-2 VMware Cloud on AWSの概要

VMware Cloud on AWSへ移行する場合は、**VMC固有の機能を使った移行方法が利用可能**です。VMware HCXによる移行、vMotionによるハイブリッドの移行、パートナーソリューションによる移行の3つです。特にVMware HCXを使用すると、オンプレミスと

AWSとに同じIPアドレス帯域を作成して、いわゆるL2延伸での移行がGUI操作で可能になります。移行対象のサイズによっては、HCX vMotionを使ったライブマイグレーションが利用可能であるほか、レプリケーションを使って数分のダウンタイムで移行が可能となるバルクマイグレーション、停止したサーバーを移行させるコールドマイグレーションなど、複数の移行方式が提供されています。

AWSへ移行した後も慣れ親しんだVMwareでの管理を行いたい場合や、IPアドレスを変えられない、サーバーの構成を全く変更することができないといった場合に、VMwareによって移行方式までをカバーできることを考えると有力な選択肢の1つと言えます。

表18-6-1 VMware Cloud on AWS を利用した移行方式

ダウンタイム	対象規模	移行方法
なし	小規模	ライブ マイグレーション（HCX vMotion）
あり（数分）	～大規模	バルク マイグレーション
あり	～大規模	コールド マイグレーション
なし	～大規模	Replication Assisted vMotion

サーバー移行に伴うソフトウェアライセンス

サーバーを移行する際に技術的な側面以外で検討が必要なのは、OSやその上で稼働する**ソフトウェアのライセンス**です。オンプレミスで稼働していたOSのイメージをAWSにインポートすればEC2上で稼働させること自体は技術的には可能です。しかし、オンプレミスで利用していたソフトウェアのライセンスが、そのままAWS上で利用可能であるか、アップグレードやサポートが継続して受けられるかについては、ライセンスを所有しているユーザー自身で確認する必要があります。

オンプレミスで物理CPUに依存したライセンスを取得していると、クラウド上ではライセンスのカウントの仕方が変わる場合があります。
主要なソフトウェアについてはAWSのWebサイトで参考情報を提供していますが、ユーザーごとにライセンス形態が異なる場合があるため、ソフトウェアを購入されたベンダーへソフトウェアのライセンスが適切であるか確認するようにしてください。

AWSで新規にサーバーを構築する場合、AWSが提供する時間課金のソフトウェアライセンスが利用できるものがあります。たとえば、EC2ではWindowsやRed Hat Enterprise LinuxといったOSやSQLServerについて、それらのライセンスがEC2利用料金に含まれているAMIがあります。RDSではOracleやSQLServerをAWSが提供するライセンスで利用することも可能です。こういった場合は対象ソフトウェアのサポートもAWSが提供します。利用できるエディションはOS、データベースなどによって異なりますのでドキュメントを確認してください。

#18-07 データベース移行

データベースは一般にユーザーデータを格納するために使われ、システムにとって重要な位置付けを占めます。そのため移行にあたってはデータベースエンジン、データベースサービスの種類、スペックといった移行先を決定するアセスメントが行われることが一般的です。さらに実際に移行作業を行う場合も、できるだけデータベースのダウンタイムを小さくするために複数の移行方法が考えられます。

AWSではデータベース移行における標準的なステップを紹介しています。ここではAWS上のデータベースの選択肢を紹介した上で、このステップの中からアセスメントの進め方とデータデータベースの移行方法を中心に解説します。

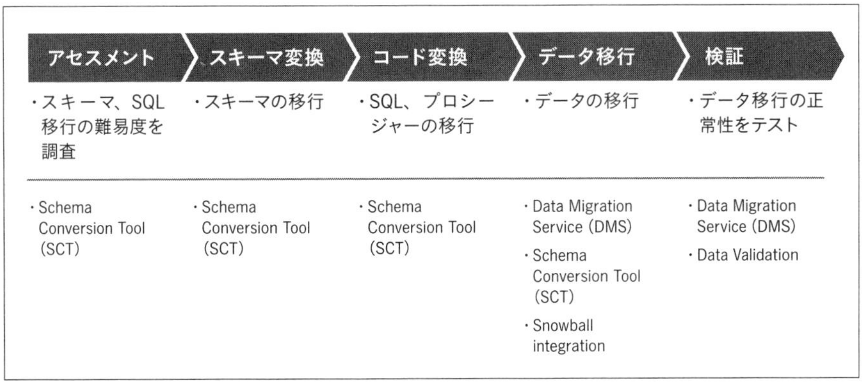

アセスメント	スキーマ変換	コード変換	データ移行	検証
・スキーマ、SQL移行の難易度を調査	・スキーマの移行	・SQL、プロシージャーの移行	・データの移行	・データ移行の正常性をテスト
・Schema Conversion Tool (SCT)	・Schema Conversion Tool (SCT)	・Schema Conversion Tool (SCT)	・Data Migration Service (DMS) ・Schema Conversion Tool (SCT) ・Snowball integration	・Data Migration Service (DMS) ・Data Validation

図18-7-1　データベース移行の標準的なステップとAWSが提供するツール群

AWS上のデータベースの選択肢

既存システムのデータベースを移行する場合、まず最初に考える構成はアプリケーションサーバーなどと同様にEC2でデータベースを稼働させることでしょう。一方で、AWSには**マネージドなデータベースサービス**があります。EC2を使う場合に比べ、データベースの構築と運用にかかるコストの削減、俊敏性の向上といったメリットを得ることができます。

AWSへのデータベース移行の選択肢を整理します。なお、本来はリレーショナルでない(NoSQL)データベースへの移行も考慮すべきですが、ここでは一般的な移行先であるリレーショナルデータベース(RDBMS)だけを想定します。

表18-7-1　RDBMS移行先の選択肢

利用サービス	DBエンジンの変更なし	DBエンジンを変更する
EC2	通常のLift & Shift移行	目的に合わせたDBになるが構築や運用の手間がかかる
RDS	既存のアプリケーションを変更することなく、マネージドDBのメリットを享受	AuroraによりMySQLやPostgreSQLと同じ使い勝手で高い可用性や性能を実現可能

まず、EC2上に自分でデータベースを導入して構築・移行し、運用する場合を考えます。この場合、従来のサーバーをそのまま持ち込んで利用できるため移行にかかる作業が最も少ないことがメリットです。パッチ管理などデータベースに関するすべての操作をユーザーでコントロールできます。これは一方で長期に渡ってメンテナンスの要員や作業時間などといった運用にかかるコストの確保が必要となります。

次にマネージドサービスであるRDSを使う場合を考えます。業務に直接影響しないデータベースの構築や管理といった作業をAWSが実施することで俊敏性と管理コストの低減が継続的に図れる点がメリットです。サーバー性能、ストレージ容量、サーバー台数の追加といった構成の変更がマネジメントコンソールの数回クリックで実現できます。サーバーのスペック変更自体はEC2でも実現できますが、構成変更に伴うデータベースエンジンに対する設定変更もサービス側で実施される点がメリットになります。

RDSを使う際の注意点として、RDSの仕様に合わせて**アプリケーションの配置や管理方法を変更しなければいけない場合**があります。たとえば、RDSはOSにログインすることができないため、RDSの上で直接独自のプログラムを実行することができません。データベースサーバー上で業務バッチなど独自のプログラムなどを同居して実行していた場合は、RDSへの移行に伴ってプログラムをEC2やLambdaで動かすよう変更する必要があります。

もう1つの注意点として、**パッチレベルの管理**があります。RDSでは安全性と信頼性向上のため最新のパッチが出たら自動で適用されるように構成されます。アプリケーションへの影響を考慮してこれを止めておくことも可能ですが、セキュリティ上重要なパッチは適用が必須のものがあったり、特定バージョンのEOSL（End of Service Life：保守サービスの終了）の前にサポートされているバージョンへアップグレードが必須になったりすることがあります。パッチレベルを上げるたびに長期間にわたるテスト作業が必要であったり、いわゆるバージョンの塩漬けが必要な場合には適さない場合があるのでご注意ください。

通常のデータベース移行では、オンプレミスで利用していたDBMSと同じデータベースエンジン、あるいは同種のデータベースエンジンの最新バージョンに移行します。これはSQLの互換性があるデータベースエンジンを使うことで、アプリケーションの改修やテストにかかるコストを低減させることが目的です。一方で、オンプレミスで商用のデータベースを利用している場合、AWSの移行にあたってAuroraやRDSのPostgreSQL、あるいはRedshiftなどのオープンソースベースのデータベースエンジンに移行する選択肢が考えられます。

たとえば、Amazon AuroraはMySQLやPostgreSQLの互換性を持ちながら、サービス化されたバックエンドストレージを利用するなどクラウドを活用するアーキテクチャーを有します。これにより高い可用性と性能を実現しています。Auroraへ移行することによって性能や管理上のメリットを得つつ、コストを削減することが見込めます。この場合、アプリケーションの改修やテストに追加の作業が必要となりますが、これらは移行時に一回だけ発生するコストです。データベースエンジンを変更してマネージドデータベースを使うことで、ライセンスコストや運用にかかるコストを継続的に低減させられれば、長期的に見てシステムにかかる総所有コストを減らすことが期待できます。

このように、データベースのクラウド移行ではその選択肢としてデータベースエンジンの変更も視野に入れて検討することをお勧めします。これによって最終的により高い効果を得ることが期待できます。

アセスメント

データベースの移行先にはいくつかのパターンがあることを紹介しました。適切な移行先を決定するためにはデータベース移行の最初にアセスメントを行うことをお勧めしています。

アセスメントで実施するのは主に次の点です。

- データベースエンジンと、マネージドかアンマネージドの選別
- データベースのサイジング
- 移行にかかるアプリケーション改修やテスト作業量の見積もり

データベースエンジンと、マネージドかアンマネージドかの選別

データベースエンジンを変更する場合は、SQL、関数、プロシージャなどに互換性がないため、アプリケーション改修やテストを含めた移行作業がどの程度になるのか、この工程で概算を見積もります。

データベースエンジンを変更しない場合は、スキーマ、SQL、プロシージャで互換性が担保されているため、移行工数は比較的少なくなりますが、それでも必要になるテスト作業について、見積もります。

加えて、マネージドのデータベースであるRDSを利用する場合は、同じサーバーの上でプログラムが実行できないなど、既存の仕組みを変更する必要があるかもしれません。そういった変更がどの程度発生するのかという点のアセスメントも必要になるでしょう。

データベースのサイジング

アセスメントではデータベースのサイジングも行います。ここで重要なのは、**移行元となる既存データベースの実ワークロードのパフォーマンスからサイジングを行う**ということです。移行元のシステムのサーバースペックは数年前のものであり、クラウドに移行することでCPU単体の性能の向上が期待できます。また、データベースで重要である、ストレージのIOについてもEC2のスペックとEBSタイプの組み合わせによって多様なIOPSやIO帯域の利用が可能です。加えて、最初に既存のシステムを構築した際は業務量の推測ができず余裕を持ってサイジングしたものの、実際はCPUをほとんど使っていないという状況も散見されます。

業務を大きく変えることなくクラウドへ移行するのであれば、過剰な余裕を見込まず適切なスペックでサイジングを行い、もし必要であれば後からスケールアップして必要な性能に追従していくという方針を取ることで、コスト最適なスペック選択が可能になります。

サイジングにあたってはデータベースエンジンがそれぞれ持っている性能レポートを使うことが重要です。単純に既存のCPUコア数やメモリ量を使ってサイジングすると、過剰なサーバースペックの見積もりになりがちです。商用のデータベースでは結果的にライセンス数が増えることにもつながります。

たとえばOracleであればAWRまたはstatspackレポートを使います。これを見ることで、ワークロードの特徴（オンライン処理、バッチ処理、分析処理など）、CPU/IO/メモリリソースの使用状況が確認できます。この情報を元にEC2やRDSのスペックを選定することで、性能を確保しつつ、適切なコストで移行することが可能になります。

移行にかかるアプリケーション改修やテスト作業量の見積もり

スキーマやSQLの互換性のアセスメントは手動で行うこともできますが、知見と経験が必要な難しい作業でもあります。AWSでは、実際の移行をサポートするために、**Schema Conversion Tool (SCT)**という無償のツールを提供しています。

利用方法は単純で、SCTを手元のPCなどにインストールし、移行元のデータベースに接続して、移行対象のデータベースエンジンを指定してレポートを出力するだけです。これによって移行対象データベースエンジンでのスキーマ定義が作成され、データベース内のオブジェクトの自動変換がどの程度可能か、自動変換できなかった理由などがレポートとして出力されます。

加えて、SCTはアプリケーションコードを読み取って、SQLが自動変換できるかどうか、また、変更方針や難易度についてもレポートすることが可能です。アプリケーション改修が必要なソースコードがどの程度で、どれくらいの難易度なのかがわかるため、この情報を使ってアプリケーション改修の工数を見積もることが可能になります。

SCTはレポートするだけでなく、実際の変換作業自体も行います。移行対象データベースでのスキーマ作成や、アプリケーションコードの自動変換などもレポートの内容に従って実施することが可能です。

データベースの移行方法——ダンプデータによる移行

多くのデータベースはある時点のデータを**ダンプデータ**として整合性を持った形で出力できます。オンプレミスのデータベースでダンプデータを出力し、このデータを転送してあらかじめAWS上に構築しておいたデータベースにロードするのが最もシンプルで確実な移行方法です。ダンプデータによる移行ができるなら、まずはそれが第一選択です。

一方で移行のためにシステムを停止できる時間が短い場合はある時点のダンプデータを取り出して一括移行しつつ、ダンプ後の差分データは後から送って別途ロードして追い上げるのが基本方針です。

AWS上のデータベース移行のパターンを図に示します。

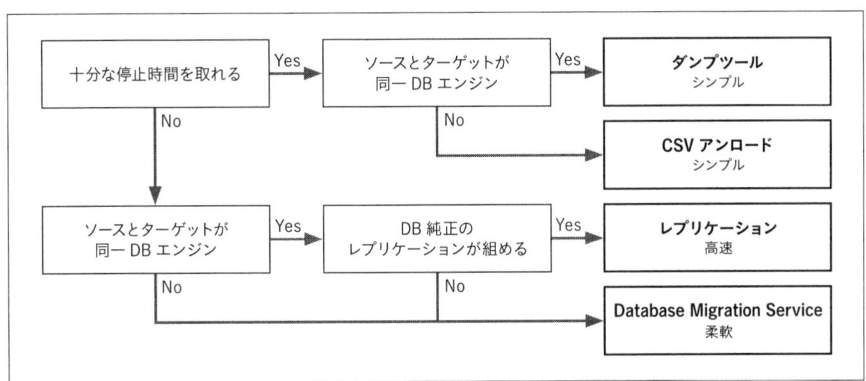

図18-7-2 データベース移行方式の検討フロー

ダンプデータをロードする場合、オンプレミスからオンプレミスの移行と同様に、データベースエンジンが標準で持っているツールを使うことが多いでしょう。データベースから取り出したダンプデータをオンプレミスのサーバーからAWS上のEC2へSCPなどを使って送り、同じくデータベースエンジンのツールを使ってロードします。このとき、移行先のサーバーには一時的にダンプデータを置く領域と、データベースのデータファイルを置く領域の両方が必要です。一時領域は別のEBSで構成しておき、移行が終わったら削除するといったことも可能です。

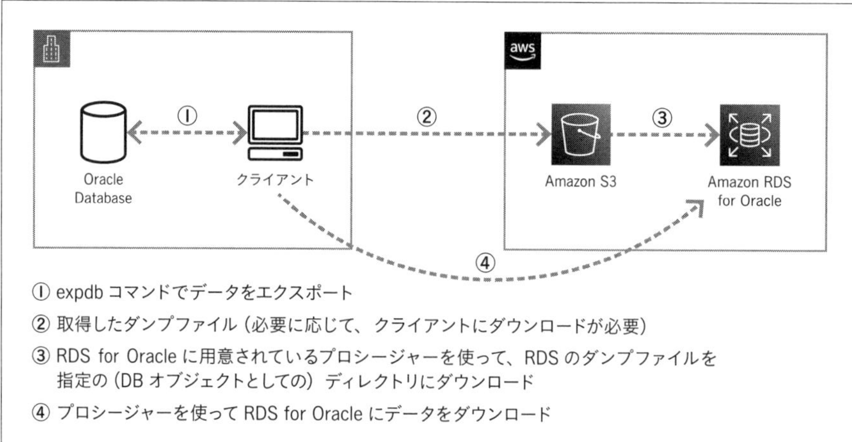

図18-7-3 S3に置いたダンプデータをRDS for Oracleへ直接ロードする方法

移行先がRDSの場合はS3に置いたダンプファイルを直接RDSからロードできます。この場合はオンプレミスからダンプデータ（ファイル）をS3にアップロードすることになります。ダンプデータを送る場合はデータ移行と同じ考え方になりますので「#18-08 データ移行」も参照してください。

データベースの移行方法
――レプリケーションを使った移行

多くのデータベースエンジンにはプライマリデータベースと同じデータを持った**複製（レプリカ）**を作成する機能があります。この機能を利用すると、プライマリデータベースに行われた変更を非同期でレプリカ側に反映し、読み取り専用のデータベース（リードレプリカ）として利用することが可能になります。

一般的にリードレプリカの機能はデータベースに対する負荷分散の目的で使用されますが、利用しているデータベースエンジンでレプリカをプライマリに昇格させる機能が提供されていれば、これを移行目的で利用できます。

この場合の作業の流れは下記のようになります。

1. プライマリデータベースのレプリカをクラウド環境に構築し、データの同期を開始する
2. プライマリデータベースとレプリカが同期状態になる
3. 移行のタイミングで既存システムの業務を停止し、プライマリデータベースに行われた変更がレプリカに反映されたことを確認する
4. レプリカをプライマリに昇格する
5. 新システムより、プライマリに昇格したデータベースへアクセスできることを確認し、サービスを再開する

このアプローチの利点は、サービス停止時間を短時間に抑えることができる点です。

一方でレプリカを構築すると、プライマリ側からレプリカ側に対して変更内容を反映する処理が発生します。プライマリ側のパフォーマンスにある程度の影響を及ぼしますので注意が必要です。実際にどの程度の影響が発生するかはワークロードの性質、特に書き込みの頻度に依存しますので実際に検証を行うことをお勧めします。

なお、ここではプライマリデータベースへの変更が非同期で反映されるパターンをご紹介しましたが、同期レプリケーションが行われる場合でも同様の移行が可能です。ただしこの場合は、トランザクション実行ごとにレプリカへのデータ書き込み完了を待つことになります。レイテンシーが大きな遠隔地への同期レプリケーションでは非同期の場合と比較してパフォーマンスへの影響がより大きくなりますので注意してください。

データベースの移行方法——DMS を使った移行

データベースエンジンが異なるデータベース間で移行する場合、通常はレプリケーションを構成できません。また、同じデータベースエンジンであっても、本番運用中のデータベースに対して、レプリカの追加などの構成変更が難しい場合もあります。こういった場合は**AWS Database Migration Service (DMS)** を使った移行を検討してみるのがよいでしょう。

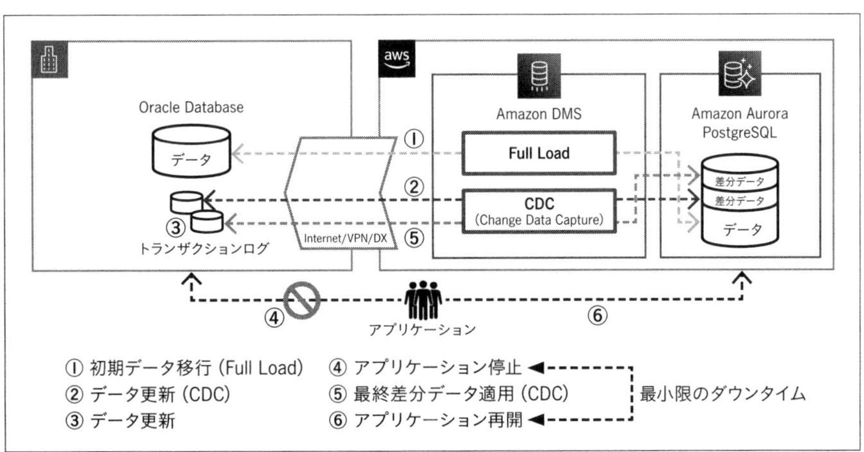

図 18-7-4 DMSを使用した移行

DMSはデータベースの移行を容易にするサービスで、移行元と移行先のデータベースそれぞれに接続することで、移行元データベースからデータを抽出し、形式を変換した上で移行先データベースに投入する処理を行います。一括移行で利用するだけでなく、移行元データベースで発生する変更を随時捕捉して移行先データベースに反映する機能 (CDC=Change Data Capture) も備えています。運用中の既存データベースにDMSを適用することで、既存の構成を変更することなく移行が可能であり、またデータ移行時間を最小限に抑えることが可能です。

クラウドへの移行を機に商用データベースからオープンソースのデータベースに移行する場合にも、DMSは利用できます。商用かオープンソースかを問わず、一般的にデータベースエンジンが提供する複製は、異なるデータベースによる複製の作成をサポートしていません。DMSであれば、移行元データベースと移行先データベースで異なるデータベースエンジンを利用していたとしても利用可能です。この場合はデータタイプの変換を行った上で移行先データベースにデータを投入できます。このように、DMSによって異種データベースエンジン間の移行が容易になります。

DMSはすでに存在するテーブルにデータを投入するという動き方をします。すなわち、移行先のデータベースにはあらかじめテーブルやインデックス、制約などの各種オブジェクトを作成しておかなければなりません。この作業はアセスメントで紹介したAWS Schema Conversion Tool (SCT) が利用可能です。SCTとDMSを使うことで、レプリケーションを伴う移行作業を大幅に削減することが可能です。

#18-08 データ移行

移行すべきユーザーデータの多くはファイルの形で保持されているでしょう。画像データ、システム間連携ファイル、ログ、ファイルサーバー上の個人ファイルなど、サイズや数はさまざまです。これらのファイルをAWSへ移行する場合、どのような手法があるのかを紹介します。

まず、オンプレミスのサーバーからEC2にファイルを転送するだけであれば、従来通りSCPやSMBなどサーバー間のファイル転送プロトコルを使って転送します。EC2のスペックによってネットワーク帯域が異なったり、使用しているEBSタイプやサイズによってディスクのIOPSやスループットに違いがありますが、こちらは通常のEC2を利用した場合のサイジングの注意点と同じです。

ここではEC2以外の環境、つまりS3やAWSが提供するマネージドのファイルサーバーにファイルを移行する場合を中心に見ていきましょう。

S3へのファイル移行

S3にファイルを転送する場合最もシンプルなのは**AWS SDKやAWS CLIを使ってS3のAPIを直接利用**する場合です。通常はパブリックなS3エンドポイントに対してインターネット経由でアクセスしますが、現在はS3のPrivateLinkを使うことでVPC内にS3のエンドポイントを作り、プライベートなネットワークを経由してアクセスすることも可能です。

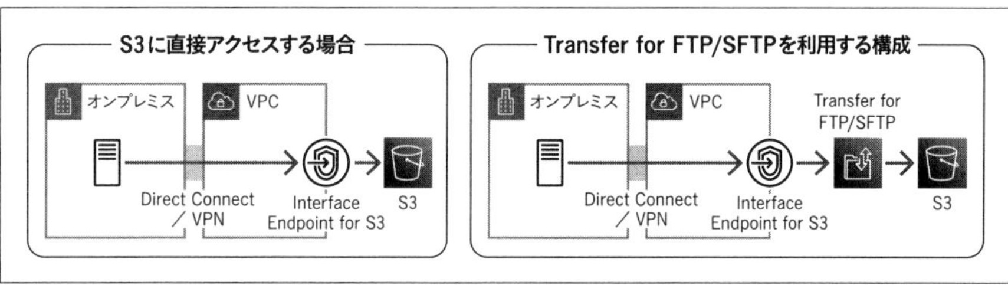

図18-8-1 オンプレミスからプライベートネットワーク経由でS3にファイルを送る方法

Direct Connectを使用することで、帯域の確保や信頼性の確保など専用線のメリットを生かしつつ、パブリックなネットワークを使用せず、オンプレミスからS3にファイルを転送することが可能です。Amazon S3へデータを直接転送する場合は、マルチパートアップロードを利用することをお勧めします。移行データを分割して並列でアップロードすることができるので、帯域を有効に活用できます。

AWS SDKやAWS CLIを使えない場合は、**AWS Transferファミリー**を使うことで、FTPやSFTPといった従来のプロトコルでデータを転送することが可能です。転送されたデータは直接S3に配置されます。この場合AWSのVPC上にFTPやSFTPにアクセスするためのエンドポイントが構成され、オンプレミスからDirect Connect経由でアクセスできます。
オンプレミスのサーバーから見ると、プライベートセグメント上にFTPやSFTPのアクセス先が存在して、そこに従来通りの手法で接続し、データを送るように見えます。これによって、オンプレミスのサーバーのソフトウェア構成を変更することなく、AWS上にデータを送ることが可能になります。

ファイルサーバーサービスへの移行

オンプレミスのWindowsファイルサーバーやNFSをAWSへ移行する場合、移行先としてはAmazon EFS (NFSプロトコル)、Amazon FSx for Windows File Server (SMBプロトコル) や、Amazon FSx for NetApp ONTAP (NFS、SMBなどのプロトコル) などが考えられます。それぞれ、オンプレミスでは専用ハードウェアやサーバー上のアプリケーションを使って実装されていたファイルサーバーを、マネージドサービスとして提供しています。構築および運用管理作業を削減することができ、サイズの拡張が柔軟に行えます。

大容量、そして大量のファイルを蓄積しているファイルサーバーでは、一括移行のアプローチを取ろうとするとシステム停止時間が長くなりすぎるという問題が発生します。
そこで考えられる移行方式は、大きく分けて2つあります。1つは**オンラインマイグレーション**、もう1つは**オフラインマイグレーション**です。

オンラインマイグレーションはオンプレミスの環境とAWS上の移行先がDirect ConnectやVPNで接続できる場合に、差分移行ツールで徐々にデータを転送する方法です。AWSではオンプレミスのファイルサーバーに書き込まれたデータを自動的にコピーしてくれるAWS DataSyncというサービスがあり、これを使って転送することがまず第一の選択肢です。差分の検出やネットワーク帯域の節約もDataSyncが行ってくれます。
NetApp ONTAPをご利用になっている場合は、NetAppの機能であるSnapMirrorを使って、FSx for NetApp ONTAPに移行することも可能です。OSに標準の機能を使う場合は、Windowsのrobocopyや、Linuxなどのrsyncを使って移行する方法が考えられます。

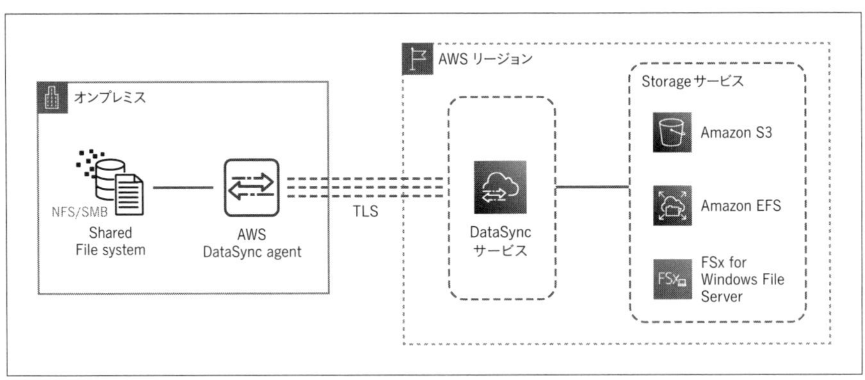

図18-8-2　AWS DataSyncを使ったオンラインマイグレーション

オフラインマイグレーションはデータ量が多くネットワーク越しの転送に多大な時間を要する場合や、ネットワークで相互に直接接続できない環境にある場合の移行方法です。AWSではAWS Snowballを使って移行することになります。
ある時点のデータをSnowballを使って丸ごと移行してしまい、その後発生した差分だけをネットワーク越しに移行するアプローチです。一般的なファイルサーバーでは日々の変更差分は大きくないため、移行対象データのかなりの部分を簡単に移行することが可能です。ただし、Snowballを利用する場合は配送とデータ書き込みのための時間が必要であることにご注意ください。

AWSのツールを使った移行方法の他にはAWSパートナーが提供するソリューションを使った移行方法も考えられます。

#18-09 移行に付随するその他の作業

ここまで主に個別のサーバー、データベース、ユーザーデータをAWSに移すという観点で移行の技術的側面を解説してきました。実際にプロジェクトとしてシステム移行を実施する場合はデータを移行する作業の他にも行うべきタスクがあります。これらの作業はオンプレミスの移行と大きく変わるものではありませんが、クラウドならではの事情を踏まえて簡単にポイントを列挙します。

アプリケーションテスト

サーバーをAWSへ移行した後は、**アプリケーションが正常に動作することを検証**する必要があります。基本的にサーバーが起動してサーバー間の疎通が取れれば、原理的にアプリケーションへの影響は少ないはずですが、影響度合いはアプリケーションの実装によって異なります。業務チームやアプリケーションチームにより影響範囲を検討して必要な粒度で検証を行います。特に、ロードバランサーなどオンプレミスと異なるコンポーネントを使用する部分は修正、テストが必要になります。

AWSであればサーバーの複製が容易であるため、移行したサーバーのAMIを取得し、そこからサーバーを作成することで複数のデータ断面を作って並列で検証、テストを行うといったことが可能です。

ユーザー開放

既存システムから新システムへアクセス導線を変更し、ユーザーに開放します。DNSの変更やポータルサイトからのリンク変更などが必要になります。AWSの場合はAmazon Route 53によるDNSの設定の簡易化、ALBのIPターゲットを使ったオンプレミスとAWS間でのターゲットサーバー切り替えなどで実現できます。

切り戻しの計画

移行後のテストや本番運用を開始した後で問題が検出されるなど、**切り戻しが必要となる場合の判断基準と手法の整理**が必要です。特にデータが更新された後は更新済みデータの取り扱い方法を決めておきます。再入力を依頼するか、システム側で書き戻しを行うなどが考えられます。

システム移行においてトラブルは避けたいものですが、完全にトラブルを防止することはできません。AWSでは本番切り替えなどの重要なイベントを実施する際に、**IEM (Infrastructure Event Management)** という特別なサポートを受けることが可能です。IEMでは、イベントへの準備状況を評価したり、重要なタイミングで優先サポートを受けたり、イベント結果の評価を受けることができます。IEMはAWSのEnterprise Supportを受けていれば標準で利用できるほか、Business Supportを受けている場合も追加の費用で利用することが可能です。

新運用プロセスの確立

システムを稼働させるための監視やジョブなど運用系のツールとの連携方法を確立する必要があります。クラウドへの移行に伴ってツールが変わる場合は設定やテストが必要です。

移行後の正常稼働の評価

移行して本番運用を開始した後に**システムが正常に稼働していることの評価**を行います。移行直後はもちろんですが、1週間、1ヶ月など決まったタイミングで評価を行い、性能やリソースの利用状況、エラーの発生状況に問題がないかを確認することをお勧めします。

クラウドの環境はオンプレミスと比較して柔軟性に優れています。仮に一度システムをリリースしてしまったとしても、改善活動により一部のリソースが不要になればその都度、解放することによりその分だけコストを削減することが可能です。オンプレミスと異なり、調達したハードウェアを減価償却が済むまで利用し続けなければいけないという制約はありません。もしも移行に伴う目標が多くなりすぎそうであれば、この特性を最大限に活用してプロジェクトをフェーズに分割することを考えてもよいでしょう。

たとえば、第一フェーズではオンプレミスの環境を可能な限り維持したままクラウド環境に移行し、第二フェーズとしてクラウドの価値を最大限活かせるようにアーキテクチャーやアプリケーションを見直して最適化を行う、というやり方は1つのベストプラクティスです。最適化にあたっては Well-Architectedレビュー（Chapter 9-03参照）が使えます。サーバースペックを見極めてSavings Planを購入したり、アーキテクチャーの見直しを行ったり、セキュリティ対応の強化を行うなど継続的にクラウドへの最適化を進めましょう。

#18-10 まとめ

本章ではクラウドへのシステム移行を行う場合の具体的な考慮点について網羅的に解説しました。システム移行の基本的な流れはオンプレミスへの移行と大きく変わりません。一方で、クラウドを利用することで物理的な制約がなくなり、機器の準備の考慮が不要になり、システムおよびユーザーデータの移行がポイントになることがご理解いただけたと思います。

その上で、移行先としてRDSやS3などのマネージドサービスがあり、移行作業をサポートするためのDatabase Migration ServiceやApplication Migration Serviceなど用途に合わせた多様なサービスがあることを紹介しました。

何をどのように移行するのかはシステムによってさまざまであり、状況によって適したツールは異なります。いざ移行の検討を開始する際に、再度この章を読み返してみてください。
皆さんのユースケースをサポートするサービスを見出すためにこの内容がお役に立つでしょう。

PART 4

[実践編]

既存システムから
AWSへの移行

#19 モダナイゼーションの進め方

#19-01 モダナイゼーションをどう考えるか

昨今の企業や組織は、業界にかかわらず、イノベーションを促進して変化に迅速に対応できるように、さらなる**サービス開発の俊敏性**が求められています。
ユーザーの高い期待に応えるために、企業は失敗を恐れずに、ユーザーからのフィードバックを反映した内容を日々試行した上でアプリケーションやサービスの機能開発の取捨選択を実行する必要があります。

いわゆる一般コンシューマー向けビジネス（B2C）とは違った業界の、いわゆる企業間取引（B2B）向けのサービスであればそのような俊敏性は求められないように感じるかもしれません。しかし、B2Bのユーザーはその業界を離れれば、いち消費者であり、B2Cサービスのエンドユーザーです。B2Bサービスが、B2Cサービスのようなユーザーエクスペリエンスを備えるように期待されることは当然の流れではないでしょうか。
ユーザーは、既存の技術的環境、社会的環境、業界慣習を超えた、新しい体験をもたらすサービスを期待しています。

それに対応するには、数年前には一般的であったサービス作りとは異なる考え方で、構築、運用する必要がありますし、そのための改善が必要です。
B2C向けサービスでは数万人、数十万人のユーザーがいることはミニマムラインともいえますし、数億人向けのサービスを提供していることも珍しくありません。このようなB2C向けアプリケーションは、潜在的な数百万のユーザーに対し迅速にスケーリングし、グローバルな可用性を持ち、エクサバイトのみならずペタバイト規模でも管理でき、さらにミリ秒で応答できる俊敏性が必要です。

クラウドを導入すれば、それが得られるかというとそんなことはありません。これは、Chapter 15「移行計画策定と標準化の進め方」の通り、移行計画立案フェーズにおける7つのRのうち、リファクタリング（Refactor）によって得られるものです。リファクタリングによって、アプリケーションの設計を変更し最適化を行い、クラウドが提供する機能を充分に活用できるようになります。
ただし、新規のアプリケーションであれば、移行と比較した難易度は低くなります。

こうしたアプリケーションは「**モダンアプリケーション**」と呼ばれ、ウェブおよびモバイルのバックエンド、IoTアプリケーション、AI/MLワークロード、バッチ処理、PaaSソリューション、マイクロサービスバックエンドなど、あらゆるユースケースに対応しています。
モダンアプリケーションは、これらの新しいアーキテクチャーパターン、運用モデル、ソフトウェア配信プロセスを組み合わせて構築されています。
これにより、俊敏性の向上や運用負荷軽減、コスト効率の向上などクラウドのメリットが大きくなっていきます。

一方で、移行プロジェクトの難易度という観点だけで判断すると、すべてリホストし、そこでとどめるという判断になりかねません。当初設定したビジネス目標の達成のために、最適な選択肢を選ぶことが重要です。自社の競争力に直結するシステムはより積極的にリファクタリングを、負荷が安定しており機能追加や変更が少ないシステムはリホストをする、などシステムの性質とビジネス目標の双方を視野に入れて判断するようにしてください。
つまり、モダナイゼーションは、クラウドマイグレーションの**7Rのあらゆる要素とあわせて実現する**ことを考えるべきです。

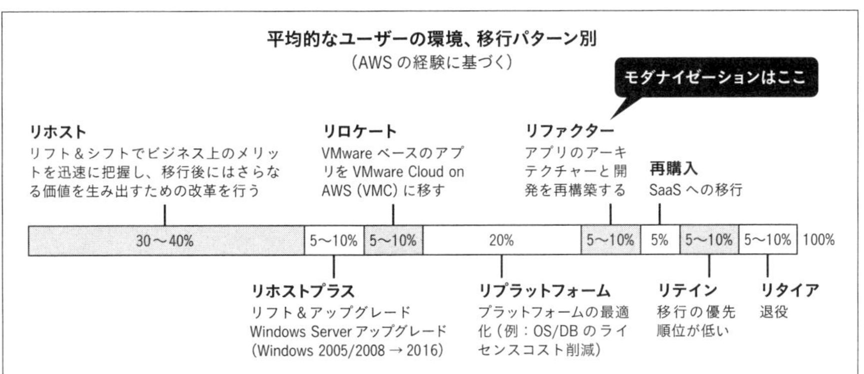

図19-1-1　7つのRとモダナイゼーション

いざモダナイゼーションに舵を切ると決めても、最初にすべては決められず後から追加・変更がありますし、最初に決めたものでも優先順位付けによって作らない判断をすることもあります。
モダナイゼーションは、そのような開発プロセスである**アジャイル型**で進める必要があり、組織的な後ろ盾があることが前提となります。

なお、アジャイル型の詳細は、Chapter 5「クラウドにおける開発プロセス」において、クラウドを活用する開発プロセス、運用プロセスとして説明しています。

アジャイル型組織を作ることができれば、モダナイゼーションのベースができているといえるでしょう。この組織が初期の成功を掴めれば、修正していきながら学んで経験を積み能力を高めていき、継続的な基盤を確立できます。

ある日突然モダナイズされたアプリケーションが与えられるわけはありません。モダンアプリケーションは、ビジネスを短時間で刷新するために用いられますが、モダンアプリケーションは変化し続けるものです。それがいきなり、作れるようになるわけではありません。

以降、モダナイゼーションをどのように進めるのか、そのスタートに取り組んでいきましょう。

#19-02 モダナイゼーション アナライズ・アセスメント

AWSでは、マイグレーションプロジェクト自体を、アジャイルに進めることを推奨しています。それは、クラウドの特性を生かして、必要な機能から小さな範囲で、短期間で確実にクラウドへの移行を進めるアプローチです。
これは、従来の、大きく綿密な計画を立てて、後戻りのできない確実な進め方が求められるウォーターフォール型プロジェクトに比べ、**マイグレーションのスピードを加速できる**ためです。

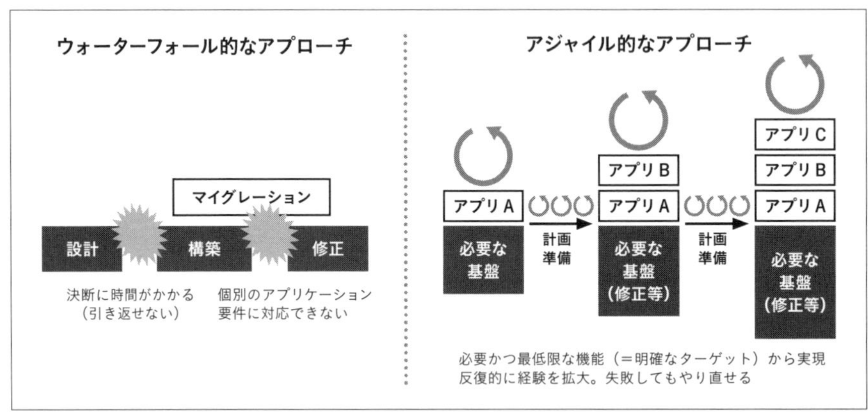

図19-2-1 ウォーターフォール型とアジャイル型のアプローチ

そこで、まずは最大3つ程度、モダンなアプリケーションとして実装するアプリケーションを選びます。テーマを特化して、マイクロサービス、サーバーレス、DWHモダナイゼーションなどがよく挙げられますが、これに限るものではありません。

はじめは、開発環境や新規サービスという簡単な領域から始め、その後複雑な領域に段階的に体験を増やして行くことをお勧めします。
そのアプリケーションの満たすべきコア機能を明らかにし、それを**MVP**(Minimum Viable Productの略で、モダナイゼーションを実証し、継続的に提供するための基盤を構築するのに十分な機能を備えたプロダクトのこと)としてターゲットとします。

ターゲットを決めて取りかかる理由は、実際にやってみることで学び、勢いをつけることで、幅広いモダナイゼーションのための基盤を作るためです。MVPを作るにあたっては、一定の期間を決めて取りかかります。選んだ3つのアプリケーションは同時に着手するのではなく、そのうちの1つ(アプリA)から着手します。そして、アプリAを終わらせてから、2つ目(アプリB)に着手するのではなく、アプリAとアプリB両方について必要な修正や構築を続けます。

そして最後には、MVPの成果を確認するとともに、使われた技術を**パターン化**できないかを検討します。MVPの成果をもとに、その後の大規模で継続的なモダナイゼーションのための推奨事項の検討をして、多数あるロードマップの検討につなげていきます。

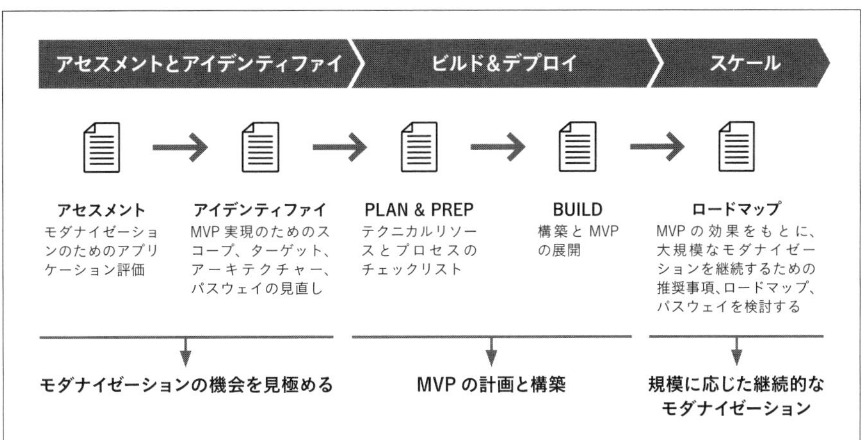

図19-2-2 モダナイゼーションの進め方

モダナイゼーションはAWSクラウドのメリットを最大化しますが、多くのユーザーはリホスト後に立ち止まってしまい、モダナイゼーションに進まずにいます。
その理由として経験不足からコスト見積もりができないことがよく挙げられます。どんな技術にも言えることですが、リスク、市場投入までの時間、所有にかかる総コストを考えなければなりません。モダナイゼーションにまつわる技術も同じです。また正直なところ、経験がないため、何に手をつけたらいいのかわからないこともあるでしょう。

そこで、非常に大雑把ですが、リホストが終わった後に取り組むべき、クラウドネイティブへのモダナイゼーションまでの間に考えるべきことを**図19-2-3**にまとめてみます。図中に登場する項目のいくつかは、後述します。

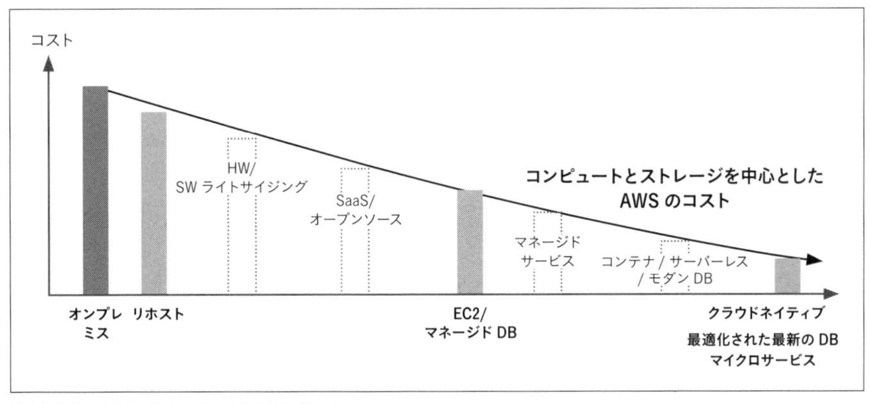

図19-2-3 クラウドネイティブまでの道のり

HW/SWのライトサイジング

HW/SWのライトサイジングはリホスト後のコスト最適化のために真っ先に行われるべきものです。そのため、多くのツールや実績があり、特に問題になることはないでしょう。

ライトサイジングは、「**適切なサイジング**」の一部であり、それはAWSのコストを最適化するための重要なメカニズムです。
しかし、組織が最初にAWSクラウドに移行したときに、サイジングは無視されることがよくあります。多くの場合、速度とパフォーマンスはコストよりも優先されます。
その結果、過剰なリソースが投入されます。典型的にはインスタンスのサイズが大きくなり、ストレージが過剰となり、未使用のリソースに多くの無駄な支出が発生します。

AWSでは、サイジングの根拠となるリソースのモニタリングはCloudWatchを中心にすぐに使えるように提供されています。また、分析のための便利なサービスとして、機械学習を使って過去の使用率メトリクスを分析する AWS Compute Optimizerがあります。

SaaSの利用

7つのRの Repurchase (リパーチェス) の一部として分類されるのがSaaSの利用です。
マイグレーションの当初、代替となるSaaS候補の調査を実施しているかと思いますが、年月の経過とともに選択肢が増えているでしょう。
ワークロードのAWS化が進んだ後に再度探すと、自社のワークロードに適用が可能なSaaSが見つかることはよくあることです。

APIを経由してビルディングブロックの1つとして使えるSaaS(ファンクショナルSaaSと呼ばれることもある) も多く、後述するマネージドクラウドサービスへの移行と同様に、何度も繰り返し検討するべき箇所の1つです。
「自社の利用をすべてまかなえるようなSaaSがないから自社開発をする」という声を多く聞きますが、ファンクショナルSaaSの利用は、自社の開発リソースを自社の差別化要素の開発に集中させるためにも積極的に行うべきでしょう。

OSSへの移行

7つのRのReplatform (リプラットフォーム) の一部として分類されるのがOSSへの移行です。
OSSといっても幅広くありますが、アプリケーション自体の入れ替えはコードの書き換えになる点には注意が必要です。そのため、アプリケーションが依存するOS、ミドルウェア、アプリケーションサーバー、データベースといったものがプロプライエタリ・ソフトウェアで高価である場合には、OSSへ移行するターゲットとしやすいでしょう。

単純にこれらの入れ替えをしようとしても、うまくいくとは限りません。テストは不可欠ですし、アプリケーションの書き換えが必要になるような不具合が見つかることもあるでしょう。
TCOを考えて、アプリケーションコードの書き換えを伴うアーキテクチャー見直しの際に合わせて取り組むと効果的でしょう。

マネージドDBへの移行

7つのRのReplatform（リプラットフォーム の一部として分類されるのがマネージドDBへの移行です。

AWSでは、Amazon RDS をはじめとするデータベースのマネージドサービスを有しています。セットアップ、バックアップやスケーリング対応を含む運用をマネージドサービスとして提供しているため、ユーザーは、管理業務に割く労力を大幅に削減できます。

データの利用特性、保存パターンによっては Amazon Redshift、Amazon ElastiCache、DocumentDBなどさまざまな選択肢があります。アプリケーションによっては複数のデータベースを機能別に使い分けることも珍しくはありません。詳細については後述します。

マネージドクラウドサービスへの移行

AWSには機械学習、CI/CDなどの基盤など、用途別に多数のマネージドサービスがあります。
できる限りマネージドサービスを活用することで作業をAWS側に移譲して、作業負荷を低減することを目指します。詳細については後述します。

クラウドネイティブアーキテクチャーへの移行

コンテナ、サーバーレス、マイクロサービスといった**スケールを自在に変えられる構成**で、変化への対応力を向上させます。これがモダナイゼーションの本丸で、自社で構築しなければならないコア機能に集中できるようにします。詳細については後述します。

これらをウォーターフォールモデルで実施するとしたら、自社で動かさければならないアプリケーションすべてについて評価してから次に進むことになります。豊富な経験がある方がリードした上でフィードバックを無視して速度最優先で進めるか、実質一人で担うようなことができない限り、実現しないでしょう。
一人で進める場合であっても、進行するにつれて理解が深まることももちろんですが、新しい技術やサービスは常に登場するため、ウォーターフォールモデルの嫌う手戻りをすることになること必至です。

なおAWSでは、ユーザーがモダナイゼーションの機会を迅速に評価し、特定することを支援するプログラムを提供しています。モダナイゼーションの機会を、過去の経験から得られたやり方をテンプレートのように適用することをもって、まずは迅速に評価し、特定します。

#19-03 マネージドDBへの移行

すでにあるシステムのモダナイゼーションの担当者にとって、データベースは選択するものではなく、すでにそこに存在するものであることが多いでしょう。
RDBMSは幅広い用途があり、おそらく開発者も容易に見つかる実績のあるデータベースであり、これからも主要なデータベースとして主役であり続けるでしょう。

幸い、AWSが提供するRDBMSのマネージドサービスであるAmazon RDSではOracle、SQL Serverといった商用データベースエンジン、MySQL、MariaDB、PostgreSQL データベースといったOSSのデータベースエンジンがサポートされています。
RDBMSを使っているのであれば、まずは**Amazon RDSへの移行**を検討してください。
Amazon RDSはプロビジョニング、パッチの適用、バックアップといったことに加えて、以下のように、リカバリ、障害検知、リペア、パフォーマンス対応など、データベースのルーティンタスクを処理します。

- Amazon RDS ではレプリケーションが簡単に使用でき、本番ワークロードの可用性と信頼性が向上します。
- マルチ AZ 配置オプションを使用すると、ミッションクリティカルなワークロードを運用するときの可用性が高まります。
- プライマリデータベースから、同期レプリケートされたセカンダリデータベースに自動的にフェイルオーバーできます。
- リードレプリカを使うと、読み込み負荷の高いデータベースワークロードに単一データベースデプロイのキャパシティーが対応しきれない場合に、スケールアウトできます。

RDBMSは多くのアプリケーションのニーズにマッチしますが、アプリケーションの目的によっては、RDBMS以外のデータベースエンジンがより適している場合があります。
それらのデータベースエンジンを使用したマネージドDBの特徴を知った上で、利用を開始するのは、このモダナイゼーションの取り組みを何周かした後かもしれません。

「新たにDBを選択し、データ設計できればどんなに楽か」と毒づいて学ばないのではなく、データ設計だけで、ルーティンタスクを考えずに利用できるデータベースが使えると考えて学んでみましょう。
将来のマイクロサービス化で使うかもしれませんし、RDBMSだけでなく別のデータベースエンジンを併用した新サービスを構築するかもしれません。

続いてAWSが提供するマネージドDBについて考慮すべき特徴について詳しく説明していきます。

OLTPとOLAP

現在のシステムでは、**トランザクション（OLTP）**と**分析（OLAP）**データベースは区別されることが一般的です。

過去においては、OLTPで蓄積されたデータをそのまま、同一のデータベース上で分析（OLAP）するという形態は、商用データベースが高価であったこともあり、よく見かける構成でした。
場合によっては、テーブルを共有しない複数のアプリケーションから、同一のハードウェアで動作するデータベースを使うこともしばしばありました。
もしこのように複数のアプリケーションと同居しているような構成であれば、分離してそれぞれのアプリケーションごとにリソースを割り当てるように変更することは簡単でしょう。

その後、OLAPの複雑化に伴い、OLTPへの影響を避けるために**データベース自体を分離**することが一般的になりました。OLTP用のデータベースから、OLAP用のデータベースへのAWS GlueのようなETL（Extract/Transform/Load）ツールを使ったデータコピーが必要になりますが、広く使われている方法です。ETLに問題が生じることはまずありませんので、同一のデータベースエンジンでハードウェアだけを分離するシステムをよくみかけます。

その後、OLAPデータベースに要求される処理に特化したデータベースも数多く開発されました。
Amazon Redshiftもその1つです。Amazon RedshiftはPostgreSQLをベースとしたOLAP向けデータベースエンジンですが、ETLツールを使えばOracleはじめ他のデータベースエンジンからのデータコピーを前提にOLAP向けのデータベースとして使うことができます。

KVSとドキュメントデータベース

KVS（Key Value Store）は、キーと値のペアの**高速処理に特化**したデータベースです。KVSの多くはRDBMSのような操作機能は有せず単純な操作にのみ対応している代わりに、可用性の高さや水平スケーラビリティに優れています。Amazon DynamoDBは、1桁ミリ秒でのパフォーマンスを実現し、他にもさまざまな機能を備えたKVSです。

ドキュメントデータベースではJSONが使われます。アプリケーションでよく使われるデータ形式がJSONであるため、開発者フレンドリーといえます。
Amazon DocumentDBは、大規模なJSONデータ管理機能を備えたドキュメントデータベースです。

グラフデータベース

グラフデータベースは、リレーションシップの格納とナビゲートを目的として構築されたデータベースです。データ間の関係が深いデータセットを用いたアプリケーションの構築、実行を強力にサポートします。

Amazon Neptuneは、数十億の関係を格納し、ミリ秒単位のレイテンシーでグラフをクエリするために最適化された、パフォーマンスの高い専用グラフデータベースエンジンです。

インメモリデータベース

インメモリデータベースは、ディスクをはじめとした永続ストレージ前提では対応できないような、低レイテンシーや高スループットが必要なワークロードに使われます。

Amazon ElastiCacheは、MemcachedとRedisを使ってこれを提供しています。
また、Amazon DynamoDB Accelerator (DAX) はDynamoDBの読み取り速度をミリ秒単位から、マイクロ秒単位に高速化させます。

台帳データベース

台帳データベースは、データに対するすべての変更について、順序付けて記録されます。履歴を完全な形で問い合わせ、分析ができます。また、それは暗号学的に検証可能です。

Amazon Quantum Ledger Database (QLDB) は従来型のDBで台帳を実装する場合に問題となっていた点を解決し、提供しています。

検索用データベース

最後に、検索に特化したデータベースです。
AWSのさまざまなサービスも例外ではありませんが、多くのプラットフォーム、ミドルウェア、アプリケーションは大量のログを出力します。これらのログは半構造化されたデータ形式で、それらを処理するために作られたデータベースとして作られています。

Amazon OpenSearch Serviceを使用すると、インタラクティブなログ分析、リアルタイムのアプリケーションモニタリング、ウェブサイト検索などを簡単に実行できます。

データベースの選択

すでに述べたとおり、RDBMSはおそらくこれからも主役であり続けるデータベースだと思われます。

一方で、データは、XMLやSQLスキーマのような構造化データ、または各オブジェクトの形状が異なる可能性があるJSONオブジェクトのような**半構造化データ**である場合があります。フルテキスト検索のためのテキストデータ、またはKey-Valueなど、構造が定義されていないものもあります。

データベースに関しては特に運用の専門性が高く、データ保全も含めて行うことが多いため、マネージドDBへの移行のメリットが多い分野です。

加えて、アプリケーションにあわせてデータベースを選択し、必要に応じてAWS GlueなどのETLを使ったデータベース連携をできるようになれば、モダナイゼーションに確実に近づいたといえるでしょう。

#19-04 マネージドクラウドサービスへの移行

マネージドクラウドサービスは、運用や開発にまつわるさまざまな「差異化を生まない重労働」へのアプローチの1つです。

1. アプリケーションを迅速にテスト、構築、展開できるようにする

Chapter 5「クラウドにおける開発プロセス」で述べた通り、システムは開発することが目的ではなく、運用を開始して初めて価値を生み出します。自動化だけがDevOpsを実現するわけではありませんが、**自動化はDevOpsの重要な要素**です。CI/CDは、ソフトウェア機能を迅速かつ期待通りにデリバリーするための鍵です。プロジェクト立ち上げの混乱期に、将来のスケーラビリティや可用性を考慮したビルドパイプラインを構築することは容易ではありません。こういったときにクラウドのマネージドサービスを活用することで、開発プロセスにおける「差異化を生まない重労働」を軽減することができます。

現在AWSは、このようなCI/CD機能を一連の開発者向けサービスとして提供しています。

2. アプリケーション公開後の運用時に問題となる、スケール対応、障害対応、アップデート対応としてのコンテナおよびLambdaの導入

Chapter 20「AWSにおける運用と監視」で詳しく述べますが、システムが価値を提供するのは構築期間中ではなく本番運用が始まってからです。一方で構築したシステムは、それ単体だけ稼働し続けることはできず、メンテナンスなど人による介入が必須です。

AWSがAPIを有したインフラ基盤として世に出たときから、これらの運用時の問題の自動化にはさまざまな取り組みがありました。リソースのスケール機能、障害のセルフヒーリング、ローリングアップデートなどを、コンテナを前提に、宣言型で整備する**コンテナオーケストレーション**は広く受け入れられつつあります。

AWSはこれをAmazon ECSやAmazon EKSとして提供しています。現在、コンテナは、コードをパッケージ化するための最も一般的なオプションであり、アプリケーション設定に対して優れた移植性と柔軟性を提供するため、レガシーアプリケーションを最新化するための優れたツールでもあります。

AWS Lambdaを使用すると、さらにシンプルにビジネスロジックのみをコーディングすることになります。

3. 自動化された継続的セキュリティ対応

セキュリティイベントについて**自動化による迅速な検知と対応**をすることは、大規模化したシステムにおいては必須といってよいでしょう。
Chapter 15「移行計画策定と標準化の進め方」やChapter 20「AWS における運用と監視」でも概説しているとおり、重要なことです。

現在 AWSは、AWS Security Hubで自動化された応答と修復ソリューションを提供しています[*1]。

Security HubはAWS上のさまざまなセキュリティイベントを集約管理する機能を持つサービスです。さらにCIS AWS Foundationsはじめ、いくつかのベンチマークに沿ったセキュリティ基準をチェックする機能があります。この検出結果を自動的に AWS Lambda を使って自動修復を行います。

＊1　AWS Security Hub の自動化された応答と修復：https://aws.amazon.com/jp/solutions/implementations/aws-security-hub-automated-response-and-remediation/

4. 機械学習 (ML) エンジニアとデータサイエンティストが最適なモデルを構築に集中できるようにする

MLは**組織の効率性を高め、イノベーションを促進する上で価値がある**ことが証明されています。MLが成熟すると、当然、主眼は実験から本稼働へと移ります。一貫性のある信頼性の高い方法でモデルの構築、トレーニング、デプロイ、および管理を行うには、MLプロセスを合理化、標準化、および自動化する必要があります。セキュリティ、高可用性、スケーリング、監視、自動化など、長期的な視点から見たITに関する懸念も重要です。

AWS SageMaker はデータラベリング、データ準備、機能エンジニアリング、バイアス検出、AutoML、トレーニング、チューニング、ホスティング、説明可能性、監視、自動化など、ML ライフサイクルのあらゆるステップをカバーしています。

前述のマネージドDBの利用、さらに上記の1.、2.、3.についてはクラウドネイティブアーキテクチャーへ本格的に進む前に、少なくとも検討をしていく必要のあることです。

4.のSageMakerの利用についてはやや本筋から逸れましたが、「差異化を生まない重労働」へのアプローチの1つです。SageMakerはMLエンジニアとデータサイエンティストの貴重なリソースを、本来の仕事に集中してもらうために使えるマネージドクラウドです。

さまざまなクラウドマネージドサービス（あるいはSaaS）については、モダナイゼーションを助けるようになった時点でそれらに切り替えたり、継続して独自の努力をしていくのかは機動的に判断していく必要があるでしょう。

#19-05 クラウドネイティブアーキテクチャーへの移行

アプリケーション開発を使用して俊敏性とイノベーションの速度を向上させるには、アプリケーションの要件に従って複数のマネージドDBを使い、自動化されたソフトウェアリリースパイプラインを使ったサービスデリバリーを行い、マネージドクラウドサービスを取り入れ、自動化された継続的なセキュリティを実施するといった、これまで見てきたような要素をサービスごとに任意の順序で採用し、深めていく必要があります。

ここまでの過程で、モダンなアプリケーションとして実装するアプリケーションをターゲットに選んで話を進めてきました。選んだ「単位」であるアプリケーションは十分に機能してきたのかを再考する機会です。

アーキテクチャーの見直し：モノリスからマイクロサービス

ほとんどの企業は、モノリシックアプリケーションからビジネスを開始します。これは、モノリシックアプリケーションが最も速く、最も簡単に開発できるシステムだからです。ただし、プロセスを緊密に組み合わせて単一のサービスとして実行していると、やがて2つの限界が訪れることがあります。

限界の1つが、**スケーラビリティ**です。アプリケーションの1つのプロセスで需要が急増した場合、その1つのプロセスの負荷を処理するために、アーキテクチャー全体をスケールアップする必要があります[*2]。
スケールアップによる解決もクラウドではオンプレミスに比べて選択しやすい方法です。執筆時点でAWSには最大メモリ24TB、448 vCPUといった巨大インスタンスも存在します。スケールアップによる解決は比較的短期間で実施することが可能です。当然CPUコア数やメモリは倍になれば概ね倍の利用額となりますが、慣れた方であればものの数分でとりうる解決策です。

もう1つの限界が、**サービス開発速度の低下**です。一般に、機能の追加と改善はコードベースが大きくなるにつれてより複雑になり、新しいアイデアの実験と実装が困難になります。この問題は、巨大インスタンスにすれば解決するものではありません。CI/CDの仕組みがあったとしても、ソフトウェア開発工程は本質的には変わりません。

モノリシックアーキテクチャーでは、依存関係があり緊密に結合されたプロセスの多くが単一プロセスの障害の影響を増大させるため、アプリケーションの可用性のリスクを高めます。ターゲットして選んだアプリケーションの開発や企画に関わる人の中で方針が一致していれば問題はありません。希望する新機能が矛盾するような、あるいは天秤に掛ける必要がでてこないでしょうか。
サービスが成長するにつれてマイクロサービスが出現する理由となります。

マイクロサービスアーキテクチャーの概要とメリット

マイクロサービスアーキテクチャーでは、アプリケーションは、各アプリケーションのプロセスをサービスとして実行する独立した**マイクロサービス**で構成されます。独自のデータストレージを持ち、それぞれのマイクロサービスがネットワーク上で互いに通信することで、大きなサービスが組み立てられます。

マイクロサービスは、それぞれのAPIで宣言した内容をサービスとして提供できれば、使用言語やフレームワークやOSに至るまで技術的制約はありません。各サービスは特定の機能のために構築されており、各サービスは単一の機能を実行します。

＊2　スケールアップ・アウトに関する議論は、Chapter 6「クラウドにおけるシステム設計」を参照ください。

それらは独立して実行され、単一の開発チームによって管理されるため、各サービスを更新、展開、およびスケーリングして、アプリケーションの特定の機能の需要を満たすことができます。

それぞれのマイクロサービスにおいては小さく、クリーンに維持されているため全体を把握することは容易です。したがって、改修時の対応速度を上げることができます。もちろん、スケーラビリティの問題も容易に解決できます。

マイクロサービスアーキテクチャー導入の注意点

マイクロサービスアーキテクチャーの導入によって得られるものもある一方で、失うものもあります。マイクロサービスアーキテクチャーは高度に分散化された環境であり、その環境を構築し、開発者それぞれは適応しなければなりません。モノリシックアーキテクチャーとはいくつもの点で違うことに気が付くでしょう。

マイクロサービスアーキテクチャーのような分散環境の核となるのは**通信**です。

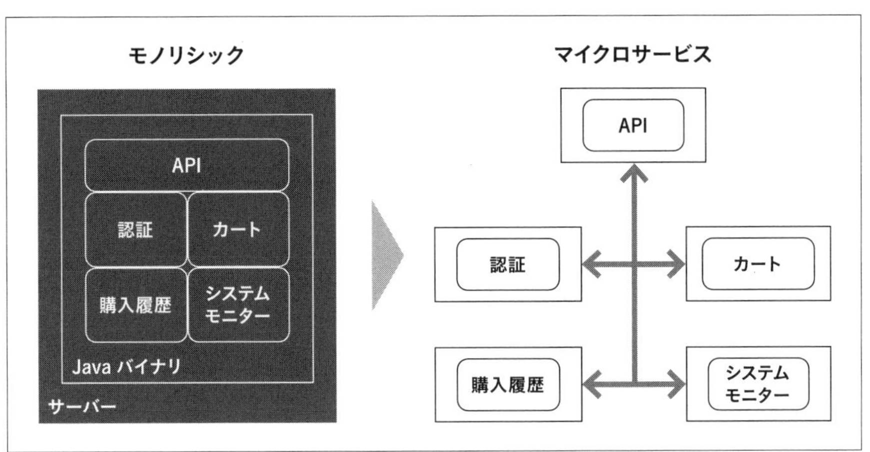

図19-5-1　モノリシックアーキテクチャーとマイクロサービスアーキテクチャー

図19-5-1は、ネットワークを介して相互に通信をするマイクロサービス（API、認証、カート、購入履歴、システムモニター）によってショッピングサービスが構成されている例を表現しています。マイクロサービスアーキテクチャーでは、これらをつなぐネットワークも重要な部分となり、それを念頭に置く必要があります。

先に述べたように、マイクロサービスアーキテクチャーではAPIで宣言した内容をサービスとして提供できれば内部の実装方法については自由です。モノリス内ではそれぞれのサービスコンポーネント間のAPIについて深く考えずに言語やフレームワークの機能を使うことはよくあることで、とても容易に実現できます。

一方で、マイクロサービスアーキテクチャーではその前提が崩れています。キューイングやデータベースの利用といった上位層での考えにとどまらず、より低レイヤーの挙動も考える必要があります。なかでも、一種の慣れが必要となるのは、ネットワークで接続された**分散システムとしてのAPI設計と、利用**です。

たとえば呼び出す側の視点では、呼び出し先のマイクロサービスの停止、過負荷による応答遅延、ネットワーク障害などによるAPI呼び出しの失敗の可能性は高くなります。これは、反対のサービスを提供する側ではその裏返しがあります。

複数のサービスに依存したサービスの信頼性はその乗算となり、モノリスなシステムと比べて信頼性が劣ることになります。このため、サービス呼び出し側では、タイムアウト、再履行、バックオフなどの耐障害性を高める対策が必要となります。
反対に、サービスが呼び出される側でも、タイムアウト、レートリミット、ロードバランシング、モニタリングが必要となります。

さらに、マイクロサービスを使って構成されるサービスに障害が発生したとき、その**障害発生箇所の特定**をして対応する必要があります。マイクロサービスの数が増えるほど、この特定が困難になっていきます。

マイクロサービスアーキテクチャーでは、特定の言語やプラットフォームで当たり前のように使えていた機能が使えないことも考慮しなければなりません。
たとえば、Amazon CodeGuru[*3]にあるCodeGuru Profilerはアプリケーションのランタイムデータを分析して実稼働しているアプリケーションのパフォーマンスを最適化、および最もコストが高いコード行を特定することができます。ただし、現時点ではJavaおよびPythonにサポートが限定されます。

逆にいえば、Javaのように、モノリシックアーキテクチャーに選定される言語には、IDE、コード解析ツール、プロファイラ、その他障害調査ツールといった開発の助けがあるものが選定されることが多いでしょう。
モノリス作りで使っていた言語がJavaのように大規模開発の実績がある言語であり、それに習熟しているのであれば、マイクロサービスでも同じ言語を使うことはできます。

しかし、複数のマイクロサービスから構成されるサービスにおいて、すべてのマイクロサービスにそういった制約を与えることはマイクロサービスアーキテクチャー本来の目的を見失いかねません。

マイクロサービスアーキテクチャー採用を助けるツール

実際にマイクロサービスアーキテクチャーを採用する要因として、**関連技術およびツールの普及**は大きな後押しとなっています。

＊3　https://aws.amazon.com/jp/codeguru/

マイクロサービスアーキテクチャーでは、多数の独立したマイクロサービスが存在するため、運用にあたってはデプロイしなければならないコンポーネントの数が増えていくことになります。
そんな前提のマイクロサービスを、開発から運用まで少人数のチームで行うためには、**自動化は必要不可欠**になります。Amazon ECS や Amazon EKS といったコンテナオーケストレーションや、または AWS Lambdaを使ったイベントドリブンアーキテクチャーを使ったマイクロサービスは魅力的な方法です。これらは、イベントドリブンアーキテクチャーにおけるメッセージ交換を担う、Amazon SQS および Amazon SNSと合わせて使用されます。
Amazon RDS や Amazon OpenSearch Service など、AWSの提供するマネージドサービスも、同じように少人数のチームの生産性を上げるために有効です。

マイクロサービスそのものは、自由に技術選択ができるとはいえ、実際のサービスを担うモジュールとして考えると、そのサービス全体で必要な共通の制約がでてくるものです。全社共通で運用を行うために必要最小限な制約として、**ログの統一化**は強く推奨されます。

幸い、ログに関してはfluentdのような高機能な実装があります。
fluentdは、アプリケーションの対応はもちろんですが、Cloud Native Computing Foundationの卒業プロジェクトとなるなど、コンテナでのログ収集機能としてのデファクトスタンダードとなっています。
fluentdはログを主とするさまざまなデータを収集し、整形する機能を備えており、データの出力先として Amazon S3 や Amazon Kinesis Streams といったAWSサービスにも広く対応しています。

マイクロサービス全体でログのフォーマットや収集する情報の統一化ができれば、いざサービスに障害が発生した場合の障害発生箇所の特定の労力は低減されます。Amazon OpenSearch Serviceとkibanaのようなログの可視化および調査ツールがあればさらに楽になります。

とはいえ、増え続けるマイクロサービスの呼び出しが増え、その関係性が複雑になれば、その障害発生箇所の特定の労力は増えていくでしょう。そこで、マイクロサービスによって処理されるメッセージに共通の情報を埋め込む方法で、マイクロサービス相互の利用状況を把握する**分散トレーシングツール**が登場します。

AWS X-Rayもその1つです。AWS X-Rayでは対応するいくつかの言語（執筆時点で、Go/Java/JavaScript/Python/.NET）向けのSDKが提供されており、マイクロサービス間の通信の可視化に加えて、アプリケーション内のサービスやパフォーマンスのボトルネックの発見が可能なトレーシングサービスです。

それぞれのマイクロサービスが担当する機能や責務が異なる実際のマイクロサービスでは、SDKのような共通ライブラリを適用するのが難しい場合があります。たとえば、共通ライブラリを入れることで既存のアプリケーションの依存関係と衝突する可能性があったり、言語が対応していなかったりする場合です。前者の場合は、アプリケーション開発者側が、共通ライブラリを考慮して依存関係を整理したり、アプリケーションコードに修正を行う必要が出てきます。後者の場合は、AWS X-Ray 向けのライブラリを実装することになります。

そこで登場したアイデアは**サービスメッシュ**と呼ばれます。通信制御の処理を別のプロセス、プロキシに切り出すというものです。つまり、アプリケーション同士が直接通信するのではなく、プロキシを経由して通信することで、トレーシングを含む通信制御に必要な機能やログをプロキシ側で実装する、というアイデアです。
Amazon App Meshもその1つです。アプリケーション内の挙動はわからなくても、ネットワークの情報を使ってトレーシングを可能にします。また、マイクロサービス間に透過的な暗号化と認証をあわせて提供します。

マイクロサービスアーキテクチャーで取り扱われる技術トピックはサービス間通信、コンポーネントの分離、デプロイ手法、ログ集約と分析など、多岐に渡ります。これらの技術はモノリシックアーキテクチャーでも参考になる点も多く、助けとなるツールやサービスも多数あります。
それらを部分的に導入するだけでもモノリシックアーキテクチャーで作られた既存サービスの分析および修正の助けとなり、アーキテクチャーの大幅修正の必要性はないことも多いでしょう。

#19-06 まとめ

システムのモダナイゼーションでは、既存システムの「マイクロサービス化」のように技術的に何をやるのかが大きな目標として掲げられることがあります。

しかし、企業や組織は、イノベーションを促進して変化に迅速に対応できるようにさらなるサービス開発の俊敏性という結果を求めているだけです。長期的目指すべきものは「モダナイゼーション」を通じた社内外のユーザーからのフィードバックを迅速に反映したサービス投入を継続し、ビジネス差別化要素とすることです。

いたずらに技術導入をして、モダナイゼーションをうたっても、システム担当者の独りよがりになることがあります。
モダナイゼーションは、後でやり直すことができるように少しずつ進行を振り返りながら進めていく必要があります。本書にはそのためのヒントが多数あります。どうぞご活用ください。

PART 4

[実践編]

既存システムから
AWSへの移行

#20 AWSにおける監視と運用

#20-01 システム運用にAWSを活用する

システムが価値を提供するのは構築期間中ではなく**本番運用が始まってから**です。一方で構築したシステムは、それ単体だけで稼働し続けることはできません。システムの状態を監視し、適切に運用（オペレーション）することが継続的な安定稼働に不可欠です。システムをクラウドで稼働させても、オンプレミスで稼働させても、監視や運用でやるべきことは従来と大きく変わりません。つまり死活監視、性能監視、ログ管理、バックアップ、ジョブスケジューリングなど、従来と同様の運用タスクが必要になります。

ではクラウドにおける運用は従来と何が変わるのでしょうか。それはAPIを使ったインフラ管理の自動化と運用をサポートする各種サービスの活用により、**運用タスクの正確性、作業効率、多数の環境を管理するスケーラビリティが劇的に向上**することです。AWSはAmazonの運用経験をもとに開発した、運用をサポートする多様なサービスを提供しており、またその料金の多くは従量課金制です。従来手作業で実施したり自前のツールを開発していた部分をサービスに置き換えることで、運用の仕組みを開発するコストと期間を圧縮できます。

クラウドを使うにあたって、新たに運用の仕組みや体制を作ることは必ずしも必要ありません。従来使用していたサードパーティーの運用ツールと連携して、従来同様の運用体制でAWSの環境を管理していくこともまた可能です。ただ、従来通りの仕組みではクラウドのようにダイナミックに変化する環境を管理することが難しい場合もあるでしょう。そういう部分ではAWSが持つ運用をサポートするサービスを追加で使っていけばよいのです。

この章ではAWSを活用した運用を確立するための方法を、監視と運用（オペレーション）を中心に解説します。

#20-02 サービスレベル目標の定義

システムが安定稼働しているというのはどういった状況をいうのでしょうか。監視の起点はまず安定稼働状態を定義するメトリクス（指標）を決定し、そのメトリクスが達成するべき目標値をステークホルダーと合意することにあります。この合意したメトリクスを**サービスレベル指標（SLI：Service Level Indicator）**、定められた目標値を**サービスレベル目標（SLO：Service Level Objective）**といいます。

通常、SLOはサービス仕様や非機能要件定義で決定します。

SLOとしてよく使われるのは**性能指標**と**可用性指標**です。性能指標はたとえばトップページのレスポンスタイムの99パーセンタイル値が2秒以内である（すべてのレスポンスのうち99%が2秒以内に返ってくる）といったものです。可用性指標はたとえば1ヶ月間の稼働すべき時間のうち、ダウンタイムを除いた実際の稼働時間の割合で、99.99%などの目標を定めることになります。可用性指標は結果を評価するためにはよいのですが、「壊れないものはない」の考えに基づくと、単一コンポーネントの信頼性だけで高い可用性を維持することは現実的ではありません。コントロール可能な指標としてより注目すべきは、障害発生時の**目標回復時間であるRTO**、**データが復元されるポイントであるRPO**、**回復後のシステム稼働レベル（動かす機能など）を示すRLO**です。設計や回復オペレーションでこれらの数値を改善することがサービスレベル向上に役立ちます。

表20-2-1　SLI/SLO/SLA

名称	日本名	解説
SLI（Service Level Indicator）	サービスレベル指標	サービスレベルを表す指標値
SLO（Service Level Objective）	サービスレベル目標	SLIがどの範囲に収まるべきかの目標値
SLA（Service Level Agreement）	サービスレベル合意	顧客と合意したサービスレベル。これを満たさない場合に何らかの保証を行うかどうかは個別の契約で定めることが多い

表20-2-2　RTO/RPO/RLO

名称	日本名	解説
RTO（Recovery Time Objective）	目標回復時間	障害発生時から回復するまでにかかる時間
RPO（Recovery Point Objective）	目標回復時点	障害発生時にデータが回復できる時点
RLO（Recovery Level Objective）	目標回復レベル	障害発生時にどの機能や業務が回復できるかの水準

システム的なメトリクスの他に、経営者やビジネスオーナーにはシステムが**ビジネス目的に適合していることを評価する**ためのメトリクスが必要になるでしょう。登録ユーザー数、PV（Page View）、MAU（Monthly Active User=月間アクティブユーザー数）などです。ユーザーの行動を分析してメトリクスを出す場合は、アプリケーションログの収集や大規模データの分析ツール、ダッシュボードなどシステム的な準備が必要になります。
ステークホルダーによって求めるメトリクスは異なります。システムとして実現すべきサービスレベルが何かを把握して開発計画に盛り込むことが必要です。

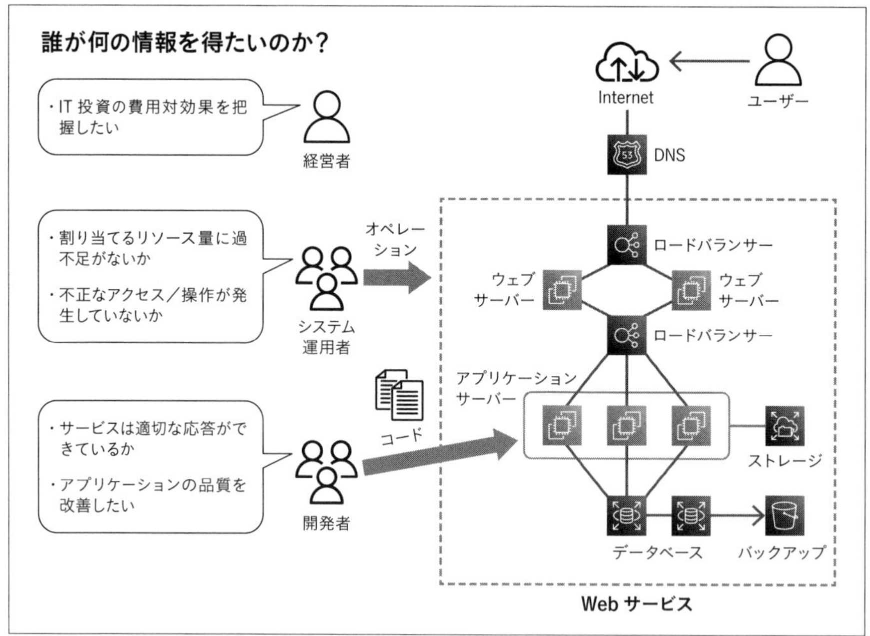

図20-2-1 誰が何の情報を得たいのか

#20-03 システムの監視とObservability

日本語で監視というと色々な意味で捉えられることが多いですが、ここでは「**システムの稼働情報を記録し、インシデントの発生を対応担当者が認識できるようにすること**」と定義します。従来のシステム監視では各サーバーや機器の性能値やログを詳しく収集し、閾値異常やエラーメッセージを検知してオペレータに通知することが広く行われています。

クラウドに構築したシステムを従来と同様のツール仕組みで監視することは可能です。一方でクラウドにはサービスレベル目標の把握や、問題発生時に原因を迅速に把握するために使える多様なサービスが存在します。これらを活用することで、コスト効率よく、ビジネス目標に資する状況把握が可能です。

システム状況の把握や問題事象の解決のため、システムの挙動を詳細に把握できる能力のことを**Observability（＝オブザーバビリティ：可観測性）**と言います。AWSではメトリクス（Metrics）、ログ（Log）、トレース（Trace）という3種類の情報を集めることでObservabilityを実現しています。

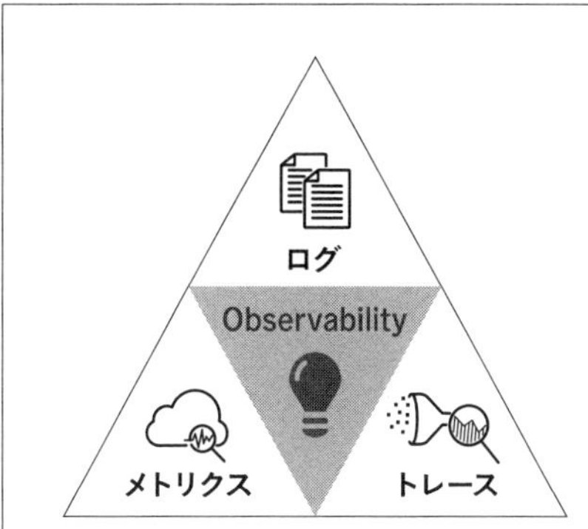

- **メトリクス**
  パフォーマンスなどの定量的な指標
- **ログ**
  サービス稼働状況などの記録
- **トレース**
  ある特定の処理の流れ

図20-3-1　Observabilityの全体像（メトリクス、ログ、トレース）

AWSにはCloudWatchというサービスがあります。従来からAWSが提供するサービスのメトリクスやログを収集し可視化する機能を提供していますが、継続して機能が拡充されており、現在は**Observabilityの領域全体をカバー**するサービスとなっています。

たとえば、サービスレベルに基づく監視を行う場合、一般ユーザーと同様にシステムの外側からリクエストを投げて、その応答時間や内容が妥当かを確認する必要がありますが、CloudWatchはそのためにCloudWatch Syntheticsという、いわゆる外形監視(Synthetic Monitoring)機能を提供しています。また、マルチリージョンやマルチアカウント環境での監視にも対応しています。ただ、必ずしもCloudWatchだけを使う必要はありません。、既存環境の監視が必要な場合や、習熟したサードパーティー製ツールを使いたい場合は、それらと連携して監視を設計することもまた可能です。

ここからはObservabilityの3本の柱であるメトリクス、ログ、トレースに加え、それらと関連が深いイベント(Events)について詳しく解説します。

メトリクス

メトリクスは**時系列の数値データ**です。たとえばサーバーのCPU使用率の推移がこれにあたります。従来の監視システムでは監視対象のサーバーを事前に登録しておき、対象のメトリクスを収集するという仕組みになっているものが多くあります。しかし、事前登録型の監視システムは、クラウドのようにサーバー構成が大幅に変更される場合は追従が難しくなります。また、監視サーバーの可用性やデータ保存容量を確保し続けることは、特に大規模システムで重要であり、メンテナンスは影響範囲が大きく面倒な作業になります。

CloudWatch Metricsは可用性の高いメトリクスデータ記録サービスであり、数値情報の記録やグラフの表示が可能です。EC2などAWSのマネージドサービスからは定期的にメトリクスデータ（データポイント）がCloudWatchに送られます。どの時点のどのコンポーネントのどの項目のデータなのかは、個々のデータポイント自体に情報が含まれています。そのため、事前にCloudWatch管理対象のコンポーネントを事前登録することなくデータを投入できます。これによってコンポーネントの構成がダイナミックに変更される場合でもCloud Watch Metricsの設定自体は変更する必要がありません。

この動きをわかりやすくするためにCloudWatchの**カスタムメトリクス**を紹介します。これはAWSのサービスが自動的に収集する情報の他に、ユーザーが独自に保存できるメトリクスです。以下の例では指定した時刻にMyMetricsという名前空間にRequestLatencyというメトリクスが10分間隔で87、51、125と値が変わったことを示しています。事前にメトリクスの定義を行ったのではなく、投入時に属性情報を付加していることがお分かりいただけると思います。

■AWS CLIによるカスタムメトリクス投入の例

```
aws cloudwatch put-metric-data --metric-name RequestLatency --namespace MyMetrics \
--timestamp 2021-10-14T20:30:00Z --value 87 --unit Milliseconds
aws cloudwatch put-metric-data --metric-name RequestLatency --namespace MyMetrics \
--timestamp 2021-10-14T20:40:00Z --value 51 --unit Milliseconds
aws cloudwatch put-metric-data --metric-name RequestLatency --namespace MyMetrics \
--timestamp 2021-10-14T20:50:00Z --value 125 --unit Milliseconds
```

サーバー上に**CloudWatch統合エージェント**をインストールすることで、ディスク使用量やプロセス数などOS内のメトリクス値をカスタムメトリクスとして保存することができます。カスタムメトリクスはAPIを呼び出すことで任意のデータを登録できるため、アプリケーションからビジネスメトリクスを記録するためにも利用できます。これによって柔軟なメトリクス記録が可能になっています。保存されたメトリクスデータは、統計処理（平均値、中央値、パーセンタイルなど）や計算を行ってグラフ化できます。これらのグラフをまとめてダッシュボードを作成することもできます。

ログ

ログデータは事後調査に重要なデータでありながら、その運用には苦労された方も多いのではないでしょうか。収集元のサーバーが多岐に及ぶ、データサイズが大きく保存領域が必要、転送に時間がかかる、古いデータの破棄処理が必要、などです。時系列に沿って発生する大量のログデータは、貯めてバッチ的に処理するより、ストリームとして逐次処理することで、一時的な高負荷を避けられます。また、データ発生元にログを置いておくとトラブル時にログが破棄されてしまい、調査が行えないといった事態もあります。

CloudWatch Logsはこういったログデータをストリームとして保存、検索するために適したサービスです。AWS LambdaをはじめとしたAWSの各種マネージドサービスからのログの多くは自動的かつ継続的にCloudWatch Logsに保存されます。マネージドサービスでない場合は、たとえばEC2にCloudWatch統合エージェントを導入することでOS上のログデータを準リアルタイムで転送することが可能です。コンテナの場合はログデータをawslogsログドライバやfluentdを使ってCloudWatch Logsへ転送することができます。

CloudWatch Logsに格納されたデータはデフォルトで暗号化されます。永続的な保存が可能ですが、任意の保存期間を指定して古いデータを自動的に削除することも可能です。特定パターンの文字列を検知してアラートを発行できるほか、CloudWatch Logs Insightsを使ってログデータのクエリや出現頻度のグラフ化が行えます。このように蓄積したログデータを中心とした管理、分析作業をCloudWatchの中で一貫して行うことができるようになっています。

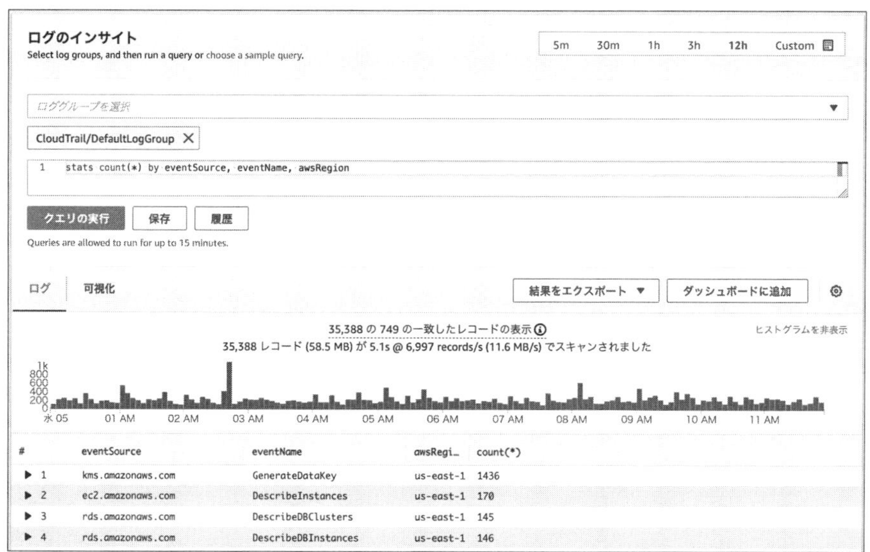

図20-3-2 CloudWatch Logs Insights の例

トレース

マイクロサービスのような分散環境や、アプリケーションからAWSの各種サービスにアクセスしていて性能問題が発生した場合、どのように調査するのがよいでしょうか。個々のコンポーネント自体の性能はメトリクスで把握できても、特定のリクエストでどこのサービスへのアクセスにどれだけ時間がかかったのか、どのようなエラーが返されたのかを調査するには、それぞれのサービスのログを詳細に追っていく必要があります。トレースはリクエストごとにIDを付与し、そのIDを追うことでサービス間の処理の流れを調査できるようにするものです。
AWSでは**CloudWatch Service Lens**や**AWS X-Ray**を使うことで各リクエストの流量やレスポンスタイムをグラフで表示したり、個別の応答の詳細を確認することが可能です。これはアプリケーションのリクエストごとにトレースIDを付与することで実現しますが、Lambdaなどではアプリケーションコードを変更することなくトレースを追加することも可能です。

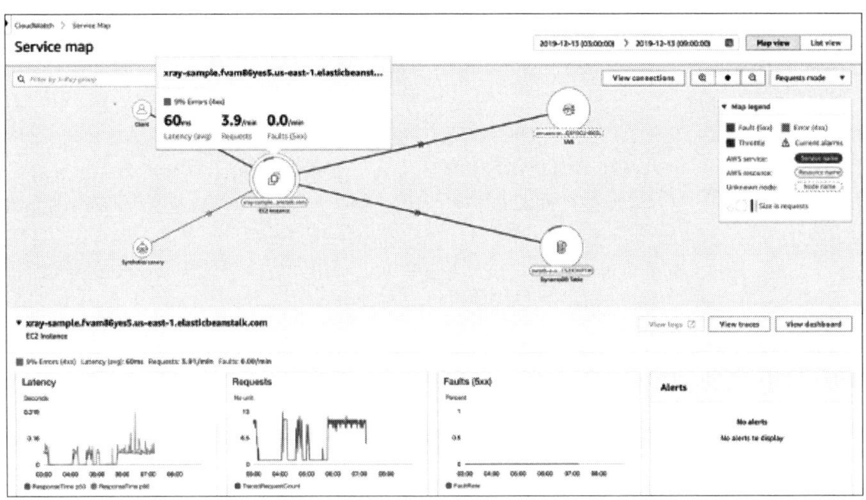

図20-3-3 CloudWatch Service Lensの例

イベント

AWSサービスの中で何らかの事象が発生したことを認識するにはイベントを使います。AWSでこういったイベントを検知するための仕組みが**Amazon EventBridge Rules**(以前のAmazon CloudWatch Events)です。イベントをログに記録しておき後からそれを調べる方法もありますが、それとは別に特定のイベントが発生した場合にその場で処理をしたい場合があります。たとえばAuroraでフェイルオーバが発生したので回復操作を行いたい、AWS Config Rulesでセキュリティの逸脱を検知したので自動修復したい、Guard Dutyで不審な攻撃を検知したので管理者に通知したい、などです。EventBridge Rulesにイベントルールを指定しておくことで、指定したパターンに適合するイベントが発生した場合に、指定したターゲット(処理)をトリガー(起動)できます。

トリガーにはAmazon Simple Notification Service (SNS)やAWS Lambdaなど多様なサービスが指定可能です。イベントに備えて処理を行うサーバーを待機させておく必要はなく、イベントドリブンでコスト効率よく処理を行うことができます。たとえば人の対処が必要なイベントを検知するようにしておき、Slackやメールなどを使って通知することが可能です。対応方法が決まっている場合は、AWS LambdaやAWS Systems Manager (SSM) Automationを使って自動的に修復処理を行うことができます。この場合は対応のための人的コストを低減し(夜間に飛び起きることもありません)、かつ迅速、正確に対処が可能です。

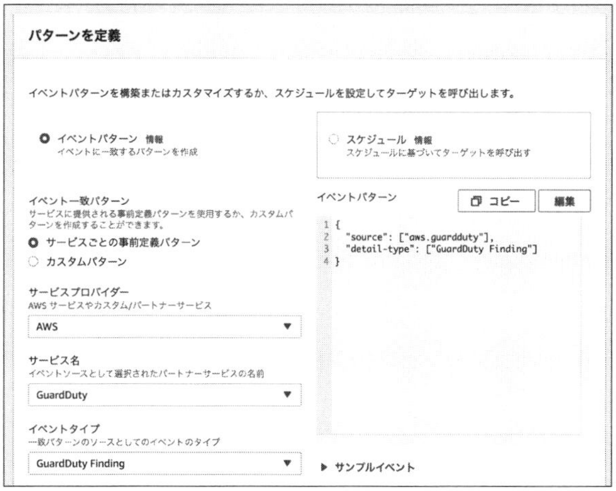

図20-3-4　EventBridge Rulesの設定例（イベントパターンの指定）

図20-3-5　EventBridge Rulesの設定例（ターゲットの指定）

#20-04　AWS特有の監視項目

オンプレミスのシステムを思い出していただきたいのですが、システムそのものの情報以外にも管理、監視する情報があったのではないでしょうか。たとえば、データセンターの設備メンテナンスの情報や、サーバールームの入退館記録です。AWSにもシステムそのもの以外に監視するべき、AWS特有の監視項目があります。

表20-4-1 AWS 特有の監視項目

監視項目	対応サービス	内容	関連する機能
API の呼び出しの記録	AWS CloudTrail	時系列で記録される API の呼び出し記録。いつ、誰が（認証情報）、どのリソースに、何の API 呼び出しを行ったのかが記録される	CloudTrail Insights で不審な操作を検出可能
構成変更の記録	AWS Config	あるリソースの構成情報（設定）の変更履歴。特定の時点でどういった設定だったのかがわかる	ConfigRules でリソースの設定が指定した基準に準拠しているのかを検出可能。190 以上のマネージドルールを AWS が提供
コストの管理	CostExplorer	AWS の利用量と料金がわかる。アカウントごと、リソースタグごとなどに集計可能	AWS Budget による予算管理と超過時のアラート、Cost Usage Report による詳細なリソース利用状況など
AWS 自体のイベント	Personal Health Dashboard	AWS 内で発生するメンテナンスや大規模事象で影響を受けるリソースについてイベント情報を受け取る	アカウントに登録しているメールアドレスに対して重要な情報の通知が行われることもある

API の呼び出しの記録

AWSではすべての操作はAPIで行われます。逆に言えば、**APIを記録すればAWSに対するすべての操作を後から調査することができる**ようになります。**AWS CloudTrail**はAWS APIの呼び出しを記録し、そのログをAmazon S3に保存するサービスです。記録される情報には、API呼び出し元のID、API呼び出し元のソースIPアドレス、リクエストのパラメータ、およびAWSサービスから返された応答の要素などが含まれます。
誰が、いつ、どのAPIを呼び出し、それが成功したのか、または失敗したのかをログとして残します。

AWS CloudTrailで生成されるAWS APIの呼び出し履歴を利用することで、セキュリティの分析、リソース変更の追跡、およびコンプライアンスの監査を行うことができます。それに加えAWSユーザーのマネジメントコンソールへのログイン情報も合わせてトラッキングすることができます。

構成変更の記録

CloudTrailはAWS環境全体に対するAPI呼び出しの記録を時系列で記録します。一方で、障害調査や監査ではAWS上の**個々のリソースの設定がいつどのように変わったのか**、という構成管理情報が必要になります。AWS Configは、AWSのリソースがどのような構成になっているのか、また構成変更がされた場合、どこが変更されたかを追跡するサービスです。セキュリティ、ガバナンス、そして構成管理のため、AWSリソースインベントリ、設定履歴、および設定変更通知といった機能が用意されています。

この構成情報を使って、AWSのリソースが指定した条件を満たすような設定になっているかを検出するサービスが**AWS Config Rules**です。Config Rulesには190を超えるマネージドルールがあり、AWSを利用する上でよくある構成上のチェックルールが提供されています。これら多数のルールを使いやすくするため、AWS SecurityHubやAWS Config ConformancePackでは、AWS Foundational Security Best Practices (AFSBP) やCISベンチマークといったベストプラクティスに沿ったルールセットも提供しています。

コストの管理

AWSとオンプレミスとの大きな違いの1つに課金の仕組みの違いがあります。すでに何度かご説明している通り、AWSリソースは従量課金モデルのため、利用した分のサービス利用料を毎月お支払いいただくことになります。そのためサービスの利用頻度により毎月の課金金額が変動します。オンプレミス環境とは違って初期投資がありませんので、利用をしないコンピューティングリソースを止めておくことで、コストを抑えることが可能です。一方で、サーバーの停止忘れや、間違えて大きなインスタンスタイプでサーバーを起動してしまうとコストが想定以上にかかることもあります。そのためAWSを利用する際は、コストも定期的に確認し、必要に応じて利用状況の見直しをすることをお勧めしています。

AWSの**Billing&Cost Managementサービス群**では、コストを管理するための多様なサービスを提供しています。Cost&Usage Reportは個々のAWSリソースがいつどの程度使われていたのかを提供するレポートです。これは請求情報の元となるリソース使用状況のレポートで、どのリソースをいつどれだけ使ったのかを詳細に確認できます。Cost Explorerは現在および過去の料金を簡易に検索、閲覧できるツールです。月の途中であっても、その時点までの料金概算をアカウント、リージョン、リソースカテゴリ、タグなどに分けて確認できます。Budgetsでは利用金額を定めておき、その金額に達したらアラートを発行できます。実際にかかった費用だけではなく、月のその時点までにかかった費用をもとに予測を行い、予算超過が予測される場合、事前に通知することも可能です。

メンテナンスなどAWS自体の運用にかかる情報

Chapter 4「AWSにおけるセキュリティ概要」に記載した通り、AWSは責任共有モデルに従い、AWSとユーザーの責任分界点を明確に定義しており、「クラウドのセキュリティ」部分、つまりAWSが管理している部分においてはユーザーに代わりAWSが責任を持ちます。この**AWSが管理している部分で発生するイベント情報**はユーザーに通知されます。ユーザーはこれを認知する必要があります。

AWSのデータセンターには日々多くのサーバーが追加され、多くの機能拡張がなされています。そのためAWSがインフラを管理する際に、古いハードウェアのリタイアメントだったり、緊急を要するパッチの適用について、ユーザーにメンテナンスの協力 (EC2の再起動など) をお願いすることがあります。そのような場合、AWSはメンテナンスイベントという形で事前にユーザーに通知を行います。この通知はマネジメントコンソール上のPersonal Health Dashboardに掲載され、ユーザーがこのイベントを認識して対応を行っていただく必要があります。

AWS環境で多くのユーザーに影響のあるイベント（ダッシュボードイベント）が発生する場合があります。こういったイベントの通知はPersonal Health Dashboardに加え、外部のWebサイトであるService Health Dashboardにも経過が表示されます。
こちらの情報は調査や対応を行う際の参考情報になりますが、ユーザー自身の環境に影響があるかどうかは多くの場合判別がつかず、正確にはサポートへの問い合わせが必要になります。詳しくは「#20-06 インシデントの通知と対応」をご覧ください。

Personal Health Dashboardの他に、アカウント管理者のメールアドレス宛に重要な通知が送られることがあります。月次の請求書や、支払い方法といった請求に関する情報、AWSサービスが一時的に利用できなくなったり、複数のリージョンで一時的に利用できない場合などオペレーションに関する情報、セキュリティ上の問題に関する情報があります。英文のメールもありますが、重要な内容を含むため、このメールを確実に確認できるよう、個人のアドレスではなくメールエイリアスやメーリングリストを使って適切な担当者が受信、対応できるようにすることをお勧めします。

#20-05 統合監視

CloudWatchでAWS上の環境のObservability（可観測性）を向上できることをお伝えしてきました。ここでは監視情報を統合して一元的に情報を俯瞰したり、通知したりする方法について解説します。特に、既存環境からの移行を行った場合には既存の監視の仕組みとAWS上の監視の仕組みを組み合わせる必要があります。AWSの利用を開始するにあたって、オンプレミス監視と類似の体制を二重に構築するのはコスト効率が悪く、お勧めしません。ここでは既存の体制を維持しつつ、AWSを含む異なる環境を統合的に監視するための案をご紹介します。

AWS上の監視情報の統合

AWS上の多数のリソースを統合して監視するためにはダッシュボードを作成します。**CloudWatch Dashboard**を使って各種メトリクスやアラームを統合したダッシュボードを柔軟に構成可能です。システムがAWSの複数のアカウントやリージョンに存在しており、これらのイベントを統合的に監視したい場合、個々のアラーム設定は個々のAWSアカウントに設定した上で、クロスアカウント・クロスリージョンダッシュボードを使って、統合することができます。

ダッシュボードにはすべてのサーバーメトリクスを表示する必要はありません。求める

SLOに合わせて必要なメトリクスをピックアップし、ひと目でシステムのサービスレベル達成度合いが把握できるようにするとよいでしょう。個別のメトリクスすべてをダッシュボードに表示する必要はなく、必要な時は個々のグラフで確認すればよいのです。ダッシュボードに掲載するメトリクスの例を以下に示します。

表20-5-1 ダッシュボードに掲載するメトリクスの例

表示項目	確認内容	メトリクス例
SLO	サービスレベル目標と指標	エンドユーザーのレスポンスタイムおよびエラー率
サービスの利用量	サービスがどれだけ利用されているか	アクセスユーザー数 / 分など
キャパシティーの占有状況	用意したリソースキャパシティーをどの程度まで利用しているか	AP サーバークラスターの平均 CPU 使用率など
エラー発生状況	サービスの稼働に影響しうる内部エラーの発生状況	内部 API リクエストのエラーレートやバッチエラー発生数など
セキュリティイベント発生状況	セキュリティに影響するイベントの発生状況	認証エラーや外部からの攻撃発生件数など

ダッシュボードに掲載するのは主に、サービスの利用量やキャパシティーの占有状況を示す流量系メトリクス、エラーの発生状況を示すエラー系メトリクス、セキュリティイベントの発生状況を示す、セキュリティ系メトリクスが挙げられます。流量計メトリクスはサービス利用の絶対量を把握することと、配分済みのキャパシティーが充足しているか、その傾向を確認します。エラー系メトリクスはシステムに問題事象が発生していないことを確認します。通常はここがオールグリーン（エラーのない状態）になっていることになります。セキュリティ系ではWAFの検知数や認証のエラー数など、セキュリティ的に懸念のあるイベントがどの程度発生しているのか、これも傾向を把握するために使います。

ダッシュボードは運用担当者が能動的に確認しに行って、その時点の情報を把握したり、長期の傾向を確認するために利用するものです。問題発生を認識する通知の仕組みとは分けて考えるとよいでしょう。

AWS以外の環境との統合監視

オンプレミス環境とクラウド環境とを統合監視する場合、方法は大きく3つあります。

1つ目は**オンプレミスで使っていた統合監視ソリューションに情報を集約**する方法です。昨今の統合監視ソリューションの多くはAWS CloudWatchとの連携機能を持っています。必要なメトリクスデータを統合監視ソリューションに集約し、統合的に監視することができます。既存の環境を活かすことはよいのですが、AWS上のシステムの監視データも追加で保持することになるため、ディスク容量や処理能力の上限に注意する必要があります。

別の考え方として、AWS上のシステムの監視データそのものは連携せず、AWSからは

「問題が発生した」というイベントのみを連携する方法が考えられます。従来通りの統合監視ソリューションを使いたい理由の1つに、オペレータの対応方法を変えたくない(再教育のコストを抑えたい)というものがあります。これは、インシデント通知の仕組みを変えなければ実現できます。**必ずしも統合監視ソリューションにすべての監視データを集約する必要はなく**、AWS上のシステムの監視データはAWS上で確認できればよい、という考え方です。

オペレータはエラーメッセージを確認してインシデントが発生したシステムを特定し、二次対応担当者に連絡します。ここまでであればオペレータがAWSに特有の操作を新しく覚える必要もありません。二次対応の担当者は一般的にそのシステムを開発した人であることが多いでしょう。あとはCloudWatchなどAWS上のObservabilityサービスを使って詳細を調査、対応すればよいのです。

統合監視の実装方法の2つ目は、**監視をCloudWatchに集約しオンプレミスのサーバーのメトリクスもすべてCldouWatchに送信する方法**です。この場合、監視サービスに関するコストがすべて従量課金となり、また監視システムのスケーラビリティ、可用性、データ容量の考慮も不要になり、監視システムに関する構築・運用作業も抑えられます。オンプレミスサーバーにはCloudWatch統合Agentを導入することで、専用線を介してプライベートネットワーク経由でメトリクスやログデータを送ることができ、オンプレミスと同様に監視が可能です。監視をCloudWatchに集約する場合はオペレータ教育を含めた運用の見直しが必要になりますが、将来的にAWSを全面的に利用する場合、この選択肢は効果的でしょう。

3つ目は、オンプレミス上でもAWS上でもなく、**SaaSの監視ソリューションを使う**方法です。この場合、オンプレミスもAWSもいずれの環境とも異なる別の環境で監視機能が稼働しており、そこに情報を集約して統合的に監視することになります。監視の稼働環境にあまりこだわりがなく、統合監視に特化した機能を使う目的で、こういったサードパーティーの監視サービスを使うことも一般化しつつあります。

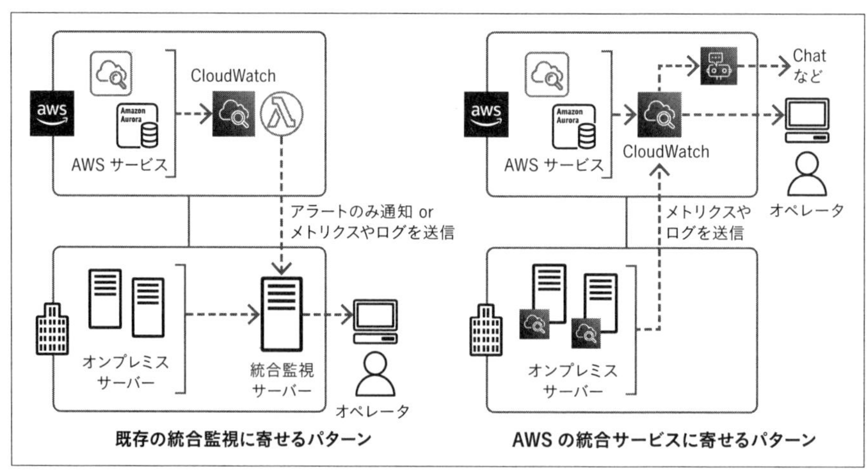

図20-5-1 監視統合のパターン

#20-06 インシデントの通知と対応

ここでは監視システムで問題事象（インシデント）を検知した後の対応でAWSがどのように使えるのか考えます。インシデントの対応手順としてよくあるのはこういったパターンです。

1. オペレータが障害情報を表示する画面や警告灯を24時間365日、常に確認している
2. オペレータは画面表示や警告灯の鳴動でインシデントの発生を認識したら、出力されたログメッセージを確認する
3. オペレータはログメッセージを元にオペレーション手順書を確認して、対応手順が決まっているものはその場で所定のコマンドを投入する
4. そうでないものは、オペレータが対象システムの担当者に電話で連絡し、2次対応を依頼する

夜間でもインシデントの発生を担当者に確実に連絡するためには、電話による連絡を使う場合が多いと思います。電話をかけるためにオペレータを常駐させている場合も多く、コスト増大の要因になっている場合もあるでしょう。この対応でAWSを活用するにはどのような仕組みが考えられるでしょうか。AWSにはSystems Manager Incident ManagerやAmazon Connectといったサービスから**自動的に担当者に電話をかける**ことが可能です。メトリクスが閾値を超える、あるいは特定パターンのログが出るといったイベントをトリガーにして、これらのサービス経由で電話をかけます。電話をとった担当者は即時の対応可能か、ダイヤルトーン入力で回答します。Amazon Connectで入力内容を判別し、対応できない場合は次の担当者に連絡するといったことが可能です。

ログの内容を電話で伝えるのは難しいものです。検知された**ログメッセージはメールなどのテキストで対応担当者へ連絡する**のがよいでしょう。AWSではLambdaでメールの文言を加工し、Simple Email Serviceを使ってEmailを、またはSimple Notification Serviceを使って簡単なSMSを送信することができます。メールによるトラブル通知はよく行われており、担当者個人が内容を把握するためには適しています。しかしシステム担当者全体でインシデント情報を共有し、時系列で記録を残していくためには適していません。そこで、最近はインシデント発生時のコミュニケーションツールとしてチャットが広く使われるようになっています。

AWS Chatbotは、インシデントアラームも含めてEventBridgeで発生したイベントを整形してチャットサービスであるSlackやAmazon Chimeのチャットに整形して送信する機能を持っています。関係者がこのチャットを見ることで、同じ情報を共有したり、インシデント対応のディスカッションや対応記録をそのままチャット上に残していくことができます。設定によってはチャット上で特定のメッセージを送ることで、システムの操作を行うことも可能です。これは**ChatOps**と呼ばれる運用方式で、実装方法は多様にあ

りますが、AWS Chatbotを使って実現することもできます。なお、チャットはインシデント発生時のリアルタイムコミュニケーションには向いていますが、メッセージが流れてしまうため長期的な情報の保管には適していません。最終的にはJIRAなどのチケット管理システムにインシデントごとに情報を集約することをお勧めします。

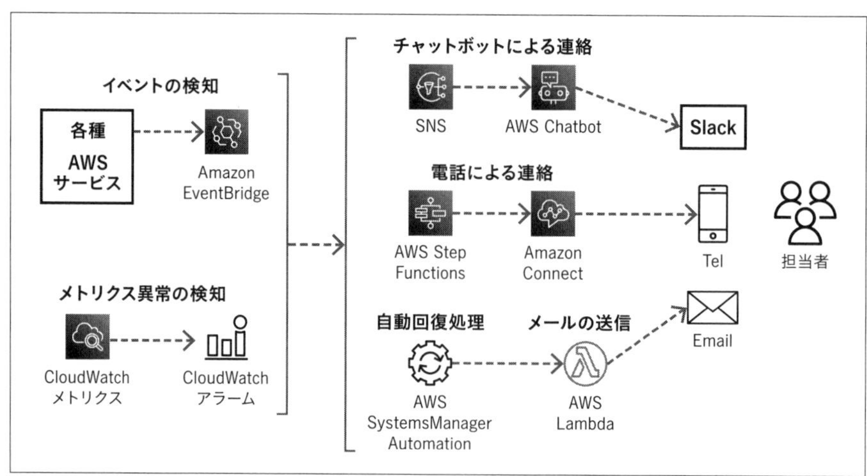

図20-6-1 通知のパターン

AWS上のシステムのトラブル対応では、責任共有モデルに基づきユーザーが設定した内容については自分自身で調査が必要です。一方で、AWSのインフラストラクチャにトラブルがなかったか確認したり、マネージドサービスの挙動に疑問があったりする場合はAWSサポートに問い合わせることで、AWS側で調査、対応方針の案内が可能です。

AWSサポートは受付時間や初期対応にかかる時間などに応じて複数レベルのサポートを提供しており、システムに求めるサポートレベルに応じて選択が可能です。AWSサポートでは、AWSがマネージドサービスとして提供しているソフトウェアについてもサポートが可能です。OSではWindows ServerやRedHat Enterprise Linux、RDSの場合はOracle DatabaseやSQLServerなどです。AWSをリセラー経由で利用している場合はリセラーがサポート受付窓口になり、リセラーのサポートレベルに準拠しますのでご注意ください。

AWSのサービスに広範なトラブルが発生している場合、Service Health Dashboard (SHD) のWebサイトに状態がアナウンスされる場合があります。この情報はマネジメントコンソールのPersonal Health Dashboard (PHD) にも通知されます。また、利用中の特定のリソースに影響がある場合はPHDにより詳しい状況が通知される場合があります。PHDの内容の詳細についてはサポートに問い合わせいただくことでも情報を得ることができます。

なお、**ユーザーシステムの監視はSHDやPHDによらずCloudWatchなどを使って自身自身で行う必要があります。**自分が担当するシステムが業務上必要とするサービスレベルや、どのサービスに問題があったときにどのような影響があるのか、といったことはユーザー自身しかわかりません。SHDやPHDの情報は、問題発生を認識するためではなく、原因調査の時点で情報源として利用することをお勧めします。

#20-07 メトリクスによる運用の継続的な改善

システムは構築後も変更され、運用も継続的に改善していく必要があります。ここでは運用開始後に取り組むべき活動の一例をご紹介します。

システム定期検診

AWSではリソースを後から変更可能です。適正なリソース管理を行うためには、利用しているリソースの使用量を長期視点で把握する必要があります。また、AWSでは継続的なサービスの機能強化を行っており、以前はベストプラクティスだったものが、新機能によってより高いレベルでサービスによってカバーされるようになったりします。そのため、定期的なシステムの定期診断を行って、リソースの利用状況の確認、不要なリソースのチェック、コスト最適化、セキュリティ対応の強化などを行うことをお勧めします。リリース当初は毎月、落ち着いたら3ヶ月など。最長でも年に1回はチェックするのがよいでしょう。

Well-Architectedレビュー

定期診断に合わせてAWSのベストプラクティスである**Well-Architected**を使うのもよい考えでしょう。見落としがちな運用項目の再確認に使えるWell-Architectedツールやドキュメントをご参照ください。詳しくはChapter 9「Well-Architectedを活用した継続的な改善」を参照してください。

#20-08 AWSを活用したオペレーション

ここからはクラウドにおけるオペレーションの特徴について解説します。

システムはそれ単体で稼働し続けることはできません。継続的に安定して動作するためには多くの操作（オペレーション）が必要になります。定期的な業務ジョブの実行、監査上のインベントリ（構成情報）の収集、緊急時のマニュアルオペレーションなど、その内容は多様です。

オンプレミスではこれらのオペレーション自動化にあたって個別にツールを導入したり自前でツールを作っていたのではないかと思います。クラウドでもこれらのツールを使い続けることはできますが、これらはシステム構成の頻繁な変更を想定しない仕組みであることが多く、そのままでは非効率になってしまう場合があります。

AWSではシステム構成が変化した場合でもスケーラブルにオペレーションを実施できるマネージドサービスを多数提供しています。多くは利用した回数や保存したログの量に応じた課金体系となっており、大きな初期投資なくリーズナブルに利用開始できるようになっています。

オペレーションそれ自体は直接的にエンドユーザーへの価値を見出しにくいものですが、安定したシステム運用には必須のものです。マネージドサービスを活用することは、システムの運用にかかる人的コストを下げ、より少ない人数で多数のシステムを安定的に運用することにつながります。

AWSの運用系マネージドサービスはユーザーからのご要望を受けて成長し、多岐に渡っています。すべてのサービスを説明するには紙面が足りませんので、ここではよく利用される3つのシナリオについて、マネージドサービスの活用方法をご紹介します。クラウド活用によってオペレーションがどのように変わるのかをご覧ください。

環境構築の自動化と構成管理

AWSのGUIであるマネジメントコンソールは、使いやすく、**設定をひと目で確認したり、設定を試行錯誤して少しずつ変更するために適しています。**一方で大規模な環境を構築したり、正確に操作するためには、従来同様にパラメータシートと構築手順書が必要となってしまいます。結果として設定作業に時間を要し、設定ミスを生じることになります。クラウドを管理するにあたって構成管理の仕組みを使うことで、システム構築、維持のコストや品質を大幅に改善させ、管理をスケールさせることが可能になります。

たとえばAWS環境を払い出す際に共通設定を行ったり、システム構成をパターン化しておきサーバーのセットアップまでが完了した状態で引き渡すといった方法で作業工数の削減が可能です。またステージング環境と本番環境を同じテンプレートから構築することで、本番環境を変更する前に、全く同じ設定をステージング環境で検証するなど、オンプレミスではできなかった品質検証も可能です。このように構成をコードで表現できるツールによる管理は**Infrastructure as Code**とも呼ばれます。クラウドを活用するために必須のオペレーションと言えます。

AWSであればCloudFormation (CFn) を使うことで、テンプレートで定義したシステム構成を自動的に構築し、またテンプレートの変更に合わせて必要な部分のみシステム構成を変更することが可能です。オープンソースのツールではTerraformもよく利用されます。

DBへのアクセスパスワードや、環境ごとに異なるパラメータなど、テンプレート以外の設定値を保持しておきたい場合は、設定値を安全に保存するためにAWS Secrets Managerというサービスが使えます。CloudFormationテンプレートから参照することも可能です。システム構築時に共有したい設定値を保持しておくために利用するとよいでしょう。

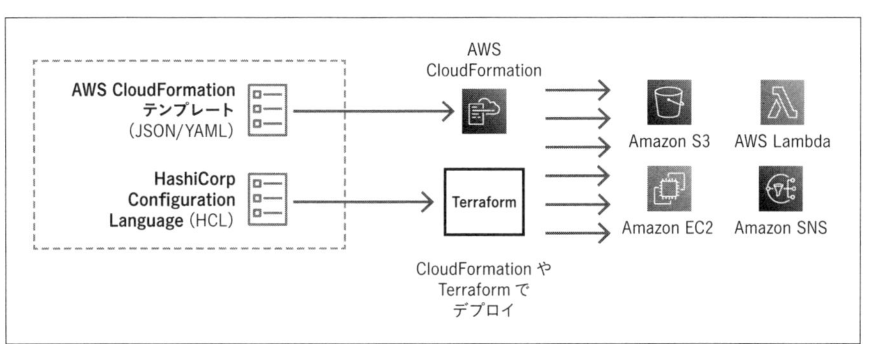

図20-8-1 CloudFormationやTerraform を使った構成管理

構成管理ツール利用にあたっては注意点もあります。CloudFormationやTerraformで実装できるのは基本的に**AWSのAPIで構築できる範囲**です。サーバーOSの設定は可能ですが、サーバーを都度作り直すのでなく、一度構築したサーバーを継続的にメンテナンスしていく場合は、AnsibleやChefなどOSの構成管理に特化したツールを使った方がよいでしょう。コンテナについてもコンテナイメージはDockerfileをベースにしたCI/CDパイプラインの中でアプリケーションと共に構成管理することになります。どのレイヤーをどのツールで管理するべきかについては図に例を示しました。

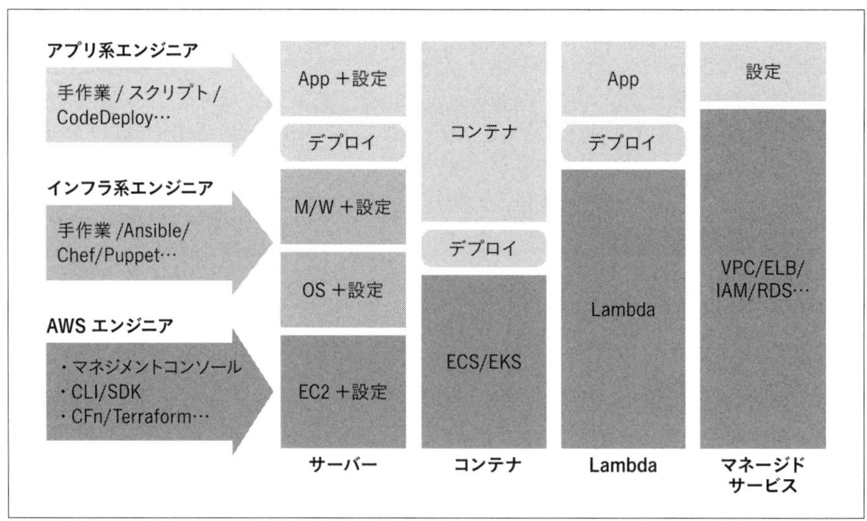

図20-8-2 デプロイ対象と構成管理ツールとの関係

CloudFormationだけに固執せず、目的に合わせて他のツールも使い分けることもまた重要です。CloudFormationはテンプレートで**状態**を記述しますが、設定によっては**操作の手順**が重要になる場合があります。そういった場合はシェルスクリプトでAWS CLIを使うなどして、作業手順をプログラム化することもまた効果的です。

構成管理ツールは便利ですが、組織で広く、長期に渡って利用する場合は、一部の人だけでなく、チームでメンテナンスする必要があります。CloudFormationテンプレートはYAMLやJSONで記述しますが、デプロイするまでコードの誤字を検知しにくかったり、記述量が多くなって全体を把握しづらくなりやすい傾向があります。コードの記述量を減らし、可読性を高めることで、構成管理ツールのコードをメンテナンスできる人を増やす必要があります。

これを実現するため、一般のプログラム言語で構成を記述する**AWS CDK**が広く使われ始めています。CDKはCloudFormationテンプレートを一般のプログラミング言語で記述できるツールキットです。TypeScript、Python、Javaなど複数の言語で記述が可能で、オブジェクト指向のスタイルで少ないコード量で構成を記述することができます。コード記述の際にエディタによるサジェストや型チェックが強力であり、デプロイ実行前にエラーを未然に検出できるなど、開発において多くのメリットがあります。これからコードによる管理を始める方には、CDKの利用も検討されることをお勧めします。

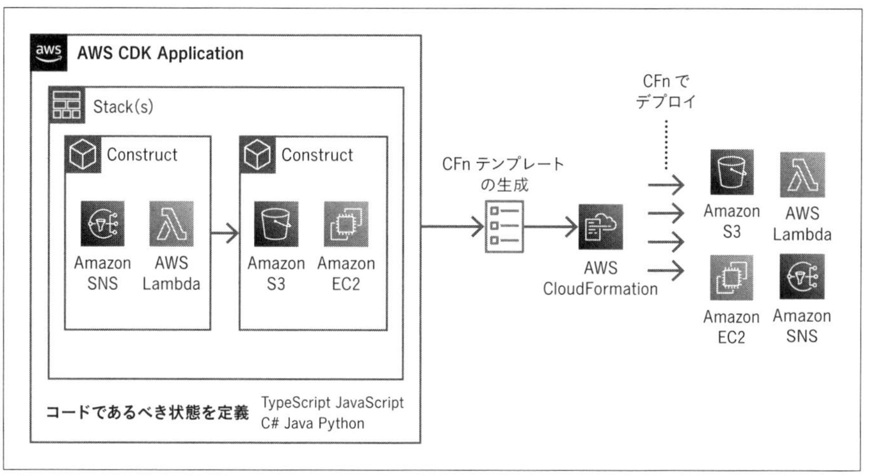

図20-8-3　CDKを使った構成管理

オートメーションとジョブスケジューリング

システム運用では決まった時刻に決まった処理を行うことが多くあります。サーバー個別ではLinuxのcron、Windowsのタスクスケジューラが、サーバーをまたがった処理では商用のジョブスケジューラが利用されることが多いでしょう。決まった処理（オートメーション）の実装はサーバー上のプログラムやシェルスクリプトで記述されることが多いと思います。こういったジョブスケジューリングとオートメーションをAWSで実行する場合はどういった方法があるのか見ていきましょう。

オートメーションの実現

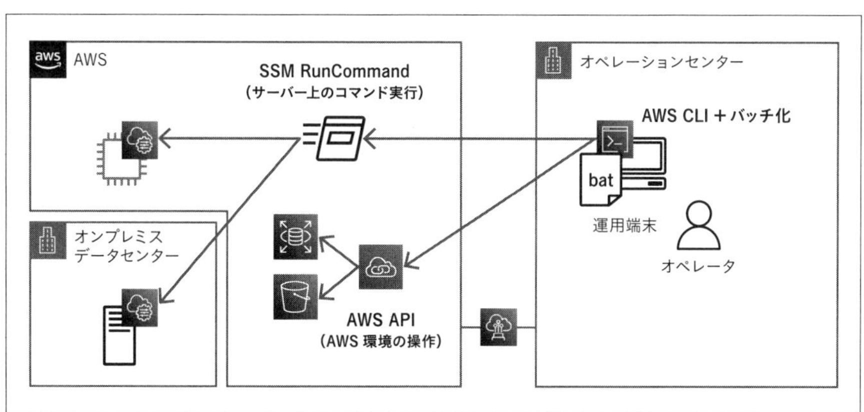

図20-8-4　AWS環境におけるオートメーション

AWSのサーバーに都度ログインするのではなく、サーバーの外から指示を出してサーバー上の処理を起動したい。これを実現するのが**AWS Systems ManagerのRunCommand**という機能です。サーバーにSystemsManager Agent(SSM Agent)を導入するだけで、サーバーにログインすることなく、サーバー上で特定のコマンドを起動できます。コマンドの実行結果のログはS3に保存することが可能です。指定するコマンドはOSコマンドの他、任意のシェルスクリプトも指定可能です。

SSM Agentをオンプレミスのサーバーに導入することで、オンプレミスのサーバーもAWSからコマンド実行指示が可能です。さらにDirect Connectを使えば、インターネットを経由することなく、サーバーにログインすることなく、オンプレミスのサーバーで処理を実行できる環境が実現できます。

サーバーではなく、AWSサービスの操作を自動化する場合、最も簡単なのは**コマンドラインツールであるAWS CLIを使ってシェルスクリプトやバッチスクリプトを作成すること**です。一般のプログラム言語で自動化したい場合は、AWS LambdaやSystems ManagerのAutomationを使ってAWS SDKによる処理を実装します。

これらを使うことで、AWS上のサーバー、オンプレミスのサーバー、そしてAWSサービスのすべてをAWSから操作可能であることがご理解いただけると思います。

スケジューリングの実現

オートメーションで定義した自動化処理は手動で起動することができるとともに、定期処理として何らかのスケジュールに従って自動的にキックする必要があります。オンプレミスではこういった定期実行のため、いわゆるCronサーバーや何らかのスケジューラを立てていたことと思います。簡易に単体のサーバーで構成することもできますが、可用性の問題を抱えることになります。そこでAWSの場合はマネージドサービスである**EventBridge**を使うことをお勧めします。EventBridgeからはLambdaを直接起動できる他、StepFunctionsを起動して、いわゆるジョブネットのようなステートマシンによる複雑な処理を行うことも可能です。

定期的なものだけでなく、営業日や祝日など特定のカレンダーに基づいて実行したい場合もあるでしょう。そういった場合は**Systems Manager Change Calendar**があります。ユーザーがカレンダーを定義することで、特定の日時だけ処理を行ったり、あるいは処理実行時に参照することでその時間帯に処理を行ってよいかどうかを判断することができます。

既存システムからの移行を考えた場合、既存のサードパーティーソフトウェアで業務ジョブネットを組んでいる場合も多いと思います。AWSへの移行にあたってこれをAWSのマネージドサービスで組み直すことも可能です。しかし業務ジョブは再実行やジョブステータスの確認などでオペレータの関与も大きく、オペレータ再学習のコストが気になる場合も多いでしょう。

そういった場合は**ジョブスケジューラとして既存のサードパーティーソフトウェアを利用しつつ、処理を実行する部分でAWSを活用する**ことが考えられます。ジョブスケジューラのマネージャーサーバーにAWS CLIを導入し、AWSのAPIを呼び出し、AWS環境を操作したり、SSM RunCommand経由でサーバーのコマンドをキックしたりできます。こうすることで、オペレータが見る画面を変えずに、処理の内容はAWSを活用した形に変えていくことができます(**図20-8-5**)。

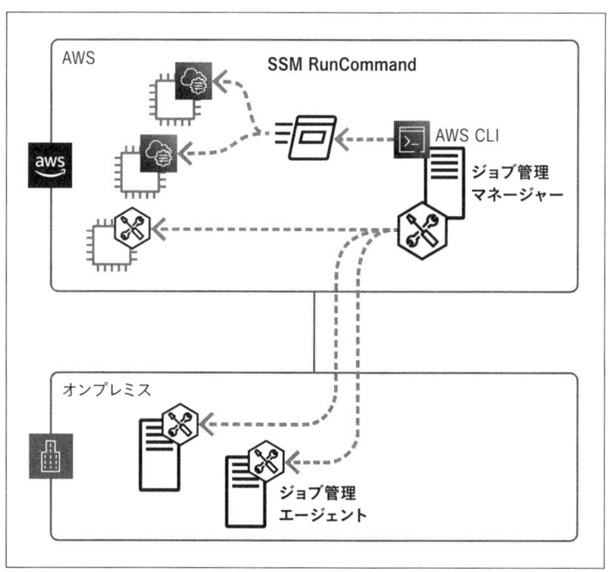

図20-8-5 既存ジョブ管理ツールと連携した処理の実行

サーバー管理

クラウドの本来のメリットは不要になったサーバーを廃棄してクリーンなサーバーを迅速に用意できることで得られます。ですが、実際のところオンプレミスからマイグレーションしたサーバーでは従来のように1台のサーバーを継続的にメンテナンスして使っていくシーンも多くあります。こういったサーバーを管理するためにはリモートアクセスが必要となりますが、この管理負荷を考えてみたことはあるでしょうか。

個々のサーバーにログインして操作を行ったり状況を確認したりする作業は、サーバーの増加に比例して、その作業時間も増えてしまうことにつながります。またそもそもサーバーにログインするために通信経路を確保したり、IDとパスワードといった認証情報を管理したりすること自体も、実は大きな運用負荷がかかります。サーバー上の操作ログを取得して不正利用に備える仕組みを踏み台サーバーに用意することもまた大きな負担となるでしょう。

こういった、今までは当たり前だったサーバー管理に必要な作業をコスト効率よく低減する方法があります。**AWS Systems Manager Session Manager**です。Session

ManagerはサーバーのシェルアクセスをマネジメントコンソールやCLIから行うことができます。通信経路はSSM Agent経由でサーバー側から確保するため、外部からアクセスするための経路、いわゆるポート開けが不要です。またIAMを使って認証、認可を管理するため、サーバー上のIDに対するパスワード管理が不要になり、IAMユーザーに応じてOS上のログインユーザーを切り替えることができます。作業記録はCloudWatch Logsに継続的に保存されます。
このように、サーバーへのリモートアクセス管理をAWSで集中的に行うことができるようになります（**図20-8-6**）。

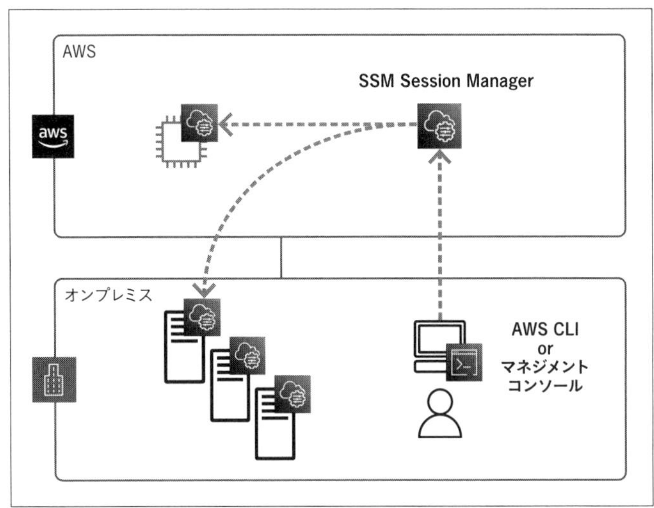

図20-8-6　Session Managerを使ったサーバーへのアクセス

サーバーの管理ではこの他にもパッチ適用状況の把握と適用作業、インベントリ（構成情報）の収集、プロセスリストの確認、サーバー上のファイルやログの閲覧、サーバー上のユーザーやパスワードの管理など、一般的によく行われる作業があります。Systems Managerではそれぞれ、**Patch Manager**、**Inventory**、**Fleet Manager**を提供しています。

すべての機能をここで触れることはできませんが、こういった差異化を行わない管理作業をコスト効率よく実現する機能がクラウドでは提供されています。これらのサーバー管理機能はオンプレミスのサーバーに対しても行うことができます。システム自体を移行せずとも、サーバー管理の仕組みをクラウドに移行することで、運用環境そのもののコストや運用負荷を下げることができます。

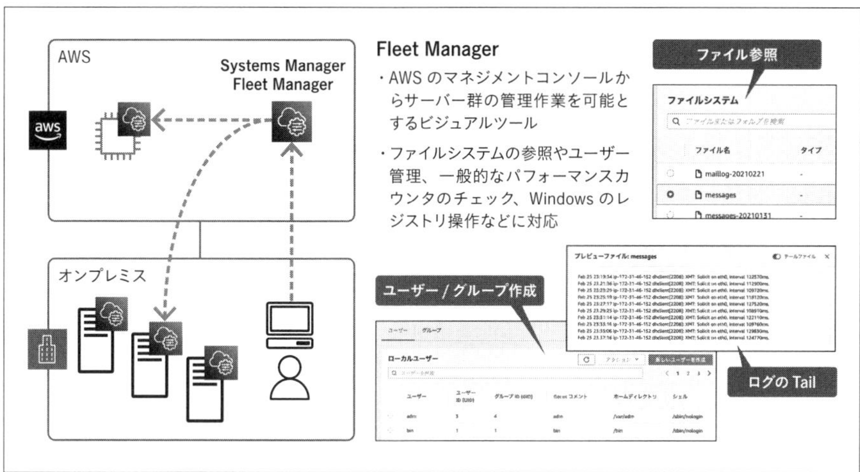

図20-8-7　Fleet Managerを使ったサーバーへのアクセス

AWSへの移行ではこうしたオペレーションツールがもたらす生産性の向上にもぜひ目を向けてみてください。利用可能なサービスは多岐に及びますが、AWSにご相談いただくことで適切なサービスの使い方をご案内しています。

#20-09 まとめ

本章ではAWSを活用した運用を確立するための方法として、特に監視と運用について解説しました。

これまで述べてきたように、AWS環境上であってもオンプレミスであっても運用の観点でやるべきことに大きな違いはありません。しかし、クラウドにはコスト効率が高く、運用を効率化するための多様なマネージドサービスがあることをご理解いただけたと思います。

本章では最新の情報をもとにクラウドを運用に役立てる方法について紹介しましたが、運用の範囲は広く、AWSは継続的にマネージドサービスの機能強化を行っています。以前は自分で工夫が必要だったオペレーションであっても、サービスの拡充により、より容易に実現できるようになっている可能性があります。運用を検討する際に「この作業、今のAWSならもっと簡単に実現できないか？」と考えてみて、AWSのWebサイトやドキュメントにあたってみることをお勧めします。

おわりに── 謝辞

「Amazon Web Services企業導入ガイドブック［改訂版］」は、現役のAWSのソリューションアーキテクトやプロフェッショナルサービスのメンバーである6人によって執筆されていますが、この6人の知見だけで書かれているわけではありません。グローバル全体で数百万にのぼるユーザーの、AWSへの移行におけるさまざまな体験を通じた学びと、それを技術的にサポートしてきた、多くの同僚が得てきた知見も含めて、情報を整理して本書に記載しています。あらためて、多くのユーザーとAWSのすべての技術チームに感謝します。

また、これらのさまざまな知見が本書を通じて、読者に届き、AWSを活用する方法を導き出すヒントを掴み、世の中を変えるイノベーティブなサービスを読者の皆さんが生み出すことの助けになれば幸いです。

本書の第1版の執筆者、ならびに、本書「改訂版」発刊までの間に多大な協力をいただいた方にも感謝したいと思います。大谷 晋平さん（株式会社ファーストリテイリング）、酒徳 智明さん（AWS）、高田 智己さん（AWS）、高山 博史さん（Snowflake株式会社）、山本 教仁さん（Japan Digital Design 株式会社、デジタル庁［兼業］）、吉羽 龍太郎さん（株式会社アトラクタ）、どうもありがとうございました（氏名の順序は、あいうえお順で記載しています）。

著者一同

数字

A

B

C

か行

さ行

執筆者プロフィール

瀧澤 与一（たきざわ よいち）

アマゾン ウェブ サービス ジャパン合同会社 パブリックセクター技術統括本部 統括本部長 / プリンシパルソリューションアーキテクト。
2009 年より、前職 SCSK 株式会社にて AWS を活用した事業化・技術開発を実施（ハイブリッドクラウドに関する特許 3 件取得)。2014 年より、AWS にジョイン。日本で最初の金融業界担当ソリューションアーキテクトとして活躍したのち、2015 年より、エンタープライズソリューションアーキテクトチームの本部長、2019 年より、スペシャリストソリューションアーキテクトチームの本部長として、大規模なマイグレーションやモダナイゼーションによる、企業の変革をサポート。2021 年からは日本の政府機関や公共のお客様を中心としたイノベーションをサポート。総務省 / 経済産業省 クラウドサービスの安全性評価に関する検討会の管理基準 WG の専門委員として従事。独立行政法人情報処理機構（IPA）ISMAP 管理基準 WG 委員。趣味は、オーディオ＆ビジュアルと、家の中をスマートホーム化していくことなど。

川嶋 俊貴（かわしま としたか）

アマゾン ウェブ サービス ジャパン合同会社 プロフェッショナルサービス本部 プラクティスマネージャー。
2016 年に AWS に中途入社。アドバイザリーコンサルタントとしてエンタープライズ企業向けにクラウド導入のプロジェクトを支援。企業におけるクラウド戦略の検討、ロードマップ作成、ビジネスケース作成、推進組織の設立といったプロジェクト初期段階から、クラウドインフラ基盤の設計と構築、リリース後の運用効率化まで、ライフサイクルを通じてお客様のクラウド導入を支援。2019 年よりプロフェッショナルサービス本部のマネージャー。

畠中 亮（はたなか りょう）

アマゾン ウェブ サービス ジャパン合同会社 プロフェッショナルサービス本部 プラクティスマネージャー / CISSP（情報セキュリティプロフェッショナル）/ CISA（公認情報システム監査人）。
日本 IBM 株式会社においてデスクトップ仮想化製品を中心にセキュリティソリューションのプリセールスを担当。その後、株式会社リクルートテクノロジーズ（現 株式会社リクルート）において、グループ会社へのセキュリティ施策の推進責任者を担当し、2016 年に AWS Japan に入社。入社後はセキュリティコンサルタントとして、効率的・効果的なセキュリティ実装を目的に AWS のセキュリティサービス / 機能を活用いただくための企業向けコンサルティングサービスを提供。2020 年から複数のセキュリティコンサルタントを擁するコンサルティングチームを立ち上げ、マネージャー兼コンサルタントとして支援範囲を拡大中。地に足のついたセキュリティ推進がモットー。趣味は幕末の歴史探訪と日没後の写真撮り。

荒木 靖宏（あらき やすひろ）

アマゾン ウェブ サービスジャパン合同会社 パブリックセクター技術統括本部 エマージングテクノロジー本部 本部長 / プリンシパルソリューションアーキテクト。
インターネット接続会社、ウェブサービスベンチャーを経て、外資系 IT 企業の研究所でモバイルネットワークおよびサービス基盤の研究に従事。2010 年 東京大学基盤情報学専攻 博士（科学）。
2011 年 AWS Japan 初のソリューションアーキテクトとして AWS 入社。2021 年からコンテナ技術を中心にシステムモダナイゼーションを推進。

小林 正人（こばやし まさと）

アマゾン ウェブ サービス ジャパン合同会社 技術統括本部 技術推進本部 本部長 / ソリューションアーキテクト。
外資系 IT ベンダーを経て 2013 年に AWS へ。AWS ソリューションアーキテクトとして主に大企業のお客様を担当し、基幹系のみならず B2C などさまざまなシステムの AWS 化を支援する役割を担う。2017 年からお客様担当ソリューションアーキテクトのひとつのチームを担当する部長として、お客様担当を兼務しつつより多くのお客様と関わる。2021 年からは本部長として複数のチームを管轄すると共に、スペシャリストソリューションアーキテクトのチームもリードしている。趣味は温泉で、最近好みの泉質は酸性・含硫黄ーナトリウム・マグネシウムー硫酸塩温泉（硫化水素型)。好きな陸上の生き物はカピバラ。

大村 幸敬（おおむら ゆきたか）

アマゾン ウェブ サービス ジャパン合同会社 技術統括本部 インダストリソリューション 第三部 部長 / シニアソリューションアーキテクト。
独立系システムインテグレータを経て、2015 年にテクニカルトレーナーとして AWS へ入社。2017 年よりソリューションアーキテクトとして、2021 年より部長として活動。幅広い業種のエンタープライズ企業に対し、AWS 利用の第一歩から本格活用開始までの立ち上げ期をサポートする。「クラウドを使って運用現場を楽にする」をモットーに AWS 運用系サービス推進のリードも務める。AWS 環境上にセキュアなベースラインを確立する CDK テンプレート "Baseline Environment on AWS（BLEA）" 開発者。趣味はロードバイクで江戸川 - 利根川 - 手賀沼を走り回ること。

STAFF
ブックデザイン　伊東秀子
DTP　AP_Planning
担当　伊佐知子

Amazon Web Services企業導入ガイドブック［改訂版］
～実担当者や意思決定者が知っておくべき、AWS導入の戦略策定、開発・運用プロセス、組織、システム設計、セキュリティ、人材育成、移行方法

2022年6月27日　初版第1刷発行

著者　瀧澤与一、川嶋俊貴、畠中 亮、荒木靖宏、小林正人、大村幸敬
発行者　滝口直樹
発行所　株式会社マイナビ出版
〒101-0003
東京都千代田区一ツ橋2-6-3　一ツ橋ビル 2F
TEL：0480-38-6872（注文専用ダイヤル）
TEL：03-3556-2731（販売）
TEL：03-3556-2736（編集）
E-Mail：pc-books@mynavi.jp
URL：https://book.mynavi.jp
印刷・製本　シナノ印刷株式会社

ⓒ2022 瀧澤与一、川嶋俊貴、畠中 亮、荒木靖宏、小林正人、大村幸敬, Printed in Japan.
ISBN 978-4-8399-7011-6

- 定価はカバーに記載してあります。
- 乱丁・落丁についてのお問い合わせは、TEL：0480-38-6872（注文専用ダイヤル）、電子メール：sas@mynavi.jpまでお願いいたします。
- 本書掲載内容の無断転載を禁じます。
- 本書は著作権法上の保護を受けています。本書の無断複写・複製（コピー、スキャン、デジタル化など）は、著作権法上の例外を除き、禁じられています。
- 本書についてご質問などございましたら、マイナビ出版の下記URLよりお問い合わせください。お電話でのご質問は受け付けておりません。また、本書の内容以外のご質問についてもご対応できません。
https://book.mynavi.jp/inquiry_list/